职业教育建筑类专业系列教材

建筑工程安全管理

第2版

主　编　蔺伯华
副主编　倪宇亮　王　强
参　编　杨　骞　罗　剑　赵国平　柏明利　李洪运
　　　　谢奕波　蒋　君　王国迎　戴建中
主　审　陈明和　张文华

机械工业出版社

本书根据近几年最新的《安全生产法》《建设工程安全生产管理条例》《建筑施工企业主要负责人、项目负责人和专业安全生产管理人员安全生产考核管理暂行规定》，以及《建筑施工安全技术统一规范》进行编写。

本书共分为8个单元，包括建筑工程安全管理概述、土方工程安全技术、主体工程安全技术、建筑机械安全技术、垂直运输机械安全技术、起重吊装安全技术、特殊工程安全技术、施工现场临时用电安全技术。本书还配套了精心编写的习题集以及习题答案供学生自检和教师评分使用。

为方便教学，本书配有电子课件，凡选用本书作为授课教材的教师均可登录www.cmpedu.com，以教师身份注册免费下载。编辑咨询电话：010-88379934，机工社职教建筑群：221010660。

本书可作为职业院校地下建筑工程技术、建筑施工技术、工程管理类相关专业的教材，也可作为企业的初级培训用书。

图书在版编目（CIP）数据

建筑工程安全管理/蔺伯华主编. —2版.—北京：机械工业出版社，2017.6（2024.3重印）
职业教育建筑类专业系列教材
ISBN 978-7-111-56668-7

Ⅰ.①建… Ⅱ.①蔺… Ⅲ.①建筑工程-安全管理-中等专业学校-教材 Ⅳ.①TU714

中国版本图书馆CIP数据核字（2017）第085928号

机械工业出版社（北京市百万庄大街22号　邮政编码100037）
策划编辑：刘思海　　　责任编辑：刘思海　于伟蓉
责任校对：佟瑞鑫　肖　琳　封面设计：鞠　杨
责任印制：常天培
北京机工印刷厂有限公司印刷
2024年3月第2版第6次印刷
184mm×260mm·15.75印张·368千字
标准书号：ISBN 978-7-111-56668-7
定价：45.00元

电话服务　　　　　　　　　网络服务
客服电话：010-88361066　　机 工 官 网：www.cmpbook.com
　　　　　010-88379833　　机 工 官 博：weibo.com/cmp1952
　　　　　010-68326294　　金 书 网：www.golden-book.com
封底无防伪标均为盗版　　机工教育服务网：www.cmpedu.com

第 2 版前言

本书是在《建筑（市政）工程安全管理》的基础上，结合当前职业教育新的发展与需求修订而成的。

《建筑（市政）工程安全管理》自 2007 年出版以来，得到了全国多所建筑类职业院校师生的欢迎和认可。为适应职业教育的发展，满足职业教育新特点和教学改革新形势的需求，加上近些年建筑工程安全管理在新技术、新规范以及建筑信息模型（BIM）的影响下，发生了很大变化，故而对《建筑（市政）工程安全管理》进行了修订，主要包括以下三个方面：

1. 删除陈旧的理论，并依据最新规范以及该课程的职业教育教学方案，重新编写了相关内容，如建设工程安全生产管理制度、施工现场临时用电等，确保内容与现行教学方案以及工程能够准确对接。

2. 加入了近几年工程中安全管理方面最新的知识要点，以利于教师和学生对这门课程知识点的把握。

3. 重新编写了习题册。习题册主要以近几年相关职业资格考试真题、该课程典型教学目标、工程中常出现的典型问题为依据进行编写，既能减轻教师的教学负担，帮助学生自查学习中的不足之处，还能够作为职业资格考试的参考资料。

本书由蔺伯华担任主编，倪宇亮、王强担任副主编。全书编写分工如下：倪宇亮、蒋君编写单元 1 的课题 1、单元 7，罗剑、柏明利编写单元 1 的课题 2、课题 3，倪宇亮、王强编写单元 2，杨骞、李洪运、戴建中编写单元 3，蔺伯华、倪宇亮编写单元 4、单元 6，杨骞、王国迎编写单元 5，罗剑、谢奕波编写单元 8，蔺伯华、赵国平编写习题册。全书由蔺伯华统稿。

由于编写水平有限，书中难免存在错误之处，恳请读者及同行专家给予指正并提出宝贵意见。

编　者

第 1 版前言

本书根据《中等职业学校建设行业技能型紧缺人才培养培训指导方案》提出的“建筑（市政）工程安全管理”教学与训练项目中的教学内容与教学要求，并参照《安全生产法》《建设工程安全生产管理条例》《建筑施工企业主要负责人、项目负责人和专业安全生产管理人员安全生产考核管理暂行规定》《建筑施工安全技术规范》编写。

本书作为建筑（市政）施工专业系列教材之一，为了注重学生的能力培养，把重点放在建设工程安全管理体制及制度和建筑施工过程中消除与控制易发及多发伤亡事故的技术两方面。在内容上力求将新知识、新技术、新的法规、新方法贯穿其中；在编写时，既考虑学生已有的知识水平，又考虑其技能及兴趣；既强调知识的实用性，又强调技能的培养。同时，力求图示直观生动、文字通俗简练，体现职业技术教育教材的特色。为了便于学生掌握教材内容，各单元均附有学习目标、单元小结、复习思考题等。

本书内容包括建筑（市政）工程安全管理概述、土方工程安全技术、主体工程安全技术、建筑机械安全技术、垂直运输机械安全技术、起重吊装安全技术、特殊工程安全技术、施工现场临时用电安全技术等。

本书由天津铁道职业技术学院蔺伯华担任主编，王强担任副主编。参加编写的人员有：蒋君（单元 1 的课题 1、单元 7）、柏明利（单元 1 的课题 2、课题 3）、蔺伯华（单元 4、单元 6），王强（单元 2），李洪运、戴建中（单元 3），王国迎（单元 5）、谢奕波（单元 8）。天津市政工程学校陈明和、天津建筑工程学校张文华担任本书主审，他们对书稿提出了很多宝贵意见，同时天津第三市政公路工程公司陶玉华对部分内容的编写也给予了大力的指导和帮助，在此表示由衷的感谢。本书在编写过程中参考了许多文献，在此一并向有关作者表示感谢。

由于编写人员缺乏经验以及水平所限，书中难免存在缺陷，恳请读者及同行专家给予指正并提出宝贵意见。

编　者

目　录

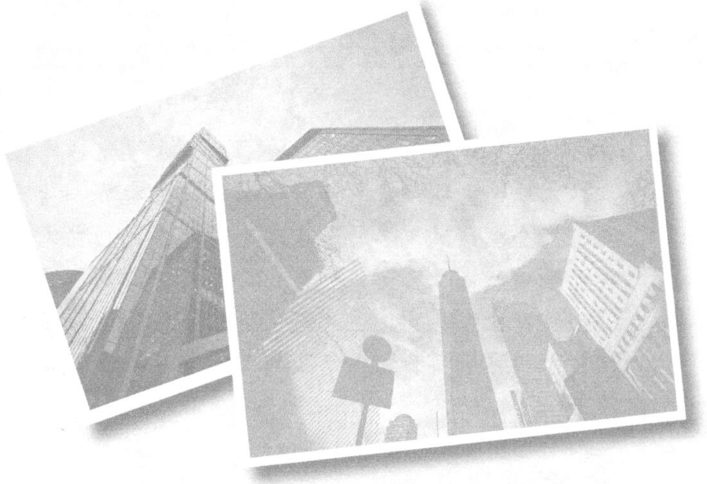

单元 1

建筑工程安全管理概述

单元概述

本单元主要介绍了目前我国建筑工程安全生产的特点、管理要素、安全生产状况；安全生产工作格局，建筑工程各方责任主体的安全责任；建筑（市政）施工企业安全生产许可制度、三类人员考核任职制度、特种作业人员持证上岗制度、政府安全监督检查制度、生产安全事故报告制度。涉及施工企业的安全生产制度有：安全生产教育培训制度、专项施工方案专家论证审查制度、施工现场消防安全责任制度等。

学习目标

通过本单元的学习，应了解我国的安全生产工作格局、安全生产教育培训制度、专项施工方案专家论证审查制度、施工现场消防安全责任制度、建筑工程安全生产的特点等；掌握建筑工程各方责任主体的安全责任、建筑施工企业安全生产许可制度、三类人员考核任职制度、特种作业人员持证上岗制度、政府安全监督检查制度、生产安全事故报告制度、安全管理的要素等；熟悉当前我国建筑工程安全生产的状况以及制约安全生产水平的因素。

安全生产体现了“以人为本、关爱生命”的思想，符合马克思主义哲学关于人是生产力中起决定性作用因素的科学论断。随着社会化大生产的不断发展，劳动者在生产经营活动中的地位不断提高，人的生命价值也越来越受到重视。改革开放以来，建筑业持续快速发展，在国民经济中的地位和作用逐渐增强，已成为我国重要的支柱产业之一。建筑业作为我国新兴的支柱产业，同时也是一个事故多发的行业，相对于其他行业来说更应该强调安全生产。

建筑施工的特点决定了建筑业是高危险和事故多发的行业。施工生产的流动性、建筑产品的单件性和类型多样性、施工生产过程的复杂性都决定了施工生产过程中的不确定性难以避免，施工过程、工作环境必然呈多变状态，因而容易发生安全事故。另外，建筑施工中露天、高处作业多，手工劳动及繁重体力劳动多，而劳动者素质又相对较低，这些都增加了不安全因素。从全球范围来看，建筑业的事故发生率远远高于其他行业的平均水平。安全问题已阻碍了建筑业的发展，所以必须强调安全生产、严格管理。

近年来，我国通过采取一系列加强建筑安全生产监督管理的措施，有效地降低了伤亡事故的发生率。1998年《中华人民共和国建筑法》的颁布实施（于2011年4月进行修正），对规范建筑市场行为作了明确的规定，使我国建筑安全生产管理走上了法制轨道。2004年开始正式实施的《建设工程安全生产管理条例》是我国真正意义上第一部针对建设工程安全生产的法规，使建筑业安全生产做到了有法可依，并使建设安全管理人员有了明确的指导和规范。

课题 1 建筑工程安全生产的特点、管理要素及现状

1.1.1 建筑工程安全生产的特点

1. 建筑产品的多样性使得建筑安全问题不断变化

建筑产品是固定的、附着在土地上的，而世界上没有完全相同的两块土地；建筑结构是多样的，有混凝土结构、钢结构、木结构等；建筑规模是多样的，从几百平方米到数百万平方米不等；建筑功能和工艺方法也是多样的，因此建筑产品没有完全相同的。建造不同的建筑产品，对人员、材料、机械设备、防护用品、施工技术等都有不同的要求，而且建筑施工现场的环境也千差万别，这些都使得建设过程不断地面临新的安全问题。

2. 建筑业的工作场所和工作内容是动态的、不断变化的

建筑工程的流水施工，使得施工班组需要经常更换工作环境。混凝土的浇筑、钢结构的焊接、土方的搬运、建筑垃圾的处理等每一个工序都可以使工地现场在一夜之内变得完全不同。而随着施工过程的推进，工地现场会从最初位于地下几十米的基坑变成位于几百米高的摩天大楼楼层上。因此，建设过程中的周边环境、作业条件、施工技术等都是在不断发生变化的，其中隐含着较高的风险，而相应的安全防护设施往往是落后于施工过程的。

3. 建筑施工现场存在的不安全因素复杂多变

建筑施工的高能耗，施工作业的高强度，施工现场的噪声、热量、有害气体、尘土和露天作业等，都是工人需要面对的不利工作环境。建筑产品多为高耸庞大、固定的大体量产品。由于建筑产品的体积庞大且地点固定，因此建筑施工生产只能在露天条件下进行。正是露天作业这一特点，导致施工现场存在更多事故隐患，同时使建筑工程施工现场的安全管理工作的难度加大。

施工现场安全直接受到天气变化的制约。冬期、雨期、台风、高温等都会给现场施工带来许多问题，这些恶劣或较恶劣的气候条件对施工现场的安全生产都具有很大的威胁。建筑产品所处的地理、地质、水文和现场内外水、电、路等环境条件也会影响施工现场的安全。

4. 公司与项目部的分离使得公司的安全措施不能在项目上得到充分的落实

一些施工单位往往同时有多个竞标项目，而且通常上级公司与项目部是分离的，这种分离使得现场安全管理的责任更多地由项目部来承担。但是，由于项目的临时性和建筑市场竞争的日趋激烈，公司的经济压力也相应增大，故其制定的安全措施容易被忽视，并不能在项目上得到充分的落实。

5. 多个建设主体的存在及其关系的复杂性使得实现建筑安全管理的难度较高

工程建设的责任单位有建设、勘察、设计、监理及施工等诸多单位。施工现场安全由施工单位负责。实行施工总承包的由总承包单位负责，分包单位向总承包单位负责，且服从总承包单位对施工现场的安全生产管理。建筑安全虽然是由施工单位负主要责任，但其他责任单位也是影响建筑安全的重要因素。现今世界各地的建筑业都主要推行分包程序，包括专业分包和劳务分包，这已经成为建筑企业经济体系的一个特色，而且正在向各个行业延伸。另外，现在施工企业队伍、人员都是全国流动的，故施工现场的人员经常发生变化，而且施工人员属于不同的分包单位，有着不同的管理措施和安全文化。这些都提高了建筑安全管理的

难度。

6. 安全管理注重过程使建设单位承受较大的压力

建筑施工中的管理主要是一种目标导向的管理，往往只要结果（产量）不求过程（安全管理恰恰体现在过程上）。而项目必须具有明确的目标（质和量）和资源限制（时间、成本），这使得建设单位承受较大的压力。

7. 施工企业的非标准化使得施工现场的危险因素增多

建筑业生产过程技术含量低、劳动资本密集。建筑业生产过程的低技术含量决定了从业人员的素质相对普遍较低。而建筑业又需要大量的人力资源，属于劳动密集型行业，工人与施工单位间的短期雇佣关系造成施工单位对施工人员培训的严重不足，使得施工人员违章操作的现象时有发生，这其中就包含着很多不安全行为。而当前的安全管理和控制手段比较单一，很多都依赖经验、监督、安全检查等方式。

1.1.2 建筑工程安全生产的管理要素

建设工程安全生产的管理是一个系统性、综合性的管理过程，其管理内容涉及建筑生产的各个环节，它主要包括以下五个要素。

1. 政策

任何一个施工单位要想成功地进行安全管理，都必须有明确的安全政策。这种政策不仅要满足法律的规定和道义上的责任，而且要最大限度地满足业主、雇员和全社会的要求。施工单位的安全政策必须有效并有明确的目标。政策的目标应保证现有的人力、物力资源的有效利用，并且减少发生经济损失和承担责任的风险。安全政策能够影响施工单位的很多决定和行为，包括资源和信息的选择、产品的设计和施工以及现场废弃物的处理等。

2. 组织

施工单位的安全管理应包含一定的组织结构和系统，以确保安全目标的顺利实现。建立积极的安全文化，并将施工单位中各个层次的人员都融入安全管理中，将有助于施工单位组织系统的运转。施工单位应注意有效的沟通及交流和员工能力的培养，使全体员工为施工单位的安全生产管理做出贡献。施工单位的最高管理者应用实际行动营造一个安全管理的氛围，目标不应该仅仅是避免事故，而应该是激励和授权员工安全地工作。领导者的意识、价值观和信念将影响施工单位的所有员工。

3. 计划和实施

成功的施工单位能够有计划地、系统地落实所制定的安全政策。计划和实施的目标是最大限度地减少施工过程中的事故损失。计划和实施的重点，是用风险管理的方法，来确定消除危险和规避风险的目标以及应该采取的步骤和先后顺序，并建立有关标准以规范各种操作。对于必须采取的预防事故和规避风险的措施，应该预先加以计划。要尽可能通过对设备的精心选择和设计或通过使用物理控制措施来减少风险。如果采取上述措施仍不能满足要求，就必须使用相应的工作设备和个人保护装备来控制风险。

4. 业绩评估

施工单位的安全业绩即施工单位的安全生产管理成功与否。应该按事先订立的评价标准进行业绩评估，以发现何时何地需要改进哪方面的工作。施工单位应采用一系列的自我监控技术对风险控制措施进行评价，其中包括对硬件（设备、材料）、软件（人员、程序和系统）和个人行为的检查，也可通过对事故及可能造成损失的事件进行调查和分析，以确定安全控制失败的原因。但不管是主动的评价还是对事故的调查，其目的都不仅仅是评价各种标准中所规定的行为本身，更重要的是找出存在于安全管理系统的设计和实施过程中的问题，以避免事故和损失。

5. 业绩总结

施工单位应总结经验和教训，对过去的资料和数据进行系统的分析总结，并作为今后工作的参考，这是安全生产管理的重要工作环节。安全业绩良好的施工单位能通过企业内部的自我规范和约束以及与竞争对手的比较不断改进。

1.1.3 我国建筑工程安全生产的现状

20世纪90年代初，我国加强了建筑安全立法工作探讨，并多次组织对发达国家建筑安全立法的考察工作。1991年，建设部以第13号令颁发了《建筑安全生产管理规定》，要求地区和县级以上城市成立建筑安全监督机构，通过履行监督管理职责，不断扩大监督覆盖面，使辖区内的伤亡事故得到有效控制。1998年3月1日《建筑法》开始实施（于2011年4月进行修正），建筑安全生产管理从此走上了法制轨道。2004年，《建设工程安全生产管理条例》正式颁布实施，这是我国真正意义上第一部针对建设工程安全生产的法规，它的颁布实施使建筑业安全生产做到了有法可依，使建设安全管理人员有了明确的指导和规范。

要做好安全生产工作，减少事故的发生，就必须做到：坚持“安全第一、预防为主”的方针，树立“以人为本”的思想，不断提高安全生产素质；加强安全生产法制建设，有法可依，执法必严，违法必究，落实安全生产责任制度；加大安全生产投入力度，依靠科技进步，标本兼治，全面改善安全生产基础设施和提高管理水平，提高本质安全度；建立完善的安全生产管理体制，强化执法监察力度；突出重点，专项整治，遏制重特大事故。

根据2015年的数据统计，我国现有建筑工人5003.4万人，约占全世界建筑业从业人数的27%，是世界上最大的行业劳动群体，但是他们的劳动环境和安全状况却存在很大问题。由于行业特点、工人素质、管理难度等原因，以及文化观念、社会发展水平等社会现实，建筑工程安全生产形势严峻，建筑业已经成为我国所有工业部门中仅次于采矿业的最危险的行业。目前我国正在进行历史上也是世界上最大规模的基本建设：2015年建筑企业80911个，完成竣工产值110115.93亿元，房屋施工面积达124.26亿m^2，签订合同额338001.42亿元，实现利润6508亿元。但同时我国建筑业每年由于安全事故死亡的从业人员超过千人，直接经济损失已逾百亿元。

近年来，在各级政府部门的高度重视下，安全生产工作取得了较大进步，全国的建筑安全生产形势有了好转，安全事故基本呈下降趋势，但整体安全生产形势依然严峻。主要原因是安全生产管理和安全生产监督管理已不适应市场经济体制，管理手段单一，缺乏有效的控制措施，社会力量及监管不到位，奖罚机制落实不到位。这种情况并没有随着国家的社会、经济、政治的变化而发生根本转变，因此我们必须高度重视。

1. 法律法规方面

建设工程方面的安全生产法律法规和技术标准体系还有待进一步完善提高。据统计，我国现已颁布并实施的有关安全生产、劳动保护等方面的法律法规有300多项，内容涉及综合类、安全与健康类、特种设备职业培训、保护类、检测检验等。但必须承认，这些法律法规并没有完全落实到位，同时，随着社会的发展进步，已有诸多缺陷和问题暴露出来。与发达国家相比，我国建筑工程方面的法律法规还有以下的不足：法律法规的可操作性不高，法律制度不太健全，还有部分法律法规存在着重复和交叉等。

2. 政府监管方面

政府监管部门工作效率低，监管不力，执法不规范，监督队伍薄弱，监管缺乏透明度，安全信息统计有效性差，监督和管理手段落后等等。

3. 人员素质方面

建筑从业人员的整体素质低。建筑行业的劳动力主要是农村剩余劳动力，即农民工。有统计显示，农民工占建筑从业人员的80%，他们大多数都工作在施工一线。尽管上岗前都经过培训，但由于文化素质及价值观的不同，职业技能培训走过场，农民工的安全意识和操作技能并不高。据相关统计，农民工拥有技能岗位证书的仅占2.5%，同时全行业技术管理人员偏少，技术管理人员仅占6.5%，而专职的安全管理人员就更少，政府相关的培训机构跟不上。建筑工程施工操作人员素质的不稳定，作为“人”的不安全因素，是建筑工程施工现场的重要安全隐患。

4. 安全生产的技术措施方面

在建筑工程施工过程中，安全生产技术措施方案是在施工项目生产活动中，根据实际的工程特点、建设规模、结构复杂程度、要求工期、施工现场施工难易程度而编制的相应可行的安全施工技术措施方案，它包括施工劳动人员组织、安全生产施工方法、施工机械设备选择、变配电设备安置、架设工具的准备以及各项安全防护措施等。近年来，一些大型、超大型工程项目建设的风险及施工难度加大，对建筑安全技术提出了新的挑战。

5. 企业的安全管理方面

多年以来，我国的安全生产工作重点主要放在国有企业上，尤其是国有大中型企业。但是随着我国经济的快速发展，投资主体日趋多元化，有合资、民营、外资以及个体投资等多种形式。越来越多的非公投资主体出现，加大了房地产和市政建设投资力度，产生了大量的非国有企业，从而增加了大量的生产和管理单位、农民工以及部分非法用工。就业总量的日益增加，对安全管理提出了更高的要求。我国的安全管理与发达国家相比存在着很大差距，同时，大多数企业的安全生产管理水平落后，建筑施工企业在安全生产的人力和物力方面投入严重不足，管理基础薄弱，加之企业管理常常违反客观规律，强调施工进度，忽视安全生产和安全管理，鲁莽干，抢工期，而员工仅仅关注自己的经济利益，这些客观原因导致了更多的安全风险。在一般情况下，一些大的项目分布的地区偏远，工作环境艰苦，生活条件差，交通不方便，甚至有恶劣的天气，这使得员工的工作积极性变差，而且由于施工任务的紧迫性，企业往往忽视安全文化建设，放松对员工的系统的、专业的培训，使员工安全意识薄弱。从主观方面，企业的安全生产管理应是独立的企业行为，再加上监管不到位，所以一旦出现安全事故，从企业领导、项目经理到一线普通员工，经常是大事化小，小事化了，隐瞒不报，怕自己的利益受损。

课题 2　建设工程安全生产管理体制

1.2.1　我国安全生产要求与任务

国务院于 2010 年 7 月 19 日颁布了《国务院关于进一步加强企业安全生产工作的通知》（国发〔2010〕23 号，以下简称《通知》）。本《通知》是继 2004 年《国务院关于进一步加强安全生产工作的决定》（国发〔2004〕2 号）之后，国务院在加强安全生产工作方面的又一重大举措，充分体现了党中央、国务院对安全生产工作的高度重视。《通知》进一步明确了现阶段安全生产工作的总体要求和目标任务，提出了新形势下加强安全生产工作的一系列政策措施，涵盖企业安全管理、技术保障、产业升级、应急救援、安全监管、安全准入、指导协调、考核监督和责任追究等多个方面，是指导全国安全生产工作的纲领性文件。

《通知》指出了工作要求：深入贯彻落实科学发展观，坚持以人为本，牢固树立安全发展的理念，切实转变经济发展方式，调整产业结构，提高经济发展的质量和效益，把经济发展建立在安全生产有可靠保障的基础上；坚持"安全第一、预防为主、综合治理"的方针，全面加强企业安全管理，健全规章制度，完善安全标准，提高企业技术水平，夯实安全生产基础；坚持依法依规生产经营，切实加强安全监管，强化企业安全生产主体责任落实和责任追究，促进我国安全生产形势实现根本好转。

《通知》指出了工作任务：要全面加强企业安全生产工作。要通过更加严格的目标考核和责任追究，采取更加有效的管理手段和政策措施，集中整治非法违法生产行为，坚决遏制重特大事故发生；要尽快建成完善的国家安全生产应急救援体系，在高危行业强制推行一批安全适用的技术装备和防护设施，最大程度减少事故造成的损失；要建立更加完善的技术标准体系，促进企业安全生产技术装备全面达到国家和行业标准，实现我国安全生产技术水平的提高；要进一步调整产业结构，积极推进重点行业的企业重组和矿产资源开发整合，彻底淘汰安全性能低下、危及安全生产的落后产能；以更加有力的政策引导，形成安全生产长效机制。

《通知》从严格企业安全生产管理、建立健全技术保障体系、加强监督管理、建立健全应急救援体系，完善行业安全准入制度、加强政策引导、促进发展方式转变和加强考核和责任追究八个方面，对原有规定作了完善和调整，进一步强化和规范。

1.2.2　建设工程各方责任主体的安全责任

我国在 1998 年开始实施的《建筑法》（2011 年 4 月修订）中就规定了有关部门和单位的安全生产责任。2003 年由国务院通过并在 2004 年开始实施的《建筑工程安全生产管理条例》，对各级部门和建设工程有关单位的安全责任有了更为明确的规定，其主要规定如下所述。

1. 建设单位的安全责任

建设单位应向施工单位提供施工现场及毗邻区域内的供水、排水、供电、供气、供热、通信、广播电视等地下管线资料，还要提供气象和水文观测资料以及相邻建筑物和构筑物、地下工程的有关资料，并保证资料的真实、准确、完整。

建设单位不得对勘察、设计、施工、工程监理等单位提出不符合建设工程安全生产法律法规和强制性标准规定的要求，也不得压缩合同约定的工期。

建设单位在编制工程概算时，应当确定为保证建设工程安全作业环境及安全施工措施所需的费用。

建设单位不得明示或者暗示施工单位购买、租赁、使用不符合安全施工要求的安全防护用具、机械设备、施工机具及配件、消防设施和器材。

建设单位在申请领取施工许可证时，应当提供建设工程的有关安全施工措施的资料。

经依法批准开工报告的建设工程，建设单位应当自开工报告批准之日起15日内，将保证安全施工的措施报送建设工程所在地的县级以上地方人民政府住房城乡建设主管部门或者其他有关部门备案。

建设单位应将拆除工程发包给具有相应资质等级的施工单位，并应在拆除工程施工15日前，将以下4项资料报送建设工程所在地的县级以上地方人民政府住房城乡建设主管部门或者其他有关部门备案：

1）施工单位资质等级证明。

2）拟拆除建筑物、构筑物及可能危及毗邻建筑的说明。

3）拆除施工组织方案。

4）堆放、清除废弃物的措施。

2. 勘察单位的安全责任

勘察单位应按照法律法规和工程建设强制性标准进行勘察，且其提供的勘察文件应当真实、准确，以满足建设工程安全生产的需要。勘察单位在勘察作业时，应严格执行操作规程，并采取措施以保证各类管线、设施和周边建筑物、构筑物的安全。

3. 设计单位的安全责任

设计单位应按照法律法规和工程建设强制性标准进行设计，防止因设计不合理导致安全生产事故的发生。设计单位和注册建筑师等注册执业人员应当对其设计负责。

设计单位应考虑施工安全操作和防护的需要，对涉及施工安全的重点部位和环节应在设计文件中注明，并对如何防范生产安全事故提出指导意见。

对于采用新结构、新材料、新工艺的建设工程和特殊结构的建设工程，设计单位应在设计中提出保障施工作业人员安全和预防生产安全事故的措施及建议。

4. 工程监理单位的安全责任

工程监理单位和监理工程师应按照法律法规和工程建设强制性标准进行监理，并对建设工程安全生产承担监理责任。

工程监理单位应审查施工组织设计中的安全技术措施或专项施工方案是否符合工程建设强制性标准。

工程监理单位在实施监理过程中，发现存在安全事故隐患的，应要求施工单位整改，情况严重的应要求施工单位暂时停止施工，并及时报告建设单位。若施工单位拒不整改或者不停止施工，工程监理单位应及时向有关主管部门报告。

5. 施工单位的安全责任

（1）施工单位的一般安全责任　施工单位从事建设工程的新建、扩建、改建和拆除等活动，应具备国家规定的注册资本、专业技术人员、技术装备和安全生产等条件，依法取得相应等级的资质证书，并在其资质等级许可的范围内承揽工程。

施工单位主要负责人依法应对本单位的安全生产工作全面负责。施工单位应建立健全安全生产责任制度和安全生产教育培训制度，制定安全生产规章制度和操作规程，对所承担的建设工程进行定期的和专项的安全检查，并做好安全检查记录。施工单位的项目负责人应当由取得相应执业资格的人员担任，对建设工程项目的安全施工负责，落实安全生产责任制度、安全生产规章制度和操作规程，确保安全生产费用的有效使用，并根据工程的特点组织制定安全施工措施，消除安全事故隐患，及时、如实报告生产安全事故。对于列入建设工程概算的保证安全作业环境及安全施工措施所需的费用，应用于施工安全防护用具及设施的采购和更新、安全施工措施的落实、安全生产条件的改善，不得挪作他用。

施工单位应设立安全生产管理机构，并配备专职的安全生产管理人员。

施工单位应在施工组织设计中编制安全技术措施和施工现场临时用电方案，对达到一定规模的危险性较大的分部分项工程应编制专项施工方案，并附有安全验算结果，经施工单位技术负责人、总监理工程师签字后实施，还应由专职的安全生产管理人员进行现场监督。这些工程为：基坑支护与降水工程；土方开挖工程；模板工程；起重吊装工程；脚手架工程；拆除、爆破工程；国务院建设行政主管部门或其他有关部门规定的其他危险性较大的工程。

对前面所列工程中涉及深基坑、地下暗挖工程、高大模板工程的专项施工方案，施工单位还应组织专家进行论证、审查。

施工单位应在施工现场入口处、施工起重机械、临时用电设施、脚手架、出入通道口、楼梯口、电梯井口、孔洞口、桥梁口、隧道口、基坑边沿、爆破物及有害危险气体和液体存放处等危险部位设置明显的安全警示标志。安全警示标志必须符合国家标准。

施工单位应根据不同施工阶段和周围环境以及季节、气候的变化，在施工现场采取相应的安全施工措施。若施工现场暂时停止施工，施工单位应做好现场防护，所需费用由责任方承担，或者按照合同约定执行。

施工单位应将施工现场的办公、生活区与作业区分开设置，并保持安全距离，办公、生活区的选址应符合安全性要求。职工的膳食、饮水、休息场所等应符合卫生标准。施工单位不得在尚未竣工的建筑物内设置员工集体宿舍。

施工现场临时搭建的建筑物应符合安全使用要求。施工现场使用的装配式活动房屋应具有产品合格证。

施工单位对因建设工程施工而可能产生损害的毗邻建筑物、构筑物和地下管线等，应采取专项防护措施。

施工单位应遵守有关环境保护法律法规的规定，在施工现场采取措施以防止或者减少粉尘、废气、废水、固体废物、噪声、振动和施工照明对人和环境的危害和污染。

在城市市区内的建设工程，施工单位应对施工现场实行封闭围挡。

施工单位应在施工现场建立消防安全责任制度，确定消防安全责任人，制定用火、用电、使用易燃易爆材料等各项消防安全管理制度和操作规程，设置消防通道、消防水源，配备消防设施和灭火器材，并在施工现场入口处设置明显标志。

施工单位应向作业人员提供安全防护用具和安全防护服装，并书面告知危险岗位的操作规程和违章操作的危害。施工单位采购、租赁的安全防护用具、机械设备、施工机具及配件，应具有生产（制造）许可证、产品合格证，并在进入施工现场前进行查验。

施工现场的安全防护用具、机械设备、施工机具及配件必须由专人管理，定期进行检查、维修和保养，建立相应的资料档案，并按照国家有关规定及时报废。

施工单位在使用施工起重机械和整体提升脚手架、模板等自升式架设设施前，应组织有关单位进行验收，也可委托具有相应资质的检验检测机构进行验收。若使用的是承租的机械设备和施工机具及配件，应由施工总承包单位、分包单位、出租单位和安装单位共同进行验收，验收合格的方可使用。《特种设备安全监察条例》规定的施工起重机械，在验收前应经有相应资质的检验检测机构监督检验合格。

施工单位应自施工起重机械和整体提升脚手架、模板等自升式架设设施验收合格之日起30日内，向建设行政主管部门或其他有关部门登记，登记标志应置于或附着于该设备的明显位置。

施工单位的主要负责人、项目负责人、专职安全生产管理人员应经建设行政主管部门或其他有关部门考核合格后方可任职。

施工单位应对管理人员和作业人员每年至少进行一次安全生产教育培训，其教育培训情况应记入个人工作档案。安全生产教育培训考核不合格的人员，不得上岗。

施工单位在采用新技术、新工艺、新设备、新材料时，应对作业人员进行相应的安全生产教育培训。

施工单位应为施工现场从事危险作业的人员办理意外伤害保险。意外伤害保险费由施工单位支付，实行施工总承包的则由总承包单位支付。意外伤害保险期限自建设工程开工之日起至竣工验收合格止。

施工单位应制定本单位安全生产事故应急救援预案，建立应急救援组织或配备应急救援人员，配备必要的应急救援器材、设备，并定期组织演练。

施工单位应根据建设工程的特点、范围，对施工现场易发生重大事故的部位、环节进行监控，制定施工现场安全生产事故应急救援预案。工程总承包单位和分包单位应按照应急救援预案，各自建立应急救援组织或配备应急救援人员，配备救援器材、设备，并定期组织演练。

施工单位若发生生产安全事故，应按照国家有关伤亡事故报告和调查处理的规定，及时、如实地向负责安全生产监督管理的部门、住房城乡建设主管部门或其他有关部门报告；若特种设备发生事故，还应同时向特种设备安全监督管理部门报告。

发生安全生产事故后，施工单位应采取措施防止事故扩大和保护事故现场。当需要移动现场物品时，应作出标记和书面记录，妥善保管有关证物。

（2）总承包单位的安全责任　实行施工总承包的建设工程，由总承包单位对施工现场的安全生产负总责。

1）总承包单位应自行完成建设工程主体结构的施工。

2）总承包单位依法将建设工程分包给其他单位时，分包合同中应明确各自的安全生产权利、义务，总承包单位和分包单位对分包工程的安全生产承负连带责任。

3）建设工程实行总承包时，如发生事故，应由总承包单位负责上报事故。

分包单位应服从总承包单位的安全生产管理，分包单位若不服从管理而导致生产安全事故，应由分包单位承担主要责任。

[讨论题1-1]

某公司自筹资金新建一座8200m² 的综合楼，该楼位于市北区长途汽车站对面，为9层框架结构，层高3.3m，檐高30.2m。该工程由A勘测设计院设计，B建设总公司总承包，C监理公司监理，D机电设备安装公司分包电梯安装工程。

试指出该工程的建设单位，并讨论该工程设计施工过程中建设单位以及A、B、C、D各方应负的安全责任。

6. 施工单位内部的安全职责分工

《建设工程安全生产管理条例》的重点是规定建设工程安全生产的各有关部门和单位之间的责任划分。施工单位的内部安全职责分工应按照该条例的要求进行，特别是在“安全生产、人人有责”的思想指导下，在建立安全生产管理体系的基础上，施工单位应按照所确定的目标和方针，将各级管理责任人、各职能部门和各岗位员工所应做的工作及应负的责任加以明确规定。要求通过合理分工和明确责任，增强各级人员的责任心，共同协调配合，努力实现既定的目标。

职责分工应包括纵向各级人员（即主要负责人、管理者代表、技术负责人、财务负责人、经济负责人、党政工团、项目经理以及员工）的责任和横向各专业部门（即安全、质量、设备、技术、生产、保卫、采购、行政、财务等部门）的责任。

（1）主要负责人的职责

1）贯彻执行国家有关安全生产的方针政策、法规和规范。

2）建立健全本单位的安全生产责任制度，承担本单位安全生产的最终责任。

3）组织制定本单位的安全生产规章制度和操作规程。

4）保证本单位安全生产投入的有效实施。

5）督促、检查本单位的安全生产工作，及时消除安全事故隐患。

6）组织制定并实施本单位的安全生产事故应急救援预案。

7）及时、如实地报告安全事故。

（2）技术负责人的职责

1）贯彻执行国家有关安全生产的方针政策、法规和有关规范、标准，并组织落实。

2）组织编制和审批施工组织设计或专项施工组织设计。

3）对新工艺、新技术、新材料的使用，负责审核其实施过程中的安全性，提出预防措施，组织编制相应的操作规程和进行交底工作。

4）领导安全生产技术改进和研究项目。

5）参与重大安全事故的调查，分析原因，提出纠正措施，并检查措施的落实情况，做到持续改进。

（3）财务负责人的职责　保证安全生产的资金能专项专用，并检查资金的使用是否正确。

（4）工会的职责

1）有权对违反安全生产的法律法规和侵犯员工合法权益的行为进行纠正。

2）发现违章指挥、强令冒险作业或事故隐患时，有权提出解决的建议，施工单位应及时进行研究并做出答复。

3）发现危及员工生命的情况时，有权建议组织员工撤离危险场所，施工单位必须立即处理。

4）有权依法参加事故调查，向有关部门提出处理意见，并要求追究有关人员的责任。

（5）安全部门的职责

1）贯彻执行安全生产的有关法规、标准和规定，做好安全生产的宣传教育工作。

2）参与施工组织设计和安全技术措施的编制，并组织进行定期和不定期的安全生产检查，对贯彻执行情况进行监督检查，若发现问题应及时改进。

3）制止违章指挥和违章作业行为，遇有紧急情况有权暂停生产，并报告有关部门。

4）总结推广先进经验，积极提出预防和纠正措施，使安全生产工作能持续改进。

5）建立健全安全生产档案，定期进行统计分析，探索安全生产的规律。

（6）生产部门的职责　合理组织生产，遵守施工顺序，将安全生产所需的工序和资源排入计划。

（7）技术部门的职责　按照有关标准和安全生产要求编制施工组织设计，提出相应的措施，进行安全生产技术的改进和研究工作。

（8）设备材料采购部门的职责　保证所供应的设备安全技术性能可靠，具有必要的安全防护装置；按机械使用说明书的要求进行保养和检修，确保安全运行；所供应的材料和安全防护用品应能确保质量。

（9）财务部门的职责　按照规定提供实现安全生产措施、安全教育培训和宣传的经费，并监督其合理使用。

（10）教育部门的职责　将安全生产教育列入培训计划，按工作需要组织各级员工的安全生产教育。

（11）劳务管理部门的职责　做好新员工上岗前培训、换岗培训工作，并考核培训的效果，组织特殊工种的取证工作。

（12）卫生部门的职责　定期对员工进行体格检查，发现有不适合现岗的员工要立即提出，要指导和组织监测有毒有害作业场所的危害程度，提出职业病防治和改善卫生条件的措施。

（13）项目经理部的职责　施工企业的项目经理部应根据安全生产管理体系的要求，由项目经理主持，把安全生产责任目标分解到岗、落实到人。《建设工程项目管理规范》（GB/T 50326—2006）规定项目经理部的安全生产责任制包括以下几项内容。

1）项目经理应由取得相应执业资格的人员担任，对建设工程项目的安全施工负责。其安全职责为：认真贯彻安全生产方针、政策、法规和各项规章制度，制定和执行安全生产管理办法，严格执行安全考核指标和安全生产奖惩办法，确保安全生产措施费用的有效使用，严格执行安全技术措施审批制度和施工安全技术措施交底制度；建设工程施工前，施工单位负责项目管理的技术人员还应将有关安全施工的技术要求向施工作业班组、作业人员做出详细说明，并由双方签字确认；施工中定期组织安全生产检查和分析，针对可能产生的安全隐患制定相应的预防措施；当施工过程中发生安全事故时，项目经理必须及时、如实地按安全事故处理的有关规定和程序及时上报和处置，并制定防止同类事故再次发生的措施。

2）施工单位安全员的安全职责为：对安全生产进行现场监督检查，若发现安全事故隐患，应及时向项目负责人和安全生产管理机构报告，对违章指挥、违章操作的行为应立即制止；落实安全设施的设置；组织安全教育和全员安全活动，监督检查劳保用品质量及其正确使用情况。

3）作业队长的安全职责为：向本工种作业人员进行安全技术措施交底，严格执行本工种安全技术操作规程，拒绝违章指挥；组织实施安全技术措施；作业前应对本次作业所使用的机具、设备、防护用具、设施及作业环境进行安全检查，以消除安全隐患，并检查安全标牌是否按规定设置以及标识方法和内容是否正确完整；组织班组开展安全活动，对作业人员进行安全操作规程培训，提高作业人员的安全意识，召开上岗前安全生产会；每周要进行安全讲评；当发生重大或恶性工伤事故时，应保护现场，立即上报并参与事故调查处理。

4）作业人员的安全职责为：认真学习并严格执行安全技术操作规程，自觉遵守安全生产规章制度，执行安全技术交底和有关安全生产的规定；不违章作业；服从安全监督人员的指导，积极参加安全活动；爱护安全设施。

作业人员有权对施工现场的作业条件、作业程序和作业方式中存在的安全问题提出批评，进行检举和控告；有权对不安全作业提出意见；有权拒绝违章指挥和强令冒险作业；在施工中发生危及人身安全的紧急情况时，作业人员有权立即停止作业或者在采取必要的应急措施后撤离危险区域。

作业人员应遵守安全施工的强制性标准、规章制度和操作规程，正确使用安全防护用具、机械设备等。

作业人员进入新的岗位或新的施工现场前，应接受安全生产教育培训。未经教育培训或教育培训不合格的人员，不得上岗作业。垂直运输机械作业人员、安装拆卸工、爆破作业人员、起重信号工、登高架设人员等特种作业人员，必须在按照有关规定经过专门的安全作业培训，取得特种作业操作资格证书后，方可上岗作业。

作业人员应努力学习安全技术，提高自我保护意识和自我保护能力。

7. 其他有关单位的安全责任

为建设工程提供机械设备和配件的单位，应按照安全施工的要求配备齐全有效的保险、限位等安全设施和装置，所出租的机械设备和施工机具及配件，也应具有生产（制造）许可证、产品合格证。

出租单位应对出租的机械设备和施工机具及配件的安全性能进行检测，在签订租赁协议时，应出具检测合格证明。禁止出租检测不合格的机械设备和施工机具及配件。

在施工现场安装、拆卸施工起重机械和整体提升脚手架、模板等自升式架设设施，必须由具有相应资质的单位承担。

安装、拆卸施工起重机械和整体提升脚手架、模板等自升式架设设施，应编制拆装方案和制定安全施工措施，并由专业技术人员现场监督。

施工起重机械和整体提升脚手架、模板等自升式架设设施安装完毕后，安装单位应当自检，出具自检合格证明，并向施工单位进行安全使用说明，办理验收手续并签字。

[讨论题1-2]

某建设总公司的组织机构框图如图1-1所示，试讨论其各部分人员应负的安全生产责任。

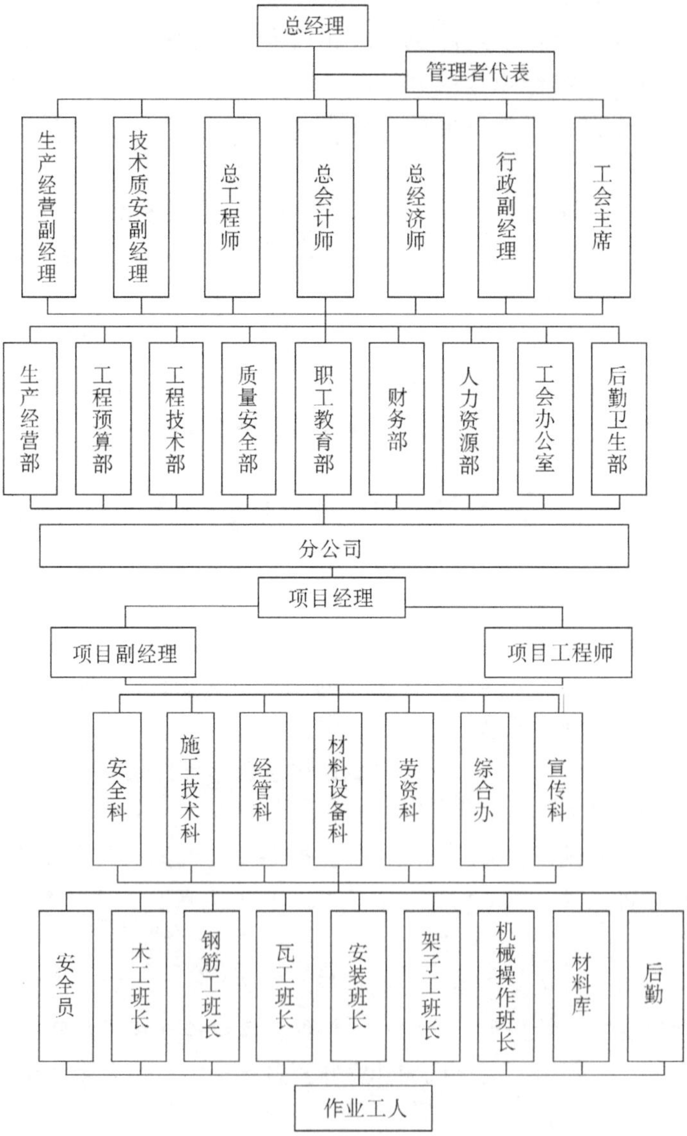

图1-1　某建设总公司的组织机构框图

课题 3 建设工程安全生产管理制度

1.3.1 建筑施工企业安全生产许可制度

为了严格规范建筑施工企业的安全生产条件，进一步加强安全生产监督管理，防止和减少生产安全事故，建设部根据《安全生产许可证条例》、《建设工程安全生产管理条例》等有关行政法规，于 2004 年 7 月制定建设部令第 128 号《建筑施工企业安全生产许可证管理规定》(以下简称《规定》)。

国家对建筑施工企业实行安全生产许可制度。建筑施工企业未取得安全生产许可证的，不得从事建筑施工活动。

《规定》的主要内容包括以下 4 个方面。

1. 安全生产许可证的申请条件

建筑施工企业若要取得安全生产许可证，应当具备以下几项安全生产条件：

1）建立、健全安全生产责任制度，制定完备的安全生产规章制度和操作规程。

2）保证本单位安全生产条件所需资金的投入。

3）设备安全生产管理机构，按照国家有关规定配备专职安全生产管理人员。

4）主要负责人、项目负责人、专职安全生产管理人员经建设主管部门或者其他有关部门考核合格。

5）特种作业人员经有关业务主管部门考核合格，取得特种作业操作资格证书。

6）管理人员和作业人员每年至少进行一次安全生产教育培训并考核合格。

7）依法参加工伤保险，依法为施工现场从事危险作业的人员办理意外伤害保险，为从业人员交纳保险费。

8）施工现场的办公、生活区及作业场所和安全防护用具、机械设备、施工机具及配件符合有关安全生产法律法规、标准和规程的要求。

9）有职业危害防治措施，并为作业人员配备符合国家标准或者行业标准的安全防护用具和安全防护服装。

10）有对危险性较大的分部分项工程及施工现场易发生重大事故的部位、环节的预防、监控措施和应急预案。

11）有生产安全事故应急救援预案、应急救援组织或者应急救援人员，并配备必要的应急救援器材、设备。

12）法律法规规定的其他条件。

2. 安全生产许可证的申请与颁发

建筑施工企业从事建筑施工活动前，应依照《规定》向省级以上住房城乡建设主管部门申请领取安全生产许可证。中央管理的建筑施工企业（集团公司、总公司）应向国务院住房城乡建设主管部门申请领取安全生产许可证，其他建筑施工企业包括中央管理的建筑施工企业（集团公司、总公司）下属的建筑施工企业，应向企业注册所在地的省、自治区、直辖市人民政府住房城乡建设主管部门申请领取安全生产许可证。

住房城乡建设主管部门应自受理建筑施工企业的申请之日起 45 日内审查完毕。经审查符合安全生产条件的，颁发安全生产许可证。不符合安全生产条件的，不予颁发安全生产许可证，书面通知企业并说明理由。企业自接到通知之日起应进行整改，整改合格后方可再次提出申请。由住房城乡建设主管部门审查建筑施工企业安全生产许可证申请，涉及铁路、交通、水利等有关专业工程时，可以征求铁路、交通、水利等有关部门的意见。

安全生产许可证的有效期为3年。安全生产许可证有效期满需要延期的，企业应于期满前3个月向原安全生产许可证颁发管理机关申请办理延期手续。企业在安全生产许可证有效期内应严格遵守有关安全生产的法律法规，未发生死亡事故的，安全生产许可证有效期满时，经原安全生产许可证颁发管理机关同意，不再审查，将安全生产许可证有效期延期3年。

建筑施工企业变更名称、地址、法定代表人等时，应在变更后10日内到原安全生产许可证颁发管理机关办理安全生产许可证变更手续。

建筑施工企业破产、倒闭、撤销时，应将安全生产许可证交回原安全生产许可证颁发管理机关予以注销。

建筑施工企业遗失安全生产许可证时，应立即向原安全生产许可证颁发管理机关报告，并在公众媒体上声明作废后，方可申请补办。

安全生产许可证申请表采用住建部规定的统一式样。安全生产许可证采用国务院安全生产监督管理部门规定的统一式样。安全生产许可证分为正本和副本，正、副本具有同等法律效力。

3. 安全生产许可证的监督管理

县级以上人民政府住房城乡建设主管部门应加强对建筑施工企业安全生产许可证的监督管理。住房城乡建设主管部门在审核发放施工许可证时，应对已经确定的建筑施工企业是否有安全生产许可证进行审查，对没有取得安全生产许可证的不得颁发施工许可证。

跨省从事建筑施工活动的建筑施工企业有违反《规定》的行为时，由工程所在地的省级人民政府住房城乡建设主管部门将建筑施工企业在本地区的违法事实、处理结果和处理建议抄报原安全生产许可证颁发管理机关。

建筑施工企业取得安全生产许可证后，不得降低安全生产条件，并应加强日常安全生产管理，接受住房城乡建设主管部门的监督检查。安全生产许可证颁发管理机关若发现企业不再具备安全生产条件，应暂扣或者吊销安全生产许可证。

安全生产许可证颁发管理机关或其上级行政机关发现有下列几种情形之一时，可以撤销已经颁发的安全生产许可证：

1）安全生产许可证颁发管理机关的工作人员滥用职权、玩忽职守而颁发安全生产许可证。

2）超越法定职权颁发安全生产许可证。

3）违反法定程序颁发安全生产许可证。

4）对不具备安全生产条件的建筑施工企业颁发安全生产许可证。

5）依法可以撤销已经颁发的安全生产许可证的其他情形。

依照上述规定撤销安全生产许可证而使建筑施工企业的合法权益受到损害时，住房城乡建设主管部门应依法给予赔偿。

安全生产许可证颁发管理机关应建立、健全安全生产许可证档案管理制度，定期向社会公布企业取得安全生产许可证的情况，每年向同级安全生产监督管理部门通报建筑施工企业安全生产许可证的颁发和管理情况。

建筑施工企业不得转让、冒用安全生产许可证，或者使用伪造的安全生产许可证。

住房城乡建设主管部门的工作人员在安全生产许可证颁发、管理和监督检查工作中，不得索取或接受建筑施工企业的财物，且不得谋取其他利益。

任何单位或个人对违反《规定》的行为，都有权向安全生产许可证颁发管理机关或监察机关等有关部门举报。

4. 法律责任

住房城乡建设主管部门的工作人员违反《规定》且有下列5项行为之一时，应给予降级或撤职的行政处分；构成犯罪的应依法追究刑事责任：

1）向不符合安全生产条件的建筑施工企业颁发安全生产许可证。

2）发现建筑施工企业未依法取得安全生产许可证却擅自从事建筑施工活动，但不依法处理。

3）发现取得安全生产许可证的建筑施工企业不再具备安全生产条件，但不依法处理。

4）接到对违反《规定》的行为的举报后，但不及时处理。

5）在安全生产许可证颁发、管理和监督检查工作中，索取或接受建筑施工企业的财物，或者谋取其他利益。

由于建筑施工企业弄虚作假而造成上述第1）项行为时，对住房城乡建设主管部门的工作人员不予处分。

取得安全生产许可证的建筑施工企业，若发生重大安全事故时，应暂扣其安全生产许可证并限期整改。

建筑施工企业不再具备安全生产条件时，应暂扣其安全生产许可证并限期整改；情节严重的，应吊销其安全生产许可证。

违反《规定》，即建筑施工企业未取得安全生产许可证却擅自从事建筑施工活动时，应责令其在建项目停止施工，没收违法所得，并处10万元以上50万元以下的罚款；造成重大安全事故或者其他严重后果从而构成犯罪的，应依法追究其刑事责任。

违反《规定》，即安全生产许可证有效期满未办理延期手续却继续从事建筑施工活动时，应责令其在建项目停止施工，限期补办延期手续，没收违法所得，并处5万元以上10万元以下的罚款；逾期仍不办理延期手续且继续从事建筑施工活动时，应依照"未取得安全生产许可证"的规定处罚。

违反《规定》，即建筑施工企业隐瞒有关情况或提供虚假材料申请安全生产许可证时，应不予受理或不予颁发安全生产许可证，并给予警告，1年内不得申请安全生产许可证。

违反《规定》，即建筑施工企业转让安全生产许可证的，没收违法所得，处10万元以上50万元以下的罚款，并吊销安全生产许可证；构成犯罪的，依法追究刑事责任；接受转让的，依照"未取得安全生产许可证"的规定处罚。

冒用安全生产许可证或者使用伪造的安全生产许可证的，依照"未取得安全生产许可证"的规定处罚。

建筑施工企业以欺骗、贿赂等不正当手段取得安全生产许可证时，应撤销其安全生产许可证，且3年内不得再次申请安全生产许可证；构成犯罪的，应依法追究刑事责任。

上述规定的暂扣、吊销安全生产许可证的行政处罚，由安全生产许可证的颁发管理机关决定；其他行政处罚由县级以上地方人民政府住房城乡建设主管部门决定。

同时，《规定》施行前已依法从事建筑施工活动的建筑施工企业，应自《安全生产许可证条例》施行之日（2004年1月13日）起1年内向住房城乡建设主管部门申请办理建筑施工企业安全生产许可证；逾期则不办理安全生产许可证。经审查不符合规定的安全生产条件而未取得安全生产许可证却继续进行建筑施工活动的，应依照“未取得安全生产许可证”的规定处罚。

[讨论题1-3]

2004年4月1日某市某建筑工程公司向安全生产许可证颁发管理机关申请领取安全生产许可证，并提供了相关文件、资料。请讨论下列问题：

1. 如该公司符合领取安全施工许可证的条件，有关部门应在何时前颁发安全施工许可证？
2. 该施工许可证的有效期至何年何月何日？
3. 该公司安全施工许可证期满要办理续期，应在何时向有关机关提出？
4. 该公司在取得该施工许可证后，由于施工任务重，人员紧张，由建设主管部门组织的两次培训该公司均未能参加，对此住房城乡建设主管部门应如何处理？

1.3.2　建筑施工企业三类人员考核任职制度

依据2014年住建部发布的《建筑施工企业主要负责人、项目负责人和专职安全生产管理人员安全生产管理规定》(住建部令第17号)，为贯彻落实《安全生产法》、《建筑工程安全生产管理条例》和《安全生产许可证条例》，提高建筑施工企业主要负责人、项目负责人、专职安全生产管理人员的安全生产知识水平和管理能力，保证建筑施工安全生产，应对建筑施工企业三类人员进行考核认定。三类人员应经住房城乡建设主管部门或其他有关部门考核合格后方可任职，考核内容主要是安全生产知识和安全管理能力。

1. 三类人员的组成

三类人员是指建筑施工企业的主要负责人、项目负责人、专职安全生产管理人员。

建筑施工企业主要负责人是指对本企业生产经营活动和安全生产工作具有决策的领导人员。

建筑施工企业项目负责人是指取得相应注册执业资格，由企业法定代表人授权，负责具体工程项目管理的人员。

建筑施工企业专职安全生产管理人员是指在企业专职从事安全生产管理工作的人员，包括企业安全生产管理机构的人员和工程项目专职从事安全生产管理工作的人员。

2. 三类人员考核任职的主要规定

（1）考核的目的和依据　为了提高建筑施工企业主要负责人、项目负责人和专职安全生产管理人员（以下合称“安管人员”）的安全生产知识水平和管理能力，保证建筑施工安全生产，根据《安全生产法》、《建设工程安全生产管理条例》和《安全生产许可证条例》

等法律法规，制定“安管人员考核”任职制度。

（2）考核范围　在中华人民共和国境内从事建设工程施工活动的“安管人员”。

“安管人员”必须经住房城乡建设主管部门或其他有关部门进行安全生产考核，考核合格并取得安全生产考核合格证书后，方可担任相应职务。

（3）“安管人员”考核的管理工作及相关要求　国务院住房城乡建设主管部门负责全国“安管人员”的安全生产考核工作，并负责中央管理的“安管人员”的安全生产考核和发证工作。

省、自治区、直辖市人民政府住房城乡建设主管部门负责本行政区域内中央管理以外的“安管人员”的安全生产考核和发证工作。

“安管人员”应具备相应的文化程度、专业技术职称和一定的安全生产工作经历，并经企业年度安全生产教育培训，合格后方可参加住房城乡建设主管部门组织的安全生产考核。

“安管人员”安全生产考核的内容包括安全生产知识和管理能力。

住房城乡建设主管部门对“安管人员”进行安全生产考核时不得收取考核费用，且不得组织强制培训。

安全生产考核合格的人员，由住房城乡建设主管部门在 20 日内核发安全生产考核合格证书；对考核不合格的人员，应通知本人并说明理由，限期重新考核。

“安管人员”的安全生产考核合格证书由国务院住房城乡建设主管部门规定统一的式样。

“安管人员”若要变更姓名和所在法人单位等时，应在 1 个月内到原安全生产考核合格证书发证机关办理变更手续。

任何单位和个人不得伪造、转让、冒用“安管人员”的安全生产考核合格证书。

“安管人员”若遗失安全生产考核合格证书，应在公共媒体上声明作废，通过其受聘企业向原考核机关申请补办。考核机关应当在受理申请之日起 5 个工作日内办理完毕。

“安管人员”安全生产考核合格证书的有效期为 3 年，有效期满需要延期时，应于期满前 3 个月通过受聘企业向原考核机关申请证书延续。准予证书延续的，证书有效期延续 3 年。

对证书有效期内未因生产安全事故或者违反本规定受到行政处罚，信用档案中无不良行为记录，且已按规定参加企业和县级以上人民政府住房城乡建设主管部门组织的安全生产教育培训的，考核机关应当在受理延续申请之日起 20 个工作日内，准予证书延续。“安管人员”不得涂改、倒卖、出租、出借或者以其他形式非法转让安全生产考核合格证书。

县级以上人民政府住房城乡建设主管部门应当依照有关法律法规，对“安管人员”持证上岗、教育培训和履行职责等情况进行监督检查。

县级以上人民政府住房城乡建设主管部门在实施监督检查时，应当有两名以上监督检查人员参加，不得妨碍企业正常的生产经营活动，不得索取或者收受企业的财物，不得谋取其他利益。

有关企业和个人对依法进行的监督检查应当协助与配合，不得拒绝或者阻挠。

县级以上人民政府住房城乡建设主管部门依法进行监督检查时，发现“安管人员”有违反本规定行为的，应当依法查处并将违法事实、处理结果或者处理建议告知考核机关。

考核机关应当建立本行政区域内“安管人员”的信用档案。违法违规行为、被投诉举报处理、行政处罚等情况应当作为不良行为记入信用档案，并按规定向社会公开。

“安管人员”及其受聘企业应当按规定向考核机关提供相关信息。

3. 三类人员安全生产考核的要点

三类人员的安全生产考核按照《住房城乡建设部关于印发〈建筑施工企业主要负责人、项目负责人和专职安全生产管理人员安全生产管理规定〉实施意见的通知》(2015 年) 执行。

(1) 建筑施工企业主要负责人（A 类）的安全生产知识考核要点

1）建筑施工安全生产的方针政策、法律法规和标准规范。

2）建筑施工安全生产管理的基本理论和基础知识。

3）工程建设各方主体的安全生产法律义务与法律责任。

4）企业安全生产责任制和安全生产管理制度。

5）安全生产保证体系、资质资格、费用保险、教育培训、机械设备、防护用品、评价考核等管理。

6）危险性较大的分部分项工程、危险源辨识、安全技术交底和安全技术资料等安全技术管理。

7）安全检查、隐患排查与安全生产标准化。

8）场地管理与文明施工。

9）模板支撑工程、脚手架工程、建筑起重与升降机械设备使用、临时用电、高处作业和现场防火等安全技术要点。

10）事故应急预案、事故救援和事故报告、调查与处理。

11）国内外安全生产管理经验。

12）典型事故案例分析。

(2) 建筑施工企业主要负责人（A 类）的安全生产管理能力考核要点

1）贯彻执行建筑施工安全生产的方针政策、法律法规和标准规范情况。

2）建立、健全本单位安全管理体系，设置安全生产管理机构与配备专职安全生产管理人员，以及领导带班值班情况。

3）建立、健全本单位安全生产责任制，组织制定本单位安全生产管理制度和贯彻执行情况。

4）保证本单位安全生产所需资金投入情况。

5）制定本单位操作规程情况和开展施工安全标准化情况。

6）组织本单位开展安全检查、隐患排查，及时消除生产安全事故隐患情况。

7）与项目负责人签订安全生产责任书与目标考核情况，对工程项目负责人安全生产管理能力考核情况。

8）组织本单位开展安全生产教育培训工作情况，建筑施工企业主要负责人、项目负责人和专职安全生产管理人员和特种作业人员持证上岗情况，项目工地农民工业余学校创建工作情况，本人参加企业年度安全生产教育培训情况。

9）组织制定本单位生产安全事故应急救援预案，组织、指挥预案演练情况。

10）发生事故后，组织救援、保护现场、报告事故和配合事故调查、处理情况。

11）安全生产业绩。自考核之日，是否存在下列情形之一：未履行安全生产职责，对所发生的建筑施工一般或较大级别生产安全事故负有责任，受到刑事处罚和撤职处分，刑事处罚执行完毕不满五年或者受处分之日起不满五年的；未履行安全生产职责，对发生的建筑施工重大或特别重大级别生产安全事故负有责任，受到刑事处罚和撤职处分的；三年内，因未履行安全生产职责，受到行政处罚的；一年内，因未履行安全生产职责，信用档案中被记入不良行为记录或仍未撤销的。

（3）建筑施工企业项目负责人（B类）的安全生产知识考核要点

1）建筑施工安全生产的方针政策、法律法规和标准规范。

2）建筑施工安全生产管理、工程项目施工安全生产管理的基本理论和基础知识。

3）工程建设各方主体的安全生产法律义务与法律责任。

4）企业、工程项目安全生产责任制和安全生产管理制度。

5）安全生产保证体系、资质资格、费用保险、教育培训、机械设备、防护用品、评价考核等管理。

6）危险性较大的分部分项工程、危险源辨识、安全技术交底和安全技术资料等安全技术管理。

7）安全检查、隐患排查与安全生产标准化。

8）场地管理与文明施工。

9）模板支撑工程、脚手架工程、土方基坑工程、起重吊装工程，以及建筑起重与升降机械设备使用、施工临时用电、高处作业、电气焊（割）作业、现场防火和季节性施工等安全技术要点。

10）事故应急救援和事故报告、调查与处理。

11）国内外安全生产管理经验。

12）典型事故案例分析。

（4）建筑施工企业项目负责人（B类）的安全生产管理能力考核要点

1）贯彻执行建筑施工安全生产的方针政策、法律法规和标准规范情况。

2）组织和督促本工程项目安全生产工作，落实本单位安全生产责任制和安全生产管理制度情况。

3）保证工程项目安全防护和文明施工资金投入，以及为作业人员提供劳动保护用具和生产、生活环境情况。

4）建立工程项目安全生产保证体系、明确项目管理人员安全职责，明确建设、承包等各方安全生产责任，以及领导带班值班情况。

5）根据工程的特点和施工进度，组织制定安全施工措施和落实安全技术交底情况。

6）落实本单位的安全培训教育制度，创建项目工地农民工业余学校，组织岗前和班前安全生产教育情况。

7）组织工程项目开展安全检查、隐患排查，及时消除生产安全事故隐患情况。

8）按照《建筑施工安全检查标准》检查施工现场安全生产达标情况，以及开展安全标准化和考评情况。

9）落实施工现场消防安全制度，配备消防器材、设施情况。

10）按照本单位或总承包单位制订的施工现场生产安全事故应急救援预案，建立应急救援组织或者配备应急救援人员、器材、设备并组织演练等情况。

11）发生事故后，组织救援、保护现场、报告事故和配合事故调查、处理情况。

12）安全生产业绩。自考核之日，是否存在下列情形之一：未履行安全生产职责，对所发生的建筑施工一般或较大级别生产安全事故负有责任，受到刑事处罚和撤职处分，刑事处罚执行完毕不满五年或者受处分之日起不满五年的；未履行安全生产职责，对发生的建筑施工重大或特别重大级别生产安全事故负有责任，受到刑事处罚和撤职处分的；三年内，因未履行安全生产职责，受到行政处罚的；一年内，因未履行安全生产职责，信用档案中被记入不良行为记录或仍未撤销的。

（5）建筑施工企业机械类专职安全生产管理人员（C1类）的安全生产知识考核要点

1）建筑施工安全生产的方针政策、法律法规、规章制度和标准规范。

2）建筑施工安全生产管理、工程项目施工安全生产管理的基本理论和基础知识。

3）工程建设各方主体的安全生产法律义务与法律责任。

4）企业、工程项目安全生产责任制和安全生产管理制度。

5）安全生产保证体系、资质资格、费用保险、教育培训、机械设备、防护用品、评价考核等管理。

6）危险性较大的分部分项工程、危险源辨识、安全技术交底和安全技术资料等安全技术管理。

7）施工现场安全检查、隐患排查与安全生产标准化。

8）场地管理与文明施工。

9）事故应急救援和事故报告、调查与处理。

10）起重吊装、土方与筑路机械、建筑起重与升降机械设备，以及混凝土、木工、钢筋和桩工机械等安全技术要点。

11）国内外安全生产管理经验。

12）机械类典型事故案例分析。

（6）建筑施工企业机械类专职安全生产管理人员（C1类）的安全生产管理能力考核要点

1）贯彻执行建筑施工安全生产的方针政策、法律法规、规章制度和标准规范情况。

2）对施工现场进行检查、巡查，查处建筑起重机械、升降设备、施工机械机具等方面违反安全生产规范标准、规章制度行为，监督落实安全隐患的整改情况。

3）发现生产安全事故隐患，及时向项目负责人和安全生产管理机构报告以及消除隐患情况。

4）制止现场相关专业违章指挥、违章操作、违反劳动纪律等行为情况。

5）监督相关专业施工方案、技术措施和技术交底的执行情况，督促安全技术资料的整理、归档情况。

6）检查相关专业作业人员安全教育培训和持证上岗情况。

7）发生事故后，参加抢救、救护和及时如实报告事故、积极配合事故的调查处理情况。

8）安全生产业绩。自考核之日起，是否存在下列情形之一：未履行安全生产职责，对所发生的建筑施工生产安全事故负有责任，受到刑事处罚和撤职处分，刑事处罚执行完毕不满三年或者受处分之日起不满三年的；三年内，因未履行安全生产职责，受到行政处罚的；一年内，因未履行安全生产职责，信用档案中被记入不良行为记录或仍未撤销的。

（7）建筑施工企业土建类专职安全生产管理人员（C2 类）的安全生产知识考核要点

1）建筑施工安全生产的方针政策、法律法规和标准规范。

2）建筑施工安全生产管理、工程项目施工安全生产管理的基本理论和基础知识。

3）工程建设各方主体的安全生产法律义务与法律责任。

4）企业、工程项目安全生产责任制和安全生产管理制度。

5）安全生产保证体系、资质资格、费用保险、教育培训、机械设备、防护用品、评价考核等管理。

6）危险性较大的分部分项工程、危险源辨识、安全技术交底和安全技术资料等安全技术管理。

7）施工现场安全检查、隐患排查与安全生产标准化。

8）场地管理与文明施工。

9）事故应急救援和事故报告、调查与处理。

10）模板支撑工程、脚手架工程、土方基坑工程、施工临时用电、高处作业、电气焊（割）作业、现场防火和季节性施工等安全技术要点。

11）国内外安全生产管理经验。

12）土建类典型事故案例分析。

（8）建筑施工企业土建类专职安全生产管理人员（C2 类）的安全生产管理能力考核要点

1）贯彻执行建筑施工安全生产的方针政策、法律法规、规章制度和标准规范情况。

2）对施工现场进行检查、巡查，查处模板支撑、脚手架和土方基坑工程、施工临时用电、高处作业、电气焊（割）作业和季节性施工，以及施工现场生产生活设施、现场消防和文明施工等方面违反安全生产规范标准、规章制度行为，监督落实安全隐患的整改情况。

3）发现生产安全事故隐患，及时向项目负责人和安全生产管理机构报告以及消除情况。

4）制止现场违章指挥、违章操作、违反劳动纪律等行为情况。

5）监督相关专业施工方案、技术措施和技术交底的执行情况，督促安全技术资料的整理、归档情况。

6）检查相关专业作业人员安全教育培训和持证上岗情况。

7）发生事故后，参加救援、救护和及时如实报告事故、积极配合事故的调查处理情况。

8）安全生产业绩：同机械类专职安全生产管理人员（C1 类）。

（9）建筑施工企业综合类专职安全生产管理人员（C3 类）的安全生产知识考核要点

1）建筑施工安全生产的方针政策、法律法规、规章制度和标准规范。

2）建筑施工安全生产管理、工程项目施工安全生产管理的基本理论和基础知识。

3）工程建设各方主体的安全生产法律义务与法律责任。

4）企业、工程项目安全生产责任制和安全生产管理制度。

5）安全生产保证体系、资质资格、费用保险、教育培训、机械设备、防护用品、评价考核等管理。

6）危险性较大的分部分项工程、危险源辨识、安全技术交底和安全技术资料等安全技术管理。

7）施工现场安全检查、隐患排查与安全生产标准化。

8）场地管理与文明施工。

9）事故应急救援和事故报告、调查与处理。

10）起重吊装、土方与筑路机械、建筑起重与升降机械设备，以及混凝土、木工、钢筋和桩工机械等安全技术要点；模板支撑工程、脚手架工程、土方基坑工程、施工临时用电、高处作业、电气焊（割）作业、现场防火和季节性施工等安全技术要点。

11）国内外安全生产管理经验。

12）典型事故案例分析。

（10）建筑施工企业综合类专职安全生产管理人员（C3类）的安全生产管理能力考核要点

1）贯彻执行建筑施工安全生产的方针政策、法律法规、规章制度和标准规范情况。

2）对施工现场进行检查、巡查，查处建筑起重机械、升降设备、施工机械机具等方面违反安全生产规范标准、规章制度行为，监督落实安全隐患的整改情况；对施工现场进行检查、巡查，查处模板支撑、脚手架和土方基坑工程、施工临时用电、高处作业、电气焊（割）作业和季节性施工，以及施工现场生产生活设施、现场消防和文明施工等方面违反安全生产规范标准、规章制度行为，监督落实安全隐患的整改情况。

3）发现生产安全事故隐患，及时向项目负责人和安全生产管理机构报告，及时消除生产安全事故隐患情况。

4）制止现场违章指挥、违章操作、违反劳动纪律等行为情况。

5）监督相关专业施工方案、技术措施和技术交底的执行情况，督促安全技术资料的整理、归档情况。

6）检查施工现场作业人员安全教育培训和持证上岗情况。

7）发生事故后，参加抢救、救护和及时如实报告事故、积极配合事故的调查处理情况。

8）安全生产业绩：同机械类专职安全生产管理人员（C1类）内容。

1.3.3 政府安全监督检查制度

1. 建筑安全生产监督管理的含义

建筑安全生产监督管理是指各级人民政府、住房城乡建设主管部门及其授权的建筑安全生产监督机构对建筑安全生产所实施的行业监督管理。凡从事房屋建筑、土木工程、设备安装、管线敷设等施工和构配件生产活动的单位及个人，都必须接受住房城乡建设主管部门及其授权的建筑安全生产监督机构的行业监督管理，并依法接受国家安全监察。

建筑安全生产监督管理根据“管生产必须管安全”的原则，贯彻“预防为主”的方针，依靠科学管理和技术进步，推动建筑安全生产工作的开展，控制人身伤亡事故的发生。

2. 建筑安全生产监督管理的主要内容

《建设工程安全生产管理条例》对建设工程安全生产的监督管理又做了新的明确规定，

其主要内容有以下两个方面。

（1）政府安全监督检查的管理体制

1）国务院负责安全生产监督管理的部门依照《中华人民共和国安全生产法》的规定，对全国建设工程安全生产工作实施综合监督管理。

县级以上地方人民政府负责安全生产监督管理的部门依照《中华人民共和国安全生产法》的规定，对本行政区域内建设工程安全生产工作实施综合监督管理。

2）国务院住房城乡建设主管部门对全国的建设工程安全生产实施监督管理。国务院的铁路、交通、水利等有关部门按照国务院规定的职责分工，负责有关专业建设工程安全生产的监督管理。

县级以上地方人民政府的住房城乡建设主管部门对本行政区域内的建设工程安全生产实施监督管理。县级以上地方人民政府的交通、水利等有关部门在各自的职责范围内负责本行政区域内的专业建设工程安全生产的监督管理。

（2）政府安全监督检查的职责与权限

1）住房城乡建设主管部门和其他有关部门应将依法批准开工报告的建设工程和拆除工程的有关备案资料的主要内容抄送同级的负责安全生产监督管理的部门。

2）住房城乡建设主管部门在审核发放施工许可证时，应对建设工程是否有安全施工措施进行审查，对没有安全施工措施的工程，不得颁发施工许可证。

3）住房城乡建设主管部门或其他有关部门对建设工程是否有安全施工措施进行审查时，不得收取费用。

4）县级以上人民政府中负有建设工程安全生产监督管理职责的部门在各自的职责范围内履行安全监督检查职责时，有权采取下列措施：要求被检查单位提供有关建设工程安全生产的文件和资料；进入被检查单位的施工现场进行检查；纠正施工中违反安全生产要求的行为；对检查中发现的安全事故隐患应责令立即排除，重大安全事故隐患排除前或排除过程中无法保证安全时，应责令从危险区域内撤出作业人员或暂时停止施工。

5）住房城乡建设主管部门或其他有关部门可以将施工现场的监督检查工作委托给建设工程安全监督机构具体实施。

6）国家对严重危及施工安全的工艺、设备、材料实行淘汰制度，具体目录由国务院住房城乡建设主管部门会同国务院其他有关部门制定并公布。

7）县级以上人民政府的住房城乡建设主管部门和其他有关部门应及时受理对建设工程生产安全事故及安全事故隐患的检举、控告和投诉。

1.3.4 安全生产责任制度

安全生产责任制度就是对各级负责人、各职能部门以及各类施工人员在管理和施工过程中应当承担的责任做出明确的规定。具体来说，就是将安全生产责任分解到施工单位的主要负责人、项目负责人、班组长以及每个岗位的作业人员身上。安全生产责任制度是施工企业最基本的安全管理制度，是施工企业安全生产管理的核心和中心环节。依据《建设工程安全生产管理条例》和《建筑施工安全检查标准》的相关规定，安全生产责任制度的主要内容如下所述。

1）安全生产责任主要包括：施工企业主要负责人的安全责任，负责人或其他副职的安全责任，项目负责人（项目经理）的安全责任，生产、技术、材料等各职能管理负责人及工作人员的安全责任，技术负责人（工程师）的安全责任，专职安全生产管理人员的安全责任，施工员的安全责任，班组长的安全责任，岗位人员的安全责任等。

2）项目对各级、各部门的安全生产责任应规定检查和考核办法，并按规定期限进行考核，对考核结果及兑现情况应有记录。

3）项目独立承包的工程在签订的承包合同中必须有安全生产工作的具体指标和要求。工地由多单位施工时，总分包单位在签订分包合同的同时要签订安全生产合同（协议），签订合同前还要检查分包单位的营业执照、企业资质证、安全资格证等。分包队伍的资质应与工程要求相符合，在安全合同中应明确总分包单位各自的安全职责。原则上，实行总承包的由总承包单位负责，分包单位向总包单位负责，并服从总包单位对施工现场的安全管理。分包单位在其分包范围内建立施工现场安全生产管理制度，并组织实施。

4）项目的主要工种应有相应的安全技术操作规程，一般应包括砌筑、拌灰、混凝土、木作、钢筋、机械、电气焊、起重司索、信号指挥、塔司、架子、水暖、油漆等工种，特种作业应另行补充。另外，还应将安全技术操作规程列为日常安全活动和安全教育的主要内容，并悬挂在操作岗位前。

1.3.5 建筑施工企业安全生产管理机构设置及专职安全生产管理人员配备

1. 机构设置

根据住房和城乡建设部建质【2008】91号《建筑施工企业安全生产管理机构设置及专职安全生产管理人员配备办法》的要求，建筑施工企业应当依法设置安全生产管理机构，在企业主要负责人的领导下开展本企业的安全生产管理工作。

建筑施工企业安全生产管理机构具有以下职责：

1）宣传和贯彻国家有关安全生产法律法规和标准。

2）编制并适时更新安全生产管理制度并监督实施。

3）组织或参与企业生产安全事故应急救援预案的编制及演练。

4）组织开展安全教育培训与交流。

5）协调配备项目专职安全生产管理人员。

6）制订企业安全生产检查计划并组织实施。

7）监督在建项目安全生产费用的使用。

8）参与危险性较大工程安全专项施工方案专家论证会。

9）通报在建项目违规违章查处情况。

10）组织开展安全生产评优评先表彰工作。

11）建立企业在建项目安全生产管理档案。

12）考核评价分包企业安全生产业绩及项目安全生产管理情况。

13）参加生产安全事故的调查和处理工作。

14）企业明确的其他安全生产管理职责。

2. 专职安全生产管理人员配备

1）建筑施工企业安全生产管理机构专职安全生产管理人员的配备应满足下列要求，并应根据企业经营规模、设备管理和生产需要予以增加：

① 建筑施工总承包资质序列企业：特级资质不少于 6 人；一级资质不少于 4 人；二级和二级以下资质企业不少于 3 人。

② 建筑施工专业承包资质序列企业：一级资质不少于 3 人；二级和二级以下资质企业不少于 2 人。

③ 建筑施工劳务分包资质序列企业：不少于 2 人。

④ 建筑施工企业的分公司、区域公司等较大的分支机构（以下简称分支机构）应依据实际生产情况配备不少于 2 人的专职安全生产管理人员。

2）总承包单位配备项目专职安全生产管理人员应当满足下列要求：

① 建筑工程、装修工程按照建筑面积配备：1 万 m^2 以下的工程不少于 1 人；1 万 ~5 万 m^2 的工程不少于 2 人；5 万 m^2 及以上的工程不少于 3 人，且按专业配备专职安全生产管理人员。

② 土木工程、线路管道、设备安装工程按照工程合同价配备：5000 万元以下的工程不少于 1 人；5000 万 ~1 亿元的工程不少于 2 人；1 亿元及以上的工程不少于 3 人，且按专业配备专职安全生产管理人员。

3）分包单位配备项目专职安全生产管理人员应当满足下列要求：

① 专业承包单位应当配置至少 1 人，并根据所承担的分部分项工程的工程量和施工危险程度增加。

② 劳务分包单位施工人员在 50 人以下的，应当配备 1 名专职安全生产管理人员；50 ~ 200 人的，应当配备 2 名专职安全生产管理人员；200 人及以上的，应当配备 3 名及以上专职安全生产管理人员，并根据所承担的分部分项工程施工危险实际情况增加，不得少于工程施工人员总人数的 0.5%。

1.3.6 安全生产教育培训制度

1. 教育和培训的时间

根据建设部建教［1997］83 号文件印发的《建筑业企业职工安全培训教育暂行规定》的要求，安全生产教育培训制度的教育和培训的时间如下所述：

1）企业法人代表、项目经理每年不少于 30 学时。

2）专职管理和技术人员每年不少于 40 学时。

3）其他管理和技术人员每年不少于 20 学时。

4）特殊工种每年不少于 20 学时。

5）其他职工每年不少于 15 学时。

6）待、转、换岗重新上岗前，接受一次不少于 20 学时的培训。

7）新工人的公司、项目、班组三级培训教育时间分别不少于 15 学时、15 学时、20 学时。

2. 教育和培训的形式与内容

教育和培训按等级、层次和工作性质分别进行。管理人员的学习重点是安全生产意识和安全管理水平，操作者的学习重点是遵章守纪、自我保护和提高防范事故的能力。

1）新工人（包括合同工、临时工、学徒工、实习和代培人员）必须进行公司、工地和班组的三级安全教育，教育内容包括安全生产方针、政策、法规、标准及安全技术知识、设备性能、操作规程、安全制度、严禁事项及本工种的安全操作规程。

2）电工、焊工、架工、司炉工、爆破工、机操工及起重工、打桩机和各种机动车辆驾驶员等特殊工种工人，除进行一般安全教育外，还要经过本工程的专业安全技术教育。

3）采用新工艺、新技术、新设备进行施工和调换工作岗位时，应对操作人员进行新技术、新岗位的安全教育。

3. 安全教育和培训的形式

（1）新工人三级安全教育　对新工人或调换工种的工人必须按规定进行安全教育和技术培训，经考核合格后方准上岗。

三级安全教育是每个刚进企业的新工人必须接受的首次安全生产方面的基本教育，三级是指公司（即企业）、项目（或工程处、施工处、工区）、班组这三级。对新工人或调换工种的工人必须按规定进行安全教育和技术培训，经考核合格后方准上岗。

1）公司级。新工人在分配到施工队之前必须进行初步的安全教育，其教育内容为：劳动保护的意义和任务；安全生产方针、政策、法规、标准、规范、规程和安全知识；企业安全规章制度等。

2）项目（或工程处、施工处、工区）级。项目级教育是新工人被分配到项目以后进行的安全教育，其教育内容为：建安工人安全生产技术操作一般规定；施工现场安全管理规章制度；安全生产纪律和文明生产要求；在施工程基本情况，包括现场环境、施工特点、可能存在不安全因素的危险作业部位及必须遵守的事项。

3）班组级。岗位教育是新工人分配到班组后开始工作前的一级教育，其教育内容为：本人从事施工生产工作的性质，必要的安全知识，机具设备及安全防护设施的性能和作用；本工种的安全操作规程；班组安全生产、文明施工的基本要求和劳动纪律；本工种事故案例剖析、易发事故部位及劳防用品的使用要求。

4）三级教育的要求：三级教育一般由企业的安全、教育、劳动、技术等部门配合进行；受教育者必须经过考试合格后才准予进入生产岗位；给每一名职工建立职工劳动保护教育卡，以记录三级教育、变换工种教育等教育考核情况，并经教育者与受教育者双方签字后入册。

（2）特种作业人员培训　除进行一般安全教育外，特种作业人员还要执行《关于特种作业人员安全技术考核管理规划》的有关规定，按国家、行业、地方和企业的规定进行本工种专业培训、资格考核，在取得《特种作业人员操作证》后方准上岗。

（3）特定情况下的适时安全教育　特定情况一般包括以下八种情况：

1）季节性，如冬季、夏季、雨雪天、汛台期施工。

2）节假日前后。

3）节假日加班或突击赶任务。

4）工作对象改变。

5）工种变换。

6）新工艺、新材料、新技术、新设备施工。

7）发现事故隐患或发生事故后。

8）新进入现场。

（4）三类人员的安全培训教育　施工单位的主要负责人是安全生产的第一责任人，必须经过考核合格后持证上岗。在施工现场，项目负责人是施工项目安全生产的第一责任人，也必须持证上岗，并加强对队伍的培训，使安全管理进入规范化。

（5）安全生产的经常性教育　企业在做好新工人入场教育、特种作业人员安全生产教育和各级领导干部、安全管理干部的安全生产培训的同时，还必须把经常性的安全教育贯穿于管理工作的全过程，并根据接受教育对象的不同特点，采取多层次、多渠道和多种方法进行教育。安全生产宣传教育多种多样，应及时贯彻并严肃、真实，做到简明、醒目，具体形式如下所述：

1）施工现场（车间）入口处的安全纪律牌。

2）举办安全生产训练班、讲座、报告会、事故分析会。

3）建立安全保护教育室，举办安全保护展览。

4）设置安全保护广播，印发安全保护简报、通报等，办安全保护黑板报、宣传栏。

5）张挂安全保护挂图或宣传画、安全标志和标语口号。

6）举办安全保护文艺演出，放映安全保护音像制品。

7）组织家属做职工的安全生产思想工作。

（6）班前安全活动　班组长在班前应进行上岗交流、上岗教育，并作好上岗记录。

1）上岗交底。上交当天的作业环境、气候情况、主要工作内容和各个环节的操作安全要求以及特殊工种的配合等情况。

2）上岗检查。检查上岗人员的劳动防护情况，每个岗位周围作业环境是否安全无患，机械设备的安全保险装置是否完好有效，各类安全技术措施的落实情况等。

4. 培训效果检查

对安全教育与培训效果的检查主要包括以下几个方面：

1）检查施工单位的安全教育制度。建筑施工单位要广泛开展安全生产的宣传教育，使各级领导和广大职工真正认识到安全生产的重要性、必要性，懂得安全生产、文明施工的科学知识，牢固树立安全第一的思想，自觉遵守各项有关安全生产的法令和规章制度。因此，企业要建立健全安全教育和培训考核制度。

2）检查新入厂工人是否进行三级安全教育。现在临时劳务工多，伤亡事故主要发生在临时劳务工之中，因此在三级安全教育上应将临时劳务工作为新入厂工人对待。新工人（包括合同工、临时工、学徒工、实习和代培人员）都必须进行三级安全教育，主要检查施工单位、工区、班组对新入厂工人的三级教育考核记录。

3）检查安全教育内容。安全教育要有具体内容，要把《建筑安装工人安全技术操作规程》作为安全教育的重要内容，做到人手一册。除此之外，企业、工程处、项目经理部、班组都要有具体的安全教育内容。电工、焊工、架子工、司炉工、爆破工、机械工及起重工、打桩机和各种机动车辆司机等特殊工种也要有具体的安全教育内容，经教育合格后方准独立操作，每年还要复审。对于从事有尘毒危害作业的工人，要进行尘毒危害和防治知识教育，故也应有相应的安全教育内容。

检查时主要检查每个工人包括特殊工种工人是否人手一册《建筑安装工人安全技术操作规程》，还要检查企业、工程处、项目经理部、班组的安全教育资料。

4）检查变换工种时是否进行安全教育。各工种工人及特殊工种工人除懂得一般安全生产知识外，还要懂得各自的安全技术操作规程。当采用新技术、新工艺、新设备进行施工和调换工作岗位时，要对操作人员进行新技术操作和新岗位的安全教育，未经教育不得上岗操作。检查时主要检查变换工种的工人在调换工种时重新进行安全教育的记录，还要检查采用新技术、新工艺、新设备进行施工时是否有进行新技术操作安全教育的记录。

5）检查工人对本工种安全技术操作规程的熟悉程度。这既是考核各工种工人掌握《建筑工人安全技术操作规程》的熟悉程度，也是施工单位对各工种工人安全教育效果的检验。根据《建筑工人安全技术操作规程》的内容，到施工现场（车间）随机抽查各工种工人进行对本工种安全技术操作规程的考查，各工种工人宜抽查2人以上。

6）检查施工管理人员的年度培训。各级住房城乡建设主管部门若行文规定施工单位的施工管理人员进行年度有关安全生产方面的培训，施工单位应按各级住房城乡建设主管部门的文件规定，安排施工管理人员培训。施工单位内部也要规定施工管理人员每年进行一次有关安全生产工作的培训学习。检查时主要检查施工管理人员进行年度培训的记录。

7）检查专职安全员的年度培训考核情况。建设部、各省、自治区、直辖市的住房城乡建设主管部门规定专职安全员要进行年度培训考核，具体由县级、地区（市）级住房城乡建设主管部门经办。建筑企业应根据上级住房城乡建设主管部门的规定，对本企业的专职安全员进行年度培训考核，以提高专职安全员的专业技术水平和安全生产工作的管理水平；应按上级住房城乡建设管理部门和本企业有关安全生产管理的文件，检查专职安全员是否进行年度培训考核及考核是否合格，未进行安全培训的或考核不合格的是否仍在岗工作等。

1.3.7　特种作业人员持证上岗制度

对于特种作业人员的范畴，国务院有关部门作过一些规定，明确特种作业包括：电工作业；金属焊接切割作业；起重机械（含电梯）作业；企业内机动车辆驾驶；登高架设作业；锅炉作业（含水质化验）；压力容器操作；制冷作业；爆破作业；矿山通风作业（含瓦斯检验）；矿山排水作业（含尾矿坝作业）；由省、自治区、直辖市安全生产综合管理部门或国务院行业主管部门提出，并经前国家经济贸易委员会批准的其他作业。随着新材料、新工艺、新技术的应用和推广，特种作业人员的范畴也随之发生变化，特别是在建设工程施工过程中，一些作业岗位的危险程度逐步加大，频繁出现安全事故，对在这些岗位上作业的人员，也需要进行特别的教育培训。如垂直运输机械作业人员、安装拆卸工、起重信号工等，都应列为特种作业人员。

《建设工程安全生产管理条例》第二十五条规定：垂直运输机械作业人员、起重机械安装拆卸工、爆破作业人员、起重信号工、登高架设作业人员等特种作业人员，必须按照国家有关规定，经过专门的安全作业培训并取得特种作业操作资格证书后，方可上岗作业。专门的安全作业培训是指由有关主管部门组织的专门针对特种作业人员的培训，也就是特种作业人员在独立上岗作业前必须进行与本工种相适应的、专门的安全技术理论学习和实际操作训练。经培训考核合格并取得特种作业操作资格证书后，特种作业人员才能上岗作业。特种作业操作资格证书在全国范围内有效。离开特种作业岗位一定时间后，特种作业人员应按照规定重新进行实际操作考核，经确认合格后方可上岗作业。对于未经培训考核却从事特种作业的，《建设工程安全生产管理条例》第六十二条规定了对责任人的行政处罚；造成重大安全事故从而构成犯罪的，对直接责任人依照刑法的有关规定追究其刑事责任。

1. 特种作业的定义

根据《特种作业人员安全技术培训考核管理规定》（2010 年 4 月 26 日国家安全生产监督管理总局局令第 63 号）规定，特种作业是指容易发生事故，对操作者本人、他人的安全健康及设备、设施的安全可能造成重大危害的作业。

2. 特种作业人员具备的条件

1）年龄满 18 岁，且不超过国家法定退休年龄。

2）身体健康、无妨碍从事相应工种作业的疾病和生理缺陷。

3）初中以上文化程度，具备相应工程的安全技术知识，参加了国家规定的安全技术理论和实际操作考核且成绩合格。

4）符合相应工种作业特点需要的其他条件。

3. 培训内容

1）安全技术理论。

2）实际操作技能。

4. 考核、发证

1）特种作业操作证由国家安全生产监督管理总局统一式样、标准及编号。

2）特种作业操作证每 3 年复审 1 次。连续从事同一工种 10 年以上的人员，严格遵守有关安全生产法律法规的，经用人单位进行知识更新教育后，其复审时间可延长至每 6 年 1 次。

3）离开特种作业岗位达 6 个月以上的特种作业人员，应重新进行实际操作考核，经确认合格后方可上岗作业。

1.3.8 施工现场消防安全责任制度

1. 防火制度的建立

1）施工现场都要建立健全防火检查制度。

2）建立义务消防队，且人数不少于施工总人数的 10%。

3）建立动用明火审批制度，按规定划分级别，审批手续应完善，并有监护措施。

2. 消防器材的配备

1）临时搭设的建筑物区域内，每 100m^2 配备 2 只 10L 灭火器。

2）大型临时设施总面积超过 1200m^2 时，应备有专供消防用的积水桶（池）、黄砂池等设施，且周围不得堆放物品。

3）临时木工间、油漆间和木、机具间等，每 25m^2 配备 1 只种类合适的灭火器；油库、危险品仓库应配备足够数量和种类合适的灭火器。

4）24m 高度以上的高层建筑的施工现场，应设置具有足够扬程的高压水泵或其他防火设备和设施。

3. 施工现场的防火要求

1）各单位在编制施工组织设计时，施工总平面图、施工方法和施工技术均要符合消防安全要求。

2）施工现场应明确划分用火作业区、易燃可燃材料堆场、仓库、易燃废品集中站和生活区等区域。

3）施工现场夜间应有照明设备，保持消防车通道畅通无阻，并要安排力量加强值班巡逻。

4）施工作业期间需搭设临时性建筑时，必须经施工企业技术负责人批准，施工结束后应及时拆除。不得在高压架空线下面搭设临时性建筑物或堆放可燃物品。

5）施工现场应配备足够的消防器材，并指定专人进行维护、管理、定期更新，以保证其完整好用。

6）在土建施工时，应先将消防器材和设施配备好，有条件的应敷设好室外消防水管和消防栓。

7）焊、割作业点与氧气瓶、电石桶和乙炔发生器等危险物品的距离不得少于10m，与易燃易爆物品的距离不得少于30m；如达不到上述要求，应执行动火审批制度，并采取有效的安全隔离措施。

8）乙炔发生器和氧气瓶的存放间距不得小于2m，使用时两者的距离不得小于5m。

9）氧气瓶、乙炔发生器等焊割设备上的安全附件应完整有效，否则不准使用。

10）施工现场的焊、割作业，必须符合防火要求，严格执行“十不烧”规定。

11）冬期施工采用保温加热措施时，应符合以下要求：采用电热器加温时，应设电压调整器以控制电压，导线应绝缘良好、连接牢固，并在现场设置多处测量点；采用锯末生石灰蓄热时，应选择安全配合比，并经工程技术人员同意后方可使用；采用保温或加热措施前，应进行安全教育，施工过程中应安排专人巡逻检查，发现隐患及时处理。

12）施工现场的动火作业必须执行审批制度。一级动火作业由所在单位的行政负责人填写动火申请表，编制安全技术措施方案，报公司保卫部门及消防部门审查批准后，方可动火；二级动火作业由所在工地、车间的负责人填写动火申请表，编制安全技术措施方案，报本单位主管部门审查批准后，方可动火；三级动火作业由所在班组填写动火申请表，经工地、车间负责人及主管人员审查批准后，方可动火；古建筑和重要文物单位等场所的动火作业按一级动火手续上报审批。

1.3.9　生产安全事故报告制度

《建设工程安全生产管理条例》第五十条对建设工程生产安全事故报告制度的规定：施工单位发生生产安全事故，应当按照国家有关伤亡事故报告和调查处理的规定，及时、如实地向负责安全生产监督管理的部门、住房城乡建设主管部门或者其他有关部门报告；特种设备发生事故的，还应当同时向特种设备安全监督管理部门报告，接到报告的部门应当按照国家有关规定，如实上报。

一旦发生安全事故，及时报告有关部门是及时组织抢救的基础，也是认真进行调查和分清责任的基础。因此，施工单位在发生安全事故时，不能隐瞒事故情况。

对于生产安全事故报告制度，我国《安全生产法》、《建筑法》、《生产安全事故报告和调查处理条例》对生产安全事故做了相应的规定。如《安全生产法》第八十条规定：生产经营单位发生生产安全事故后，事故现场有关人员应当立即报告本单位负责人；单位负责人接到事故报告后，应当迅速采取有效措施，组织抢救，防止事故扩大，减少人员伤亡和财产损失，并按照国家有关规定立即如实报告当地负有安全生产监督管理职责的部门，不得隐瞒不报、谎报或者拖延不报，不得故意破坏事故现场、毁灭有关证据。《建筑法》第五十一条规定：施工中发生事故时，建筑施工企业应当采取紧急措施减少人员伤亡和事故损失，并按照国家有关规定及时向有关部门报告。

施工单位发生生产安全事故后，应当按照国家有关伤亡事故报告和调查处理的规定，及时、如实地向负责安全生产监督管理的部门、住房城乡建设主管部门或者其他有关部门报告。负责安全生产监督管理的部门对安全生产工作负有综合监督管理的职责，因此，其必须了解企业事故的情况。同时，有关调查处理的工作也需要由其来组织，所以施工单位应当向负责安全生产监督管理的部门报告事故情况。住房城乡建设主管部门是建设安全生产的监督管理部门，对建设安全生产实行的是统一的监督管理，因此，各个行业的建设施工中若出现了安全事故，都应当向住房城乡建设主管部门报告。对于专业工程的施工中出现的生产安全事故，由于有关的专业主管部门也承担着对建设安全生产的监督管理职能，因此，专业工程出现安全事故后，还需要向有关行业主管部门报告。

根据《特种设备安全监察条例》第六十六条：特种设备事故发生后，事故发生单位应当立即启动事故应急预案，组织抢救，防止事故扩大，减少人员伤亡和财产损失，并及时向事故发生地县以上特种设备安全监督管理部门和有关部门报告。县以上特种设备安全监督管理部门接到事故报告，应当尽快核实有关情况，立即向所在地人民政府报告，并逐级上报事故情况。必要时，特种设备安全监督管理部门可以越级上报事故情况。对特别重大事故、重大事故，国务院特种设备安全监督管理部门应当立即报告国务院并通报国务院安全生产监督管理部门等有关部门。这是因为特种设备的事故救援和调查处理的专业性、技术性更强，因此，由特种设备安全监督部门组织有关救援和调查处理更方便一些。

《建设工程安全生产管理条例》还规定了实行施工总承包的施工单位发生安全事故时的报告义务主体。该条例第二十四条规定：建设工程实行施工总承包的，由总承包单位对施工现场的安全生产负总责。因此，一旦发生安全事故，施工总承包单位应当承担起及时报告的义务。

生产安全事故报告如下所述。

1. 生产安全事故的分类

依据《生产安全事故报告和调查处理条例》(2007 年国务院第 493 号令)，根据生产安全事故（以下简称事故）造成的人员伤亡或者直接经济损失，事故一般分为以下等级：

1）特别重大事故，是指造成 30 人以上死亡，或者 100 人以上重伤（包括急性工业中毒，下同)，或者 1 亿元以上直接经济损失的事故。

2）重大事故，是指造成 10 人以上 30 人以下死亡，或者 50 人以上 100 人以下重伤，或者 5000 万元以上 1 亿元以下直接经济损失的事故。

3）较大事故，是指造成 3 人以上 10 人以下死亡，或者 10 人以上 50 人以下重伤，或者 1000 万元以上 5000 万元以下直接经济损失的事故。

4）一般事故，是指造成 3 人以下死亡，或者 10 人以下重伤，或者 1000 万元以下直接经济损失的事故。

2. 事故报告

1）事故发生后，事故现场有关人员应当立即向本单位负责人报告；单位负责人接到报告后，应当于 1h 内向事故发生地县级以上人民政府安全生产监督管理部门和负有安全生产监督管理职责的有关部门报告。

情况紧急时，事故现场有关人员可以直接向事故发生地县级以上人民政府安全生产监督管理部门和负有安全生产监督管理职责的有关部门报告。

2）安全生产监督管理部门和负有安全生产监督管理职责的有关部门接到事故报告后，应当依照下列规定上报事故情况，并通知公安机关、劳动保障行政部门、工会和人民检察院：

① 特别重大事故、重大事故逐级上报至国务院安全生产监督管理部门和负有安全生产监督管理职责的有关部门。

② 较大事故逐级上报至省、自治区、直辖市人民政府安全生产监督管理部门和负有安全生产监督管理职责的有关部门。

③ 一般事故上报至设区的市级人民政府安全生产监督管理部门和负有安全生产监督管理职责的有关部门。

安全生产监督管理部门和负有安全生产监督管理职责的有关部门依照前款规定上报事故情况，应当同时报告本级人民政府。国务院安全生产监督管理部门和负有安全生产监督管理职责的有关部门以及省级人民政府接到发生特别重大事故、重大事故的报告后，应当立即报告国务院。

必要时，安全生产监督管理部门和负有安全生产监督管理职责的有关部门可以越级上报事故情况。

安全生产监督管理部门和负有安全生产监督管理职责的有关部门逐级上报事故情况，每级上报的时间不得超过2h。

3）报告事故应当包括下列内容：事故发生单位概况；事故发生的时间、地点以及事故现场情况；事故的简要经过；事故已经造成或者可能造成的伤亡人数（包括下落不明的人数）和初步估计的直接经济损失；已经采取的措施；其他应当报告的情况。

事故报告后出现新情况的，应当及时补报。

自事故发生之日起30日内，事故造成的伤亡人数发生变化的，应当及时补报。

4）事故发生单位负责人接到事故报告后，应当立即启动事故相应应急预案，或者采取有效措施，组织抢救，防止事故扩大，减少人员伤亡和财产损失。

5）事故发生地有关地方人民政府、安全生产监督管理部门和负有安全生产监督管理职责的有关部门接到事故报告后，其负责人应当立即赶赴事故现场，组织事故救援。

[讨论题1-4]

2004年10月30日，广东省××电厂项目工地发生高空坠落事故，死亡1人。这是该工地5个月内第三起高空坠落死亡事故，也是该项目总承包商广东省××局第一工程局管辖的工地在5个月中连续发生的第五起安全事故，第五个人死亡。连续发生多起安全事故后，××局并没有汲取教训，进行广泛深入的安全教育，真正落实安全生产责任制。而是捏造事实，企图隐瞒事故的真相。对于隐瞒事故真相，××局是这样解释的：该项目是××局第一个总承包交钥匙的项目，对今后的发展战略定位非常重要。当时正值几个重点项目的投标阶段，担心安全生产事故曝光影响××局的市场形象。试分析××局的错误做法及隐瞒事故造成的危害。

课题4　建筑施工安全技术

1.4.1　建筑施工安全技术分析

1）建筑施工安全技术分析应包括建筑施工危险源辨识、建筑施工安全风险评估和建筑施工安全技术方案分析，并应符合以下规定：

① 危险源辨识应覆盖与建筑施工相关的所有场所、环境、材料、设备、设施、方法、施工过程中的危险源。

② 建筑施工安全风险评估应确定危险源可能产生的生产安全事故的严重性及其影响，确定危险等级。

③ 建筑施工安全技术方案应根据危险等级分析安全技术的可靠性，给出安全技术方案实施过程中的控制指标和控制要求。

2）危险源辨识应根据工程特点明确给出危险源存在的部位、根源、状态和特性。

3）建筑施工的安全技术分析应在危险源识别和风险评估的基础上，对风险发生的概率及损失程度进行全面分析，评估发生风险的可能性及危害程度，与相关专业的安全指标相比较，以衡量风险的程度，并应采取相应的安全技术措施。

4）建筑施工安全技术分析应结合工程特点和生产安全事故教训进行。

5）建筑施工安全技术分析可以分部分项工程为基本单元进行。

6）建筑施工安全技术方案的制订应符合下列规定：

① 符合建筑施工危险等级的分级规定，并应有针对危险源及其特征的具体安全技术措施。

② 按照消除、隔离、减弱、控制危险源的顺序选择安全技术措施。

③ 采用有可靠依据的方法分析确定安全技术方案的可靠性和有效性。

④ 根据施工特点制订安全技术方案实施过程中的控制原则，并明确重点控制与监测部位及要求。

7）建筑施工安全技术分析应根据工程特点和施工活动情况，采用相应的定性分析和定量分析方法。

8）对于采用新结构、新材料、新工艺的建筑施工和特殊结构的建筑施工，相关单位的设计文件中应提出保障施工作业人员安全和预防生产安全事故的安全技术措施；制订和实施施工方案时，应有专项施工安全技术分析报告。

9）建筑施工起重机械、升降机械、高处作业设备、整体升降脚手架以及复杂的模板支撑架等设施的安全技术分析，应结合各自的特点、施工环境、工艺流程，进行安装前、安装过程中和使用后拆除的全过程安全技术分析，提出安全注意事项和安全措施。

10）建筑施工现场临时用电安全技术分析应对临时用电所采用的系统、设备、防护措施的可靠性和安全度进行全面分析，并宜包括现场勘测结果，拟进入施工现场的用电设备分析及平面布置，确定电源进线、配电室、配电装置的位置及线路走向，进行负荷计算，选择变压器，设计配电系统，设计防雷装置，确定防护措施，制订安全用电措施和电器防火措施，以及其他措施。

1.4.2　建筑施工安全技术控制

1）安全技术措施实施前应审核作业过程的指导文件，实施过程中应进行检查、分析和评价，并应使人员、机械、材料、方法、环境等因素均处于受控状态。

2）建筑施工安全技术控制措施的实施应符合下列规定：

① 根据危险等级、安全规划制订安全技术控制措施。

② 安全技术控制措施符合安全技术分析的要求。

③ 安全技术控制措施按施工工艺、工序实施，提高其有效性。

④ 安全技术控制措施实施程序的更改应处于控制之中。

⑤ 安全技术控制措施实施的过程控制应以数据分析、信息分析以及过程监测反馈为基础。

3）建筑施工安全技术措施应按危险等级分级控制，并应符合下列规定：

Ⅰ级：编制专项施工方案和应急救援预案，组织技术论证，履行审核、审批手续，对安全技术方案内容进行技术交底、组织验收，采取监测预警技术进行全过程监控。

Ⅱ级：编制专项施工方案和应急救援预案，履行审核、审批手续，进行技术交底、组织验收，采取监测预警技术进行局部或分段过程监控。

Ⅲ级：制订安全技术措施并履行审核、审批手续，进行技术交底。

4）建筑施工过程中，各分部分项工程、各工序应按相应专业技术标准进行安全技术控制；对关键环节、特殊环节、采用新技术或新工艺的环节，应提高一个危险等级进行安全技术控制。

5）建筑施工安全技术措施应在实施前进行预控，实施中进行过程控制，并应符合下列规定：

① 安全技术措施预控范围应包括材料质量及检验复验、设备和设施检验、作业人员应具备的资格及技术能力、作业人员的安全教育、安全技术交底。

② 安全技术措施过程控制范围应包括施工工艺和工序、安全操作规程，设备和设施、施工荷载，阶段验收、监测预警。

6）建筑施工现场的布置应保障疏散通道、安全出口、消防通道通畅，防火防烟分区、防火间距应符合有关消防技术标准。

7）施工现场存放易燃易爆危险品的场所不得与居住场所设置在同一建筑物内，并应与居住场所保持安全距离。

单 元 小 结

1. 建筑产品的多样性，建筑业工作场所和工作内容的动态变化性，施工现场不安全因素的复杂多变性，多个建设主体的存在及其关系的复杂性，施工企业的非标准化，公司与项目部的分离，施工单位重结果轻过程的管理方式，决定了建筑业是高危险的事故多发行业，其安全生产管理任务非常重大。

建筑工程安全生产管理是一个系统性、综合性很强的管理过程，其管理内容涉及建设生产的各个环节，主要包括政策、组织、计划和实施、业绩测量、业绩总结五个要素。

2. 我国安全生产工作格局为“政府统一领导、部门依法监管、企业全面负责、群众参与监督、全社会广泛支持”。

建筑工程各方责任主体包括：建设单位、勘察单位、设计单位、施工总包单位、施工分包单位、监理单位及有关单位（如为建筑工程提供机械设备和配件的单位）。

施工企业内部安全责任分工包括：企业主要负责人、技术负责人和财务负责人的安全职责；企业行政管理及职能部门——工会、安全部门、生产部门、技术部门、设备采购部门、财务部门、教育部门、劳务管理部门及卫生部门——的安全职责；工程项目安全责任体系，包括项目经理、安全员、作业队长、作业工人的安全职责。

3. 施工企业安全生产许可制度是规范施工企业安全生产条件的一项管理制度，其内容包括：安全生产许可证的申请条件、申请与颁发程序、监督管理以及住房城乡建设主管部门和建筑企业各方违反《建筑施工企业安全生产许可证管理规定》应负的法律责任。

4. 施工企业三类人员考核任职制度是为了提高建筑施工企业主要负责人、项目负责人、专职安全生产管理人员的安全生产知识水平和管理能力，保证建筑施工安全生产的考核认定制度。

5. 建筑安全生产监督管理是指各级人民政府、住房城乡建设主管部门及其授权的建筑安全生产监督机构，对建筑安全生产所实施的行业监督管理。

6. 安全生产责任制度就是对各级负责人、各职能部门以及各类施工人员在管理和施工过程中应当承担的责任做出明确的规定。

7. 特种作业是指容易发生人员伤亡事故，对操作者本人、他人及周围设施的安全有重大危害的作业。

8. 施工单位发生生产安全事故，应当按照国家有关伤亡事故报告和调查处理的规定，及时、如实地向负责安全生产监督管理的部门、住房城乡建设主管部门或者其他有关部门报告；特种设备发生事故的，还应当同时向特种设备安全监督管理部门报告。接到报告的部门应当按照国家有关规定，如实上报。

9. 建筑施工过程中，应进行安全技术的分析。各分部分项工程、各工序应按相应专业技术标准进行安全技术控制；对关键环节、特殊环节、采用新技术或新工艺的环节，应提高一个危险等级进行安全技术控制。

复习思考题

1-1 建筑工程安全生产的特点是什么？

1-2 简述建筑工程安全生产管理的要素。

1-3 针对目前建筑工程安全生产的现状，我国是如何进行安全立法工作的？

1-4 我国安全生产的方针是什么？

1-5 我国建筑工程安全生产管理工作中还存在着哪些问题？

1-6 简述我国安全生产工作格局。

1-7　工程施工前建设单位应当为施工单位提供哪些资料？

1-8　施工单位除应当在施工组织设计中编制安全技术措施和施工用电方案外，还要对哪些分部分项工程编制专项施工方案？

1-9　简述安全事故报告程序。

1-10　申请领取安全生产许可证应具备哪些条件？

1-11　简述政府安全监督检查的管理体制、职责、权限。

1-12　建筑施工企业的三类人员是什么？对三类人员的考核内容分别是什么？

1-13　对建筑企业职工安全培训教育有何要求？

1-14　何为特种作业人员？特种作业人员应具备什么条件？

1-15　施工现场消防器材的配备要求有哪些？

案例题

1-1　A建筑公司是某综合大楼的总承包商，B公司和C公司是部分工程的分包商，D为该工程的监理公司。A公司的董事长为张江，负责该项目的项目经理叫王刚，李新是A公司的安全生产部部长。试分析回答下面问题：

1）张江、王刚、李新中谁对A公司的安全生产负责？

2）施工现场的安全是A、B、C、D公司的哪个公司负责？

3）B公司和C公司是否服从A公司对施工现场的安全生产管理？

4）A、B、C、D四个公司中哪个公司必须为从事危险作业的职工办理意外伤害保险，支付保险费？

1-2　某省对本省建筑市场进行整顿，发现以下单位和个人有违规行为，对此依据《建设工程安全生产管理条例》应分别采取何种惩罚措施？

1）A市建设局在某建筑公司主要负责人、项目负责人、专职安全生产管理人员尚未取得安全考核合格证书的情况下颁发了安全生产许可证，对直接负责的工作人员应做何处理？

2）B公司在未取得安全生产许可证的情况下从事建筑施工活动，对此应做何处理？

3）C公司在安全生产许可证到期后未办理延期手续，继续从事建筑施工活动，对此应做何处理？

4）D公司管理人员和作业人员自取得安全生产许可证后从未参加过安全生产教育培训，对此应做何处理？

1-3　2003年×月×日早晨，某筑坝队召开本队的班组长会议布置工作任务，安排混凝土班人员到冲砂闸护袒1号底板回收材料，并强调本班人员必须穿统靴，要求班组长回去后要强调执行，检查事故隐患。约8时30分，混凝土班在中墩左边出口检修门槽下游处发现漏电，未引起重视，误以为是电焊机感应电，把堆在墩边的钢筋装车后就转移到1号护袒左边墙外装钢筋。10时5分，混凝土工陈××、杜××等发现钢模板有点麻手，组长宋××去叫电工检查处理，周××安排其他人员撤离现场。在撤离过程中因吴××脚穿解放鞋，不便涉水，便踏上横跨冲砂闸和1号护袒的钢筋，脚一踏上钢筋就被电击倒，经抢救无效，于10时20分左右死亡。

这是一起涉及人员死亡的安全事故，试简述事故发生后，事故现场人员及企业应如何做？

1-4 2004年8月21日晚，北京经济技术开发区内的某工地上发生了一起火灾事故。承揽该工程的某建筑公司在地下一层2号水池的地面刚进行涂装未干的情况下，在一层进行电焊作业，焊渣油落到地下一层，引燃池内地面的涂层造成火灾，幸无人员伤亡。就上述情况简述一下施工现场的防火要求。

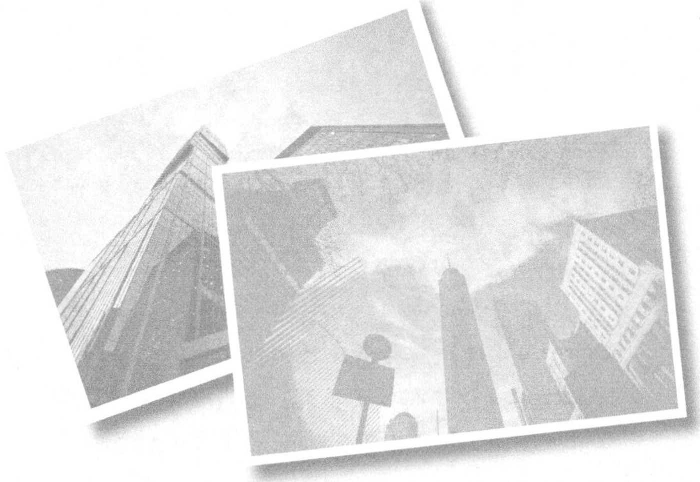

单元2

土方工程安全技术

单元概述

本单元主要介绍土的工程分类和野外鉴别方法、一般土方开挖安全技术、基坑（槽）开挖安全技术、基坑支护安全检查、土方工程安全技术交底等内容。

学习目标

掌握土的工程分类和野外鉴别方法；了解一般土方开挖的安全技术要求；掌握基坑（槽）开挖安全技术要求，重点掌握土壁支撑与土层锚杆的构造形式、施工方法及适用范围；了解土方工程的安全技术交底等内容。

土方工程是建筑工程施工中主要的分部分项工程之一，它包括土方的挖掘、填筑和运输等过程，以及排水、降水、土壁支撑等准备工作和辅助工程。

在土木工程施工中，常见的土方工程有：场地平整、一般土方开挖、基坑（槽）开挖、地坪填土、路基填筑及基坑（槽）回填等。土方工程施工往往具有工程量大、劳动繁重、施工条件复杂和施工工期长等特点，加上易受气候、水文、地质、地下障碍等难以确定的因素影响，有时施工条件又极为复杂。因此，土方工程施工前，应详细调查、分析和核对各项技术资料（如地形图、工程地质和水文地质勘察资料、地下管道、电缆和地下构筑物资料及土方工程施工图等），并根据现有条件，在确保施工安全的基础上，制定出技术可行、经济合理的施工方案。

土方工程安全技术的重点在于开挖阶段，并与土的工程分类有很大的关系，本单元将对这部分内容进行较详细的介绍。

课题1 土的工程分类和野外鉴别方法

2.1.1 土的工程分类

土的分类方法有很多，如按土的沉积年代、颗粒级配、密实度、液性指数分类等。土的性质会直接影响土方工程的施工方法、劳动力消耗量、工程费用和保证安全的措施，因此应重视通过对土进行分类确定土的相关性质。在施工中，通常对土进行工程分类。土的工程分类方法如下。

1. 按土的坚硬程度、开挖方法及使用工具分类

按这种方法可将土分为八类，见表2-1。

表2-1 按土的坚硬程度、开挖方法及使用工具分类

土的分类	土的级别	岩（土）名称	重度/(kN/m³)	抗压强度/MPa	坚固系数 f	可松性系数		开挖方法及工具
						K_s	K'_s	
一类土（松软土）	I	略有黏性的砂土、粉土、腐殖土及松软土的种植土，泥炭（淤泥）	6~15	—	0.5~0.6	1.08~1.17	1.01~1.04	用锹，少许用脚蹬或用板锄挖掘

（续）

土的分类	土的级别	岩（土）名称	重度/(kN/m³)	抗压强度/MPa	坚固系数 f	可松性系数 K_s	K'_s	开挖方法及工具
二类土（普通土）	Ⅱ	潮湿的黏性土和黄土，软的盐土和碱土，含有建筑材料碎屑、碎石、卵石的堆积土和种植土	11～16	—	0.6～0.8	1.14～1.28	1.02～1.05	用锹、条锄挖掘、需用脚蹬，少许用镐
三类土（坚土）	Ⅲ	中等密实的黏性土或黄土，含有碎石、卵石或建筑材料碎屑的潮湿的黏性土或黄土	18～19	—	0.8～1.0	1.24～1.30	1.04～1.07	主要用镐、条锄，少许用锹
四类土（砂砾坚土）	Ⅳ	坚硬密实的黏性土或黄土，含有碎石、砾石（体积分数在10%～30%、质量在25kg以下石块）的中等密实黏性土或黄土，硬化的重盐土，软泥灰岩	19	—	1～1.5	1.26～1.37	1.06～1.09	全部用镐、条锄挖掘，少许用撬棍挖掘
五类土（软石）	Ⅴ～Ⅵ	硬的石炭纪黏土，胶结不紧的砾石，软石、节理多的石灰岩及页壳石灰岩，坚实的白垩纪黏土，中等坚实的页岩、泥灰岩	12～27	20～40	1.5～4.0	1.30～1.45	1.10～1.20	用镐或撬棍、大锤挖掘，部分使用爆破方法
六类土（次坚石）	Ⅶ～Ⅸ	坚硬的泥质页岩；坚实的泥灰岩；角砾状花岗岩；泥灰质石灰岩；黏土质砂岩；云母页岩及砂质页岩；风化的花岗岩、片麻岩及正常岩；滑石质的蛇纹岩；密实的石灰岩；硅质胶结的砾岩；砂岩；砂质石灰页岩	22～29	40～80	4～10	1.30～1.45	1.10～1.20	用爆破方法开挖，部分用风镐
七类土（坚石）	Ⅹ～ⅩⅢ	白云岩；大理石；坚实的石灰岩、石灰质及石英质的砂岩；坚硬的砂质页岩；蛇纹岩；粗粒正长岩；有风化痕迹的安山岩及玄武岩；片麻岩；粗面岩；中粗花岗岩；坚实的片麻岩；粗面岩；辉绿岩；玢岩；中粗正长岩	25～29	80～160	10～18	1.30～1.45	1.10～1.20	用爆破方法开挖

（续）

土的分类	土的级别	岩（土）名称	重度/(kN/m^3)	抗压强度/MPa	坚固系数f	可松性系数		开挖方法及工具
						K_s	K'_s	
八类土（特坚石）	XIV～XVI	坚实的细花岗岩；花岗片麻岩；闪长岩；坚实的玢岩；角闪岩、辉长岩、石英岩、安山岩、玄武岩、最坚实的辉绿岩、石灰岩及闪长岩；橄榄石质玄武岩；特别坚实的辉长岩、石英岩及玢岩	27～13	160～250	18～25	1.30～1.45	1.10～1.20	用爆破方法开挖

注：1. 土的级别为相当于一般16级土石分类级别。
2. 坚固系数f为相当于普氏岩石强度系数。

2. 按地基土的承载能力及其与地质成因的关系分类

作为建筑地基的岩土，按承载能力及其与地质成因的关系，可分为岩石、碎石土、砂土、粉土、黏性土和人工填土六大类。

（1）岩石　根据岩石的饱和单轴抗压强度，可将岩石按坚硬程度进行分类，见表2-2。

表2-2　岩石按坚硬程度分类

岩石坚硬程度类别	坚硬岩	较硬岩	较软岩	软岩	极软岩
饱和单轴抗压强度标准值f_{rk}/MPa	$f_{rk}>60$	$60\geq f_{rk}>30$	$30\geq f_{rk}>15$	$15\geq f_{rk}>5$	$f_{rk}\leq 5$

岩石的坚硬程度可根据现场观察进行定性划分，见表2-3。

表2-3　岩石坚硬程度的定性划分

名　称		定性鉴定	代表性岩石
硬质岩	坚硬岩	锤击声清脆，有回弹，震手，较难击碎 基本无吸水反应	未风化～微风化的花岗岩、闪长岩、辉绿岩、玄武岩、安山岩、片麻岩、石英岩、硅质砾岩、石英砂岩、硅质石灰岩等
	较硬岩	锤击声较清脆，有轻微回弹，稍震手，难击碎 有轻微吸水反应	微风化的坚硬岩 未风化～微风化的大理岩、板岩、石灰岩、钙质砂岩等
软质岩	较软岩	锤击声不清脆，无回弹，较易击碎 指甲可刻出印痕	中风化的坚硬岩和软硬岩 未风化～微风化的凝灰岩、千枚岩、砂质泥岩、泥灰岩等
	软岩	锤击声哑，无回弹，有凹痕，易击碎 浸水后可捏成团	强风化的坚硬岩和软硬岩 中风化的较软岩 未风化～微风化的泥质砂岩、泥岩等
极软岩		锤击声哑，无回弹，有较深凹痕，手可捏碎 浸水后可捏成团	风化的软岩 全风化的各种岩石 各种半成岩

注：岩石的风化程度可分为未风化、微风化、中风化、强风化和全风化。

岩体完整程度应按表2-4划分为完整、较完整、较破碎、破碎和极破碎。

表 2-4　岩体完整程度划分

完整程度等级	完整	较完整	较破碎	破碎	极破碎
完整性指数	>0.75	0.75～0.55	0.55～0.35	0.35～0.15	<0.15

注：完整性指数为岩体纵波波速与岩块纵波波速之比的二次方。选定岩体、岩块测定波速时应有代表性。

（2）碎石土　碎石土为粒径大于2mm的颗粒含量超过全部质量50%的土。碎石土按表2-5进行分类。

表 2-5　碎石土的分类

土的名称	颗粒形状	粒组含量
漂石 块石	圆形及亚圆形为主 棱角形为主	粒径大于200mm的颗粒含量超过全部质量的50%
卵石 碎石	圆形及亚圆形为主 棱角形为主	粒径大于20mm的颗粒含量超过全部质量的50%
圆砾 角砾	圆形及亚圆形为主 棱角形为主	粒径大于2mm的颗粒含量超过全部质量的50%

注：分类时应根据粒组含量栏从上到下按最先符合者确定。

（3）砂土　砂土为粒径大于2mm的颗粒含量不超过全部质量的50%、粒径大于0.075mm的颗粒超过全部质量的50%的土。砂土按表2-6进行分类。

表 2-6　砂土的分类

土的名称	粒组含量	土的名称	粒组含量
砾砂	粒径大于2mm的颗粒含量占全部质量的25%～50%	细砂	粒径大于0.075mm的颗粒含量超过全部质量的85%
粗砂	粒径大于0.5mm的颗粒含量超过全部质量的50%	粉砂	粒径大于0.075mm的颗粒含量超过全部质量的50%
中砂	粒径大于0.25mm的颗粒含量超过全部质量的50%		

注：分类时应根据粒组含量栏从上到下按最先符合者确定。

（4）粉土　粉土为介于砂土与黏性土之间的塑性指数 I_p 不大于10且粒径大于0.075mm的颗粒含量不超过全部质量的50%的土。

（5）黏性土　黏性土为塑性指数 I_p 大于10的土，可按表2-7分为黏土、粉质黏土。

表 2-7　黏性土的分类

塑性指数 I_p	土的名称	塑性指数 I_p	土的名称
$I_p>17$	黏土	$10<I_p\leqslant17$	粉质黏土

黏性土的状态，可按表2-8分为坚硬、硬塑、可塑、软塑、流塑。

表 2-8　黏性土的状态分类

液性指数 I_L	$I_L\leqslant0$	$0<I_L\leqslant0.25$	$0.25<I_L\leqslant0.75$	$0.75<I_L\leqslant1$	$I_L>1$
状态	坚硬	硬塑	可塑	软塑	流塑

(6) 人工填土　人工填土根据其组成和成因，可分为素填土、压实填土、杂填土、冲填土。

1) 素填土为由碎石土、砂土、粉土、黏性土等组成的填土。

2) 压实填土为经过压实或夯实的素填土。

3) 杂填土为含有建筑垃圾、工业废料、生活垃圾等杂物的填土。

4) 冲填土为由水力冲填泥砂形成的填土。

2.1.2　土的野外鉴别方法

土方开挖后，为保证边坡稳定，需采用放坡或支护等方法，这些都与土的种类、性质有关，就需要了解在野外怎样鉴别土，下面介绍几种土的野外鉴别方法（见表2-9～表2-11）。

表2-9　碎石土密实度野外鉴别方法

密实度	骨架颗粒含量和排列	可挖性	可钻性
密实	骨架颗粒含量大于总质量的70%，呈交错排列状态，连续接触	锹镐挖掘困难，用撬棍方能松动，井壁一般较稳定	钻进极困难，冲击钻探时，钻杆、吊锤跳动剧烈，孔壁较稳定
中密	骨架颗粒含量等于总质量的60%～70%，呈交错排列状态，大部分接触	锹镐可挖掘，井壁有掉块现象，从井壁取出大颗粒处，能保持颗粒凹面形状	钻进较困难，冲击钻探时，钻杆、吊锤跳动不剧烈，孔壁有坍塌现象
稍密	骨架颗粒含量等于总质量的55%～60%，排列混乱，大部分不接触	锹可以挖掘，井壁易坍塌，从井壁取出大颗粒后，砂土立即坍落	钻进较容易，冲击钻探时，钻杆稍有跳动，孔壁易坍塌
松散	骨架颗粒含量小于总质量的55%，排列十分混乱，绝大部分不接触	锹易挖掘，井壁极易坍塌	钻进很容易，冲击钻探时，钻杆无跳动，孔壁极易坍塌

注：1. 骨架颗粒系指与表2-5相对应粒径的颗粒。
2. 碎石土的密实度应按表列各项要求综合确定。

表2-10　黏土、粉质黏土、粉土、砂土的野外鉴别方法

土的名称	湿润时用刀切	湿土用手捻摸时的感觉	土的状态		湿土搓条情况
			干土	湿土	
黏土	切面光滑，有黏刀阻力	有滑腻感，感觉不到有砂粒，水分较大时很黏手	土块坚硬，用锤才能打碎	易黏着物体，干燥后不易剥去	塑性大，能搓成直径小于0.5mm的长条（长度不短于手掌），手持一端不易断裂
粉质黏土	稍有光滑面，切面平整	稍有滑腻感，有黏滞感，感觉有少量砂粒	土块用力可压碎	能黏着物体，干燥后较易剥去	有塑性，能搓成直径为0.5～2mm的土条
粉土	无光滑面，切面稍粗糙	有轻微黏滞感或无黏滞感，感觉到砂粒较多，粗糙	土块用手捏或抛扔时易碎	不易黏着物体，干燥后一碰就掉	塑性小，能搓成直径为2～3mm的短条
砂土	无光滑面，切面粗糙	无黏滞感，感觉到全是砂粒，粗糙	松散	不能黏着物体	无塑性，不能搓成土条

表 2-11　人工填土、淤泥、黄土、泥炭的野外鉴别方法

土的名称	观察颜色	夹杂物质	形状（构造）	浸入水中的现象	湿土搓条情况
人工填土	无固定颜色	砖瓦碎块、垃圾、炉灰等	夹杂物显露于外，构造无规律	大部分变为稀软淤泥，其余部分为碎瓦、炉渣在水中单独出现	一般能搓成3mm的土条，但易断，遇有杂质甚多时即不能搓成条
淤泥	灰黑色有臭味	池沼中有半腐朽的细小植物遗体，如草根，小螺壳等	夹杂物经仔细观察可以发现，构造常呈层状，但有时不明显	外观无显著变化，在水面出现气泡	一般淤泥质土接近轻粉质黏土，故能搓成3mm土条（长至少3mm）容易断裂
黄土	黄褐两色的混合色	有白色粉末出现在纹理中	夹杂物质常清晰易见，构造上有垂直大孔（肉眼可见）	即刻崩散分成颗粒集团，在水面上出现很多白色液体	搓条情况与正常的粉质黏土类似
泥炭	深灰或黑色	有半腐朽动植物遗体，其含量超过60%	夹杂物有时可见，构造无规律	极易崩碎，变为稀软淤泥，其余部分为植物根、动物残体渣滓悬浮于水中	一般能搓成1～3mm土条，但残渣甚多时，仅能搓成3mm以上土条

课题2　土方开挖的一般规定

1）土石方和基础施工前，必须了解土质、地下水等情况，查清地下埋设的管道、电缆和有毒有害等危险物以及文物古迹的位置、深度走向，并加设标记，设置防护栏杆。按规定编制施工方案，进行审批，施工方案中必须包括安全技术措施相关内容；项目部应在各工序施工前根据施工方案对班组进行安全技术交底和技术交底，并履行签字手续。同时应贯彻先设计后施工、先支撑后开挖、边施工边监测、边施工边治理的原则。

2）对操作人员进行安全技术教育，并认真布置现场的安全防护设施，配备施工人员所必需的安全保护用品。

3）在夜间或者自然光线不足的场所进行工作，应设置足够的照明设备，高度不能低于3m。

4）特种作业人员（焊工、架子工、起重机司机与指挥、厂内机动车驾驶员、电工等作业人员）必须持证上岗。

5）现场使用的机械设备进场时应进行验收，设备状况完好方可进场，并做记录；计量器具应有检定合格证或标志。

6）供电线路按TN-S布置，三级配电二级保护，实施“一机一闸一箱一漏”配置。雷雨天停止施工，要切断电源。

7）机械维修必须停电作业，配电箱应加锁，否则派专人监控。机械传动部分设防护罩以免伤人。

8）基坑（槽）开挖过程中，应采取措施防止碰撞支护结构和工程桩或扰动基底原状土。基坑壁坡度要符合有关规定。

9）当基坑（槽）开挖深度大于相邻建筑的基础深度时，应保持一定距离或采取边坡支撑加固措施，并进行沉降和位移观测。

10）施工中发现事先未预料到的各种管线或不能辨认的物品时，应停止施工，及时报告有关部门，采取相应措施后，方可继续施工。

11）基坑（槽）深度超过2m时，应按《建筑施工高处作业安全技术规范》(JGJ 80—2016）的规定设置临边防护措施。当深基坑施工中形成立体交叉作业时，应合理设置机位、人员、运输通道。

12）基坑（槽）上下必须设置专用通道，应先挖好阶梯或设置稳固靠梯，或开坡道，采取防滑措施，禁止踩踏支撑上下。施工作业人员上下基坑必须走专用通道，不准攀爬模板、脚手架，以确保安全。

13）基坑（槽）周边严禁超堆荷载。挖出的土应及时运走。当需要临时堆土或留作回填土时，堆土坡脚下至基坑上部边缘距离不少于1.2m，弃土堆置高度不超过1.5m。软土地区不宜在挖土上侧堆土。

14）基坑（槽）的支撑应经常检查是否有松动变形等不安全迹象，特别是雨后及冻融期间更应加强检查。

15）施工现场的井、洞、坑、池等危险部位必须有防护栏杆或防护篦等防护设施和醒目的警示标志。特别是在街道、居民房、外车道和现场通道附近开挖时，不论深度大小都要设置警示标志和高度不低于1.2m的双道防护栏或定型护身栏，夜间还要设红色标灯。

16）人工开挖前，应详细检查所用工具是否完好，对活动、开裂、断把的工具必须及时修理和加固，防止在施工过程中脱落伤人。

17）在沟槽（坑）开挖过程中，要根据方案要求进行放坡和必要的支撑加固。

18）开挖中如遇土体不稳、发生坍塌、水位暴涨等紧急情况时，应立即停工，工人撤至安全地点。当工作场地发现防护设施毁坏失效，或工作等不足以保证安全作业时，也应暂停施工，待恢复正常后方可继续施工。

19）开挖土方的操作人员之间，必须保持足够的安全距离：横向间距不小于2m，纵向间距不小于3m。

20）开挖过程中如遇地下水涌出，应先排水，后开挖。

21）严禁采用掏洞挖土的操作方法进行施工。

22）进行沟槽（坑）作业施工时，任何人员不得向沟槽内乱扔砖石碎块或与沟槽（坑）内作业人员嬉闹。

23）施工现场垂直提升机械作业时，应设专人指挥，在升降过程中沟槽（坑）内作业人员应及时避让。

24）所有工具、材料均不得向沟内抛掷和倾倒，应用绳系送或机械吊运。下料时，沟槽（坑）内下料点应停止作业，并不得在吊运机械、设备作业面下停留或通过。

25）在深坑、深井内作业，必须保持井坑内通风良好，并加强对有毒有害气体的检测，防止发生中毒事故。

26）在靠近建筑物、设备基础、电杆及各种脚手架附近进行挖土作业时，必须采取安全防护措施。

27）在电杆附近挖土时，对于不能取消的拉线地垄及杆身，应留出土台。

课题3　基坑（槽）开挖安全技术

在基础工程施工中，基坑（槽）的土方开挖是一项重要的分项工程。随着高层建筑、超高层建筑的逐年增多，基坑（槽）的边坡稳定问题越来越突出。住建部近几年的事故统计中，坍塌事故成了继“四大伤害”（高处坠落、触电、物体打击、机械伤害）之后的第五大伤害。在坍塌事故中，基坑基槽开挖、人工扩孔桩施工造成的坍塌占坍塌事故总数的65%，所以坍塌事故也已列入住建部的专项治理内容。

2.3.1　在基坑开挖中造成坍塌事故的主要原因

1）基坑开挖放坡不够，没按土的类别、坡度的容许值和规定的高宽比进行放坡，造成坍塌。

2）基坑边坡顶部超载或由于振动破坏了土体的内聚力，从而引起土体结构破坏，造成滑坡。

3）施工方法不正确，开挖程序不对，超标高挖土，支撑设置或拆除不正确，排水措施不力，解冻，造成坍塌。

2.3.2　基坑（槽）开挖安全技术

基坑（槽）开挖除应符合一般土方开挖的安全技术外，还有以下要求：

1）基坑（槽）开挖前，应根据支护结构形式、挖深、地质条件、施工方法、周围环境、工期、气候和地面荷载等资料制定施工方案、环境保护措施、监测方案，经审批后方可施工。

2）土方工程施工前，应对降水、排水措施进行设计，系统还应经检查和试运转，确定一切正常后方可开始施工。

3）有关围护结构的施工质量验收可按《建筑地基基础工程施工质量验收规范》（GB 50202—2013）中的规定执行，验收合格后方可进行土方开挖。

4）土方开挖的顺序、方法必须与设计工况相一致，并遵循“开槽支撑、先撑后挖、分层开挖、严禁超挖”的原则。

5）基坑开挖时，应根据设计的基坑边坡坡度，分层下挖到设计标高，严禁采用局部开挖深坑和从层底向四周掏土的方法施工。

6）用小板车出土时，应搭好出土走道。基坑较深时，应搭上、下跳板或梯子，其宽度、坡度及强度应符合有关规定。

7）用卷扬机牵引小车上坡时，宜用小钢丝绳牵引，在小车的正前方和后方都不应站人。

8）处在土石松动坡脚下的基坑，应做好安全防护措施。

9）在粉砂、细砂层中开挖基坑时，应进行基底涌砂验算，并采取相应的防护措施。

10）基坑开挖需要爆破时，必须按国家现行的爆破安全规程办理。

11）用起重机械出土时，应设有信号指挥人员。土斗上应拴溜绳，装土或卸土后应将斗门关好。起重机扒杆和土斗下严禁站人。

12）机具、材料、弃土等应堆放在基坑爆破周边的安全距离以外。

13）在严寒地区采用冻结法开挖基坑时，必须根据地质、水文、气象等实际情况制定施工安全技术措施，表面冷冻层严禁破坏。

14）基坑顶面边坡以外的四周应开挖排水沟，排水沟应经常保持畅通。

15）基坑底部采用集水井或井点法排水时，应保证基坑不被浸泡。

16）采用挡板支撑护壁时，应根据土质情况逐段支撑，经常检查确认安全后，方可继续开挖。如基坑较深，四周应挂软梯。在开挖过程中，应经常检查，如发现支护变形等异常情况，应立即撤离人员，待加固并确认安全后，方可继续开挖。

17）拆除支护结构时，应根据土质情况自下而上分段进行，边拆边回填夯实。

18）基坑（槽）土方工程验收，必须以确保支护结构安全和周围环境安全为前提。

2.3.3 基坑（槽）开挖的边坡稳定要求

1. 基坑（槽）不放边坡且土壁不加支撑

基坑（槽）不放边坡且土壁不加支撑时，对其垂直挖深有高度规定。

1）地下水位低于基坑（槽）底面且基坑土质均匀时，土壁不加支撑的垂直挖深不宜超过表2-12的规定。

表2-12 基坑（槽）土壁垂直挖深规定

土的类别	深度/m	土的类别	深度/m
密实、中密的砂土和碎石类土（充填物为砂土）	1.00	硬塑、可塑的黏土和碎石类土（充填物为黏性土）	1.50
硬塑、可塑的粉土及粉质黏土	1.25	坚硬的黏土	2.00

2）当天然冻结的速度和深度能确保挖土的安全操作时，对于4m以内深度的基坑（槽）开挖可以采用天然冻结法垂直开挖而不加设支撑，但对于干燥的砂土严禁采用冻结法施工。

3）土质为黏性土且不加支撑的基坑（槽），其最大垂直挖深可根据坑壁土的重度、内摩擦角、坑顶部的荷载及安全系数等进行计算。

2. 基坑（槽）放边坡不加支撑

当基坑（槽）深度不大于5m，且地质情况良好、土质均匀、地下水位低于基坑（槽）底面标高时，可仅放坡不加支撑。此时边坡的最陡坡度应按表2-13的规定来确定。

表2-13 深度在5m以下（包括5m）的基坑（槽）边的最大坡度

土的类别	边坡坡度（高:宽）		
	坡顶无荷载	坡顶有静载	坡顶有动载
中密的砂土	1:1.00	1:1.25	1:1.50
中密的碎石土	1:0.75	1:1.00	1:1.25
硬塑的粉土	1:0.67	1:0.75	1:1.00
中密的碎石土（充填物为黏土）	1:0.50	1:0.67	1:0.75
硬塑的粉质黏土、黏土	1:0.33	1:0.50	1:0.67

（续）

土的类别	边坡坡度（高∶宽）		
	坡顶无荷载	坡顶有静载	坡顶有动载
老黄土	1∶0.10	1∶0.25	1∶0.33
软土（轻型井点降水后）	1∶1.00	—	—

注：1. 静载指堆土或材料等，动载指机械挖土或汽车运输作业等。静载或动载距挖方边缘的距离应在1m以上，堆土或材料的堆积高度不应超过1.5m。

2. 若有成熟的经验或科学的理论计算并经试验证明者可不受本表限制。

3. 基坑（槽）土壁加支撑

（1）浅基础（挖深5m以下）的土壁支撑形式　对于基坑深度在5m以下的浅基础开挖，其边坡常见的支撑形式见表2-14。

表2-14　浅基础的支撑形式

支撑名称	使用范围	支撑简图	支撑方法
间断式水平支撑	干土或天然湿度的黏土类土，深度在2m以内	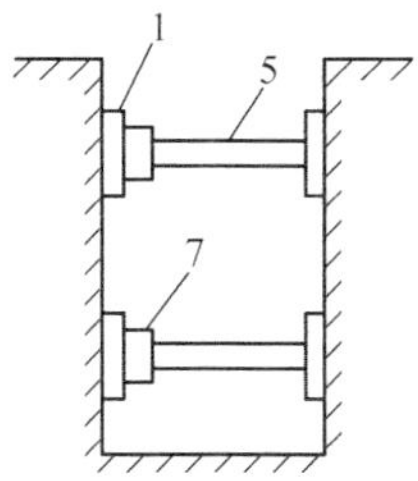	两侧挡土板水平放置，用撑木加木楔顶紧，挖一层土支顶一层
断续式水平支撑	挖掘湿度小的黏性土及挖土深度小于3m时	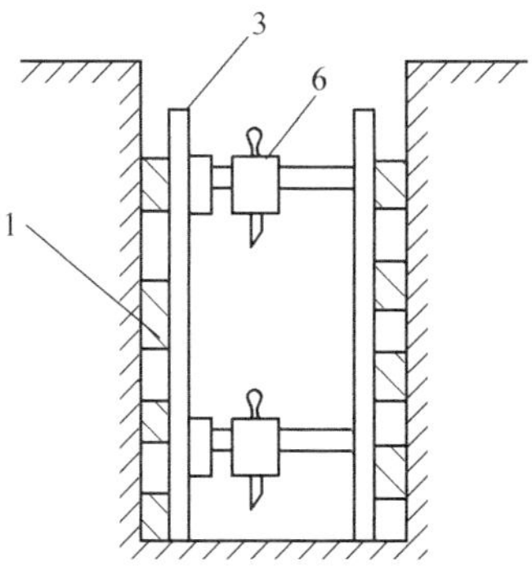	挡土板水平放置，中间留出间隔，然后两侧同时对称立上竖木方，再用工具式横撑上下顶紧
连续式水平支撑	挖掘较潮湿的或散粒的土及挖土深度小于5m时	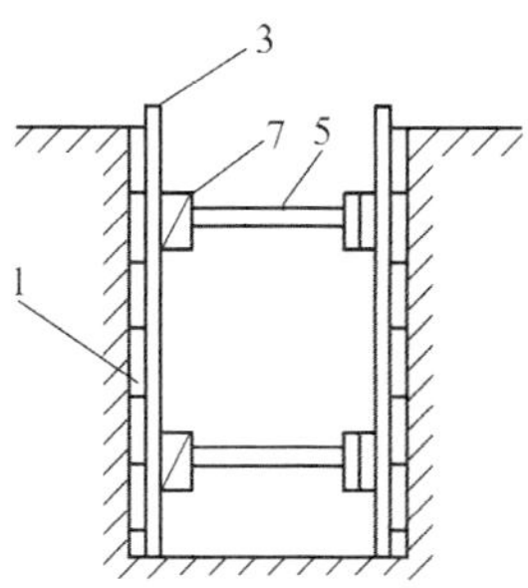	挡土板水平放置，相互靠紧，不留间隔，然后两侧同时对称立上竖木方，上下各顶一根撑木，端头加木楔顶紧

（续）

支撑名称	使用范围	支撑简图	支撑方法
连续式垂直支撑	挖掘松散的或湿度很高的土（挖土深度不限）	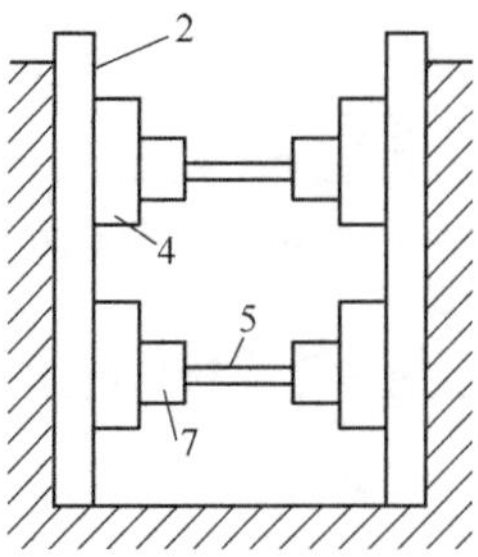	挡土板垂直放置，然后每侧上下各水平放置木方一根，用撑木顶紧，再用木楔顶紧
锚拉支撑	开挖较大基坑或使用较大型的机械挖土，而不能安装横撑时	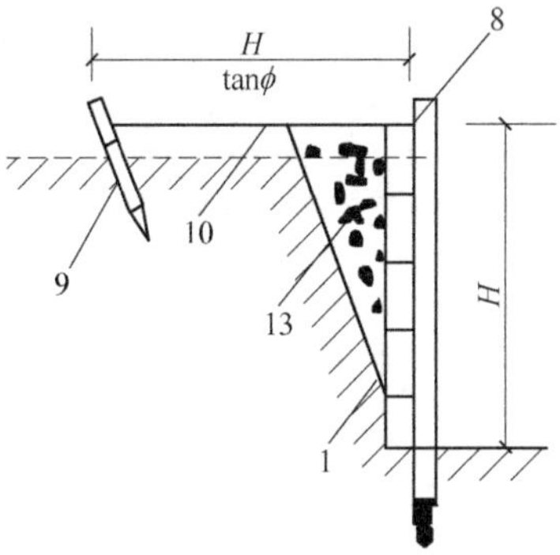	挡土板水平顶在柱桩的内侧，柱桩一端打入土中，另一端用拉杆与远处锚桩拉紧，挡土板内侧回填土
斜柱支撑	开挖较大基坑或使用较大型的机械挖土，而不能采用锚拉支撑时	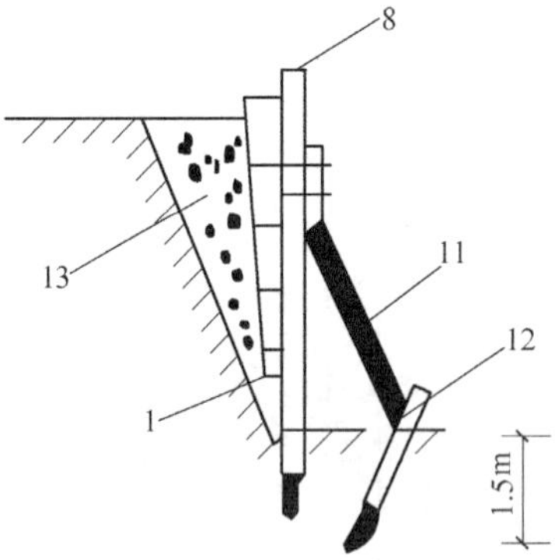	挡土板水平钉在柱桩的内侧，柱桩外侧由斜撑支牢，斜撑的底端只顶在撑桩上，然后在挡土板内侧回填土
短柱横隔支撑	开挖宽度大的基坑，当部分地段下部放坡不足时	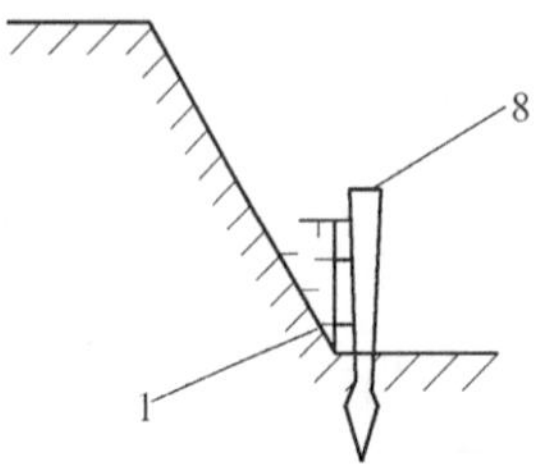	打入小短木桩，一半露出地面，一半打入地下，地上部分背面钉上横板，并在背面填土

（续）

支撑名称	使用范围	支撑简图	支撑方法
临时挡土墙支撑	开挖宽度大的基坑，当部分地段下部放坡不足时	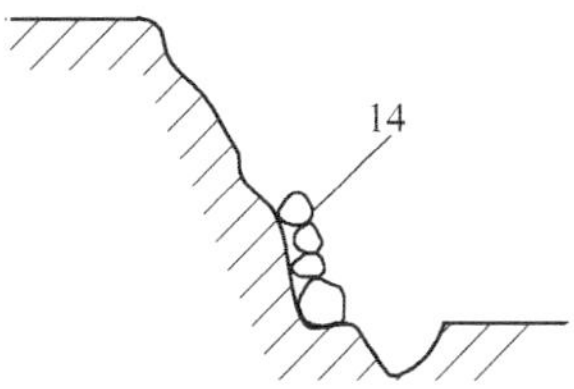	坡角用砖、石叠砌或用草袋装土叠砌，使其保持稳定

表中图注：1—水平挡土板　2—垂直挡土板　3—竖木方　4—横木方　5—撑木　6—工具式横撑　7—木楔　8—柱桩　9—锚桩　10—拉杆　11—斜撑　12—撑桩　13—回填土　14—装土草袋

（2）深基础（挖深5m以上）的土壁支撑形式　对于深度超过5m以上的深基础开挖，其边坡常用的支撑形式见表2-15。

表2-15　深基础的支撑形式

支撑名称	使用范围	支撑简图	支撑方法
钢构架支撑	在软弱土层中开挖较大、较深基坑，而不能用一般支护方法时	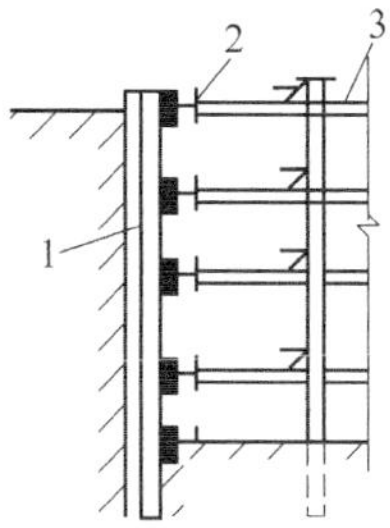	在开挖的基坑周围打板桩，在柱位置上打入暂设的钢柱，在基坑中挖土，每下挖3~4m装上一层幅度很宽的构架式横撑，挖土在钢构架网格中进行
地下连续墙支撑	开挖较大较深、周围有建筑物和公路的基坑，作为复合结构的一部分，或用于高层建筑的逆作法施工，作为结构的地下外墙	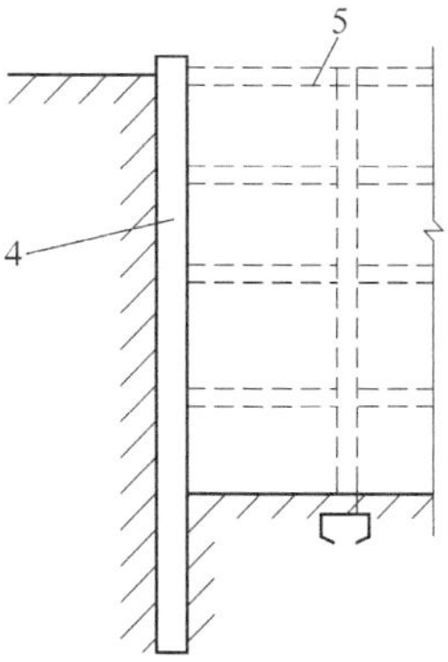	在开挖的基槽周围先建造地下连续墙，待混凝土达到强度后，在连续墙中间用机械或人工挖土，直至要求深度。跨度、深度不大时连续墙刚度能满足要求，可不设内部支撑。用于高层建筑地下室逆作法施工，每下挖一层，就把下一层梁板、柱浇筑完成，以此作为连续墙的水平框架支撑，如此循环作业，直到地下室的底层全部挖完土和浇筑完成
地下连续墙锚杆支撑	开挖较大较深（>6m）的大型基坑，周围有高层建筑物，不允许支撑有较大变形，采用机械挖土，不允许内部设支撑时	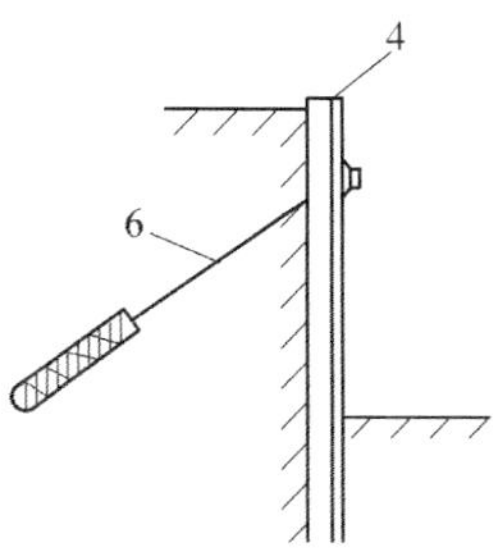	在开挖基坑的周围，先建造地下连续墙，在墙中间采用机械开挖土方至锚杆部位，用锚杆钻机在要求位置锚孔，放入锚杆，进行灌浆，待达到设计强度后装上锚杆，然后继续下挖至设计深度。如设有2~3层锚杆，每挖一层装一层锚杆，采用快凝砂浆灌浆

（续）

支撑名称	使用范围	支撑简图	支撑方法
挡土护坡桩支撑	开挖较大较深（>6m）的基坑，临近有建筑物，不允许支撑有较大变形时	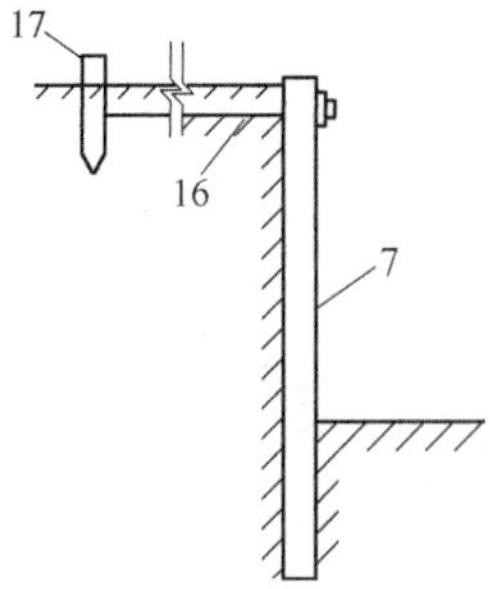	在开挖基坑的周围，用钻机钻孔，现场灌注钢筋混凝土桩，待达到强度后在中间用机械或人工挖土；下挖1m左右，装上横撑，在桩背面已挖沟槽内拉上锚杆，并将其固定在已预先灌注的锚桩上拉紧；然后继续挖土至设计深度。将桩中间土方挖成向外的拱形，使其起土拱作用；如临近有建筑物，则不能设置锚拉杆，应采取加密桩距或加大桩径的处理方法
挡土护坡桩与锚杆结合支撑	大型较深基坑开挖，临近有高层建筑物，不允许支撑有较大变形时	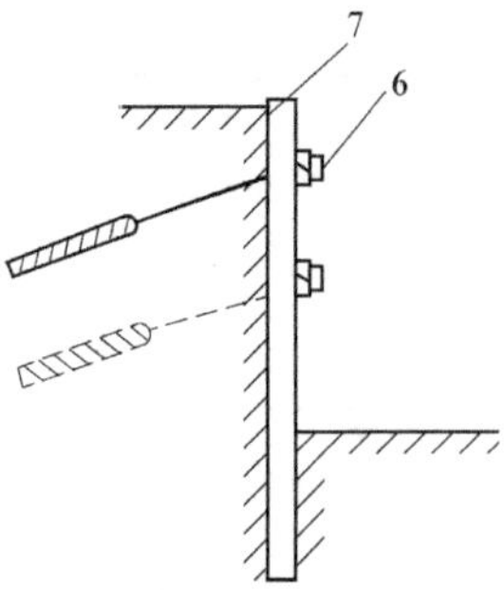	在开挖基坑的周围钻孔，浇筑钢筋混凝土灌注桩，达到强度后在柱中间沿桩垂直挖土，挖到一定深度则安上横撑，每隔一定距离向桩背面斜下方用锚杆钻机打孔，在孔内放钢筋锚杆，用水泥压力灌浆，达到强度后拉紧固定，在桩中间挖土直至设计深度。如设两层锚杆，可挖一层土，装设一次锚杆
板桩中央横顶支撑	开挖较大较深的基坑，板桩刚度不够又不允许设置过多支撑时	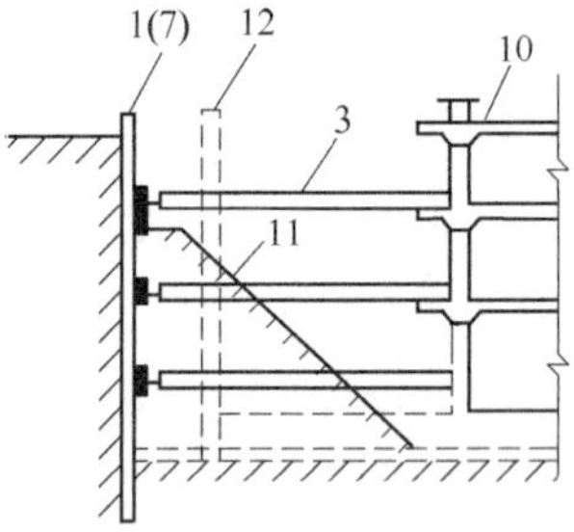	在基坑周围先打板桩或灌注钢筋混凝土护坡桩，然后在内侧放坡并挖中央部分土方到坑底，再施工中央部分框架结构至地面，然后利用此结构作为支承，向板桩支水平横顶梁，再挖去放坡的土方，每挖一层支一层横顶梁直至坑底，最后建造靠近板桩部分的结构
板中央斜顶支撑	开挖较大较深的基坑，板桩刚度不够，坑内又不允许设置过多支撑时	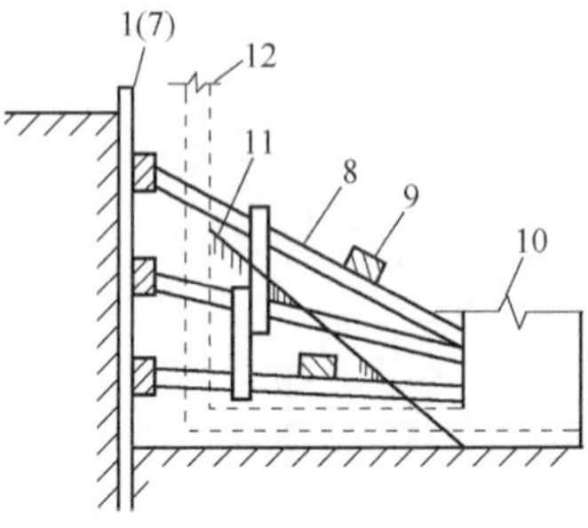	在基坑周围先打板桩或灌注护坡桩，在内侧放坡开挖中央部分土方至坑底，并先灌注好中央部分基础，再从这个基础向板桩上方支斜顶梁，然后再把放坡的土方逐层挖除并运出，每挖去一层支一道斜顶撑直至设计深度，最后建靠近板桩部分的地下结构

（续）

支撑名称	使用范围	支撑简图	支撑方法
分层板桩支撑	开挖较大较深的基坑，当主体与裙房基础标高不等而又无重型板桩时	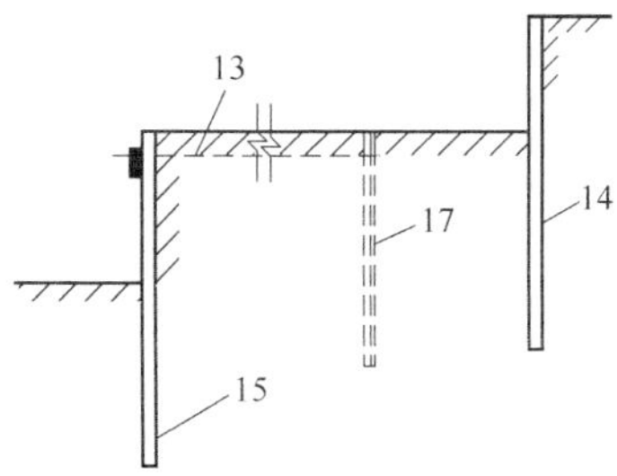	开挖裙房基础，周围先打钢筋混凝土板桩或钢板支护，然后在内侧普遍挖土至裙房基础底标高，再在中央主体结构基础四周打二级钢筋混凝土板桩或钢板桩，挖主体结构基础土方并施工主体结构至地面，最后施工裙房基础，或边继续向上施工主体结构、边分段施工裙房基础

表中图注：1—钢板桩　2—钢横撑　3—钢撑　4—钢筋混凝土地下连续墙　5—地下室梁板　6—土层锚杆　7—直径400～600mm现场钻孔灌注钢筋混凝土桩，其间距为1～1.5m　8—斜撑　9—连系板　10—先施工框架结构或设备基础　11—后挖土方　12—后施工结构　13—锚筋　14——级混凝土板桩　15—二级混凝土板桩　16—拉杆　17—锚桩

2.3.4　土层锚杆

近年来，国内外大量地将土层锚杆用于地下结构，作为护壁的支撑，它不仅用于基坑立壁的临时支护，而且在永久性建筑工程中亦得到广泛应用。

1. 土层锚杆的构造

土层锚杆由锚头、拉杆、锚固体等组成其构造如图2-1所示。

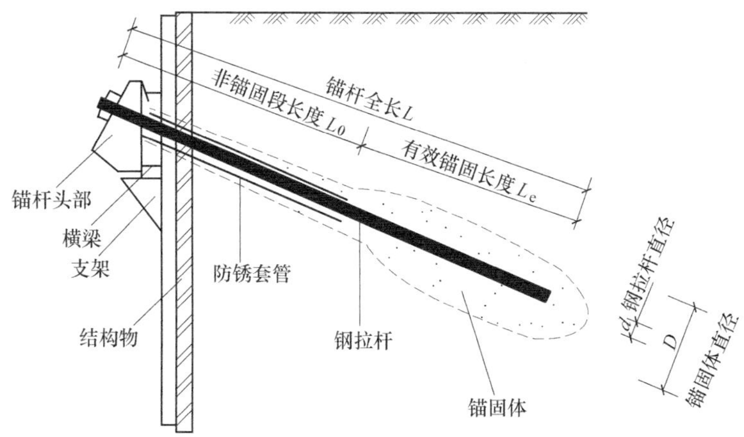

图2-1　土层锚杆示意图

1）锚头承受来自支护结构的力并传递给拉杆，它由台座、承压板和紧固器三部分组成。

2）拉杆将来自锚头的拉力传递给锚固体，是锚杆的中心受拉部分。

3）锚固体是锚杆尾部的锚固部分，通过锚固体与土之间的相互作用，将力传递给稳定土层。土层锚杆分为摩擦型、承压型和复合型三种。

2. 土层锚杆的设计与施工

土层锚杆目前仍根据经验数据进行设计，然后通过现场试验进行检验。设计步骤一般为：确定基坑支护承受的荷载及锚杆布置；计算锚杆的承载能力及其稳定性；确定锚固体的长度、直径和拉杆的自由段长度及截面直径等。

土层锚杆的施工过程包括钻孔、安放拉杆、灌浆和张拉锚固，如图2-2所示。在基坑开挖至锚杆的埋设标高时，按如图2-2所示的顺序进行施工，然后循环进行第二层等的施工。

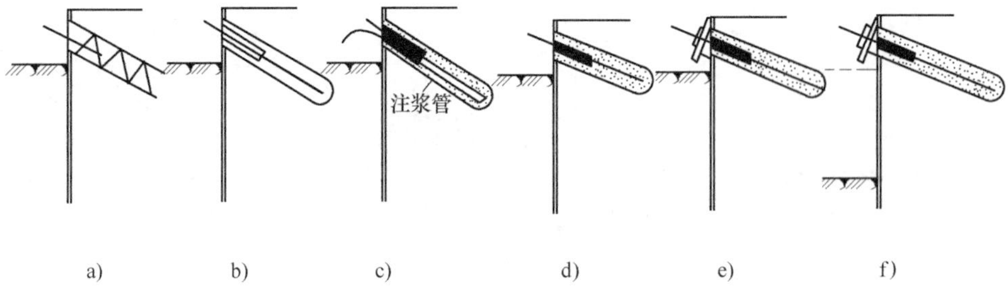

图2-2　土层锚杆施工示意图

a）钻孔　b）插放钢筋或钢绞线　c）灌浆　d）养护

e）安装锚头和预应力张拉　f）挖土

3. 土层锚杆的安全技术

1）施工前，应认真检查和处理锚喷支护作业区的危石，施工机具应布置在安全地带。

2）施工中，应定期检查电源线路和设备的电器部件，以确保用电安全。

3）喷射机、水箱、风包、注浆罐等应进行密封性能试验和耐压试验，合格后方可使用。喷射混凝土施工作业中，要经常检查出料弯头、输料管和管路接头等有无磨薄、击穿或松脱现象，若发现问题，应及时处理。

4）处理机械故障时，必须使设备断电、停风。向施工设备送电、送风前，应通知有关人员。

5）喷射作业中处理堵管时，应将输料管顺直，并紧按喷头，疏通管路的工作风压不得超过0.4MPa。

6）喷射混凝土施工用的工作台架应牢固可靠，并应设置安全栏杆。

7）向锚杆孔注浆时，注浆罐内应保持一定数量的砂浆，以防罐体放空而使砂浆喷出伤人。处理管路堵塞前，应消除罐内压力。

8）非操作人员不得进入正进行施工的作业区。施工中，喷头和注浆管前方严禁站人。

9）施工操作人员的皮肤应避免与速凝剂、树脂胶泥直接接触，严禁树脂卷接触明火。

10）钢纤维喷射混凝土施工时，应采取措施防止钢纤维扎伤操作人员。

11）检验锚杆锚固力时应遵守下列规定：拉力计必须固定牢靠；拉拔锚杆时，拉力计前方或下方严禁站人；锚杆杆端一旦出现颈缩应及时卸荷。

12）水胀锚杆的安装应遵守下列规定：高压泵应设置防护罩，锚杆安装完毕后应将其搬移到安全无淋水处，以防止放炮时被砸坏；搬运高压泵时必须断电，严禁带电作业；在高压进水阀未关闭和回水阀未打开之前，不得撤离安装棒；安装锚杆时，操作人员手持安装棒应与锚杆孔轴线偏离一个角度。

13）预应力锚杆的施工安全应遵守下列规定：张拉预应力锚杆前，应对设备全面检查，使之固定牢靠，张拉时孔口前方严禁站人；拱部或边墙进行预应力锚杆施工时，其下方严禁进行其他作业；对穿型预应力锚杆施工时，应有联络装置，作业中还应保持密切联系；封孔水泥砂浆未达到设计强度的70%时，不得在锚杆端部悬挂重物或碰撞外锚具。

课题4　基坑支护安全检查

基坑支护安全检查是保证基坑工程安全施工的有效措施之一。表2-16为基坑支护安全检查评分表。

表2-16　基坑支护安全检查评分表

序号	检查项目		扣分标准	应得分数	扣减分数	实得分数
1	保证项目	施工方案	基础施工无支护方案的扣20分 施工方案针对性差不能指导施工的扣12～15分 基坑深度超过5m无专项支护设计的扣20分 支护设计及方案未经上级审批的扣15分	20		
2		临边防护	深度超过2m的基坑施工无临边防护措施的扣10分 临边及其他防护不符合要求的扣5分	10		
3		坑壁支护	坑槽开挖设置安全边坡不符合安全要求的扣10分 特殊支护的做法不符合设计方案的扣5～8分 支护设施已产生局部变形又未采取措施调整的扣6分	10		
4		排水措施	基坑施工未设置有效排水措施的扣10分 深基础施工采用坑外降水，无防止临近建筑危险沉降措施的扣10分	10		
5		坑边荷载	积土、料具堆放距槽边距离小于设计规定的扣10分 机械设备施工与槽边距离不符合要求，又无措施的扣10分	10		
		小计		60		
6	一般项目	上下通道	人员上下无专用通道的扣10分 设置的通道不符合要求的扣6分	10		
7		土方开挖	施工机械进场未经验收的扣5分 挖土机作业时，有人员进入挖土机作业半径内的扣6分 挖土机作业位置不牢、不安全的扣10分 司机无证作业的扣10分 未按规定程序挖土或超挖的扣10分	10		
8		基坑支护变形监测	未按规定进行基坑支护变形监测的扣10分 未按规定对毗邻建筑物和重要管线和道路进行沉降观测的扣10分	10		

（续）

序号	检查项目		扣分标准	应得分数	扣减分数	实得分数
9	一般项目	作业环境	基坑内作业人员无安全立足点的扣10分 垂直作业上下无隔离防护措施的扣10分 光线不足未设置足够照明的扣5分	10		
		小计		40		
检查项目合计				100		

注：1. 每项最多扣减分数不大于该项应得分数。

2. 保证项目有一项不得分或保证项目小计得分不足40分，检查评分表计零分。

3. 该表换算到“施工安全检查评分汇总表”后得分＝10×该表检查项目实得分数合计÷100。

2.4.1　施工方案

基坑开挖之前，要按照土质情况、基坑深度以及周边环境确定基坑施工方案，其内容应包括：放坡要求、支护结构设计、机械选择、开挖时间、开挖顺序、分层开挖深度、坡道位置、车辆进出道路设置、降水措施及监测要求等。

施工方案的制定必须针对施工工艺结合作业条件，对施工过程中可能造成坍塌、威胁作业人员安全以及使周边建筑、道路等产生不均匀沉降的各种因素，设计制定具体可行的防治措施，并在施工中付诸实施。

高层建筑的箱形基础，实际上形成了建筑物的地下室，随上层建筑荷载的加大，常要求在地面以下设置三层或四层地下室，因而基坑的深度常超过5～6m，且面积较大，给基础工程施工带来很大困难和危险，因此必须认真制定安全措施防止发生事故。

1）工程场地狭窄，邻近建筑物多，大面积基坑的开挖，常会使这些邻近的旧建筑物产生裂缝或不均匀沉降，应采取一定措施防止此类情况的发生。

2）基坑的深度不同（如主楼基坑较深，裙房基坑较浅）时，需仔细进行施工程序安排，有时先挖一部分浅坑，再加支撑或采用悬臂板桩。

3）合理采用降水措施，以减少板桩上的土压力。

4）当采用钢板桩时，应合理解决位移和弯曲的问题。

5）除降低地下水位外，基坑内还需设置明沟和集水井，以排除突然而来的明水（如下暴雨等）。

6）大面积基坑应考虑配两路电源，当一路电源发生故障时，可以及时采用另一路电源，防止因停止降水而发生事故。

总之，由于高层建筑箱形基础的基坑加深，在土侧压力作用下再加上地下水的出现，其安全问题异常复杂，所以必须做专项支护设计以确保施工安全。

支护设计方案的合理与否，不但直接影响施工的工期、造价，还对施工的安全与否有直接关系，所以必须经上级审批。有的地区规定基坑开挖深度超过6m时，必须经建委专家组审批。实践证明，这些规定不但确保了施工安全，还对缩短工期、节约资金有一定的效果。

2.4.2 临边防护

当基坑施工深度达到2m时，在坑边作业已有一定的危险，按照高处作业和临边作业的规定，应搭设临边防护设施。

基坑周边搭设的防护栏杆，从选材、搭设方式及牢固程度都应符合《建筑施工高处作业安全技术规范》(JGJ 80—2016) 的规定。

2.4.3 坑壁支护

不同深度的基坑和作业条件，其坑壁所采取的支护方式也不同。

1. 原状土放坡

一般基坑深度小于3m时，可采用一次性放坡的方法。当深度达到4～5m时，也可采用分级放坡的方法。明挖放坡必须保证边坡的稳定，根据土的类别进行稳定计算确定安全系数。原状土放坡适用于较浅的基坑，对于深基坑可采用打桩、挡土墙或地下连续墙等方法来确保边坡的稳定。

2. 设置排桩（护坡桩）

当周边无条件放坡时，可设置排桩（护坡桩），并设计成挡土墙结构。采用预制桩或灌注桩，并间隔排桩，将桩与桩之间的土体固化形成桩墙挡土结构。土体的固化方法可采用高压旋喷或深层搅拌法进行。固化后的土体不但整体性好，同时可以阻止地下水渗入基坑形成隔渗结构。桩墙结构实际上是利用桩的入土深度形成的悬臂结构。当基础较深时，可采用坑外拉锚或坑内支撑来保持护桩的稳定。

(1) 坑外拉锚　用锚具将锚杆固定在桩的悬臂部分，将锚杆的另一端伸向基坑边坡土层内锚固，以增加桩的稳定。锚杆由锚头、自由段和锚固段三部分组成；锚杆必须有足够长度，应经设计并通过现场试验确定抗拔力；可以设计成一层或多层；锚固段不能设置在土层的滑动面之内。采用坑外拉锚法较采用坑内支撑法能有较好的机械开挖环境。

(2) 坑内支撑　为提高桩的稳定性，也可采用在坑内加设支撑的方法。坑内支撑可采用单层或多层支撑，支撑材料可采用型钢或钢筋混凝土，设计支撑的结构形式和节点做法时，必须注意支撑安装及拆除顺序。对多层支撑要加强管理，采用混凝土支撑时，必须在上道支撑强度达80%时才可进行下层的开挖；钢支撑严禁在负荷状态下焊接。

3. 地下连续墙

地下连续墙就是在深层地下浇筑的一道钢筋混凝土墙，既可挡土护壁又可起隔渗作用，还可以成为工程主体结构的一部分，也可以代替地下室墙的外模板。

地下连续墙简称地连墙，地连墙施工利用成槽机械，按照建筑平面挖出一条长槽，用膨润土泥浆护壁，在槽内放入钢筋笼，然后浇筑混凝土。施工时，可以分成若干单元（5～8m一段），最后将各段接头进行连接，形成一道地下连续墙。

4. 逆作法施工

逆作法的施工工艺和一般正常施工相反。一般基础施工先挖至设计深度，然后自下而上施工到正负零标高，再继续施工上部主体。逆作法是先施工地下一层（离地面最近的一层），在打完第一层楼板时，进行养护，在养护期间可以向上部施工主体，当第一层楼板达到设计强度时，可继续施工地下二层（同时向上方施工）。此时的地下主体结构梁板体系，就作为挡土结构的支撑体系，地下室的墙体作为基坑的护壁。逆作法施工时，梁板的施工只需在地面上挖出坑槽放入模板钢筋，不设支撑，在梁的底部将伸出筋插入土中，作为柱子钢筋，梁板施工完毕再挖土方施工柱子。第一层楼板以下部分由于楼板的封闭，只能采用人工挖土，可利用电梯间作垂直运输通道。逆作法不但节省工料，上下同时施工缩短工期，还由于利用工程梁板结构做内支撑，可以避免由于装拆临时支撑造成的土体变形。

2.4.4　排水措施

基坑施工常遇地下水，尤其深基础施工时，地下水问题如果处理得不好，不但会影响基坑施工，还会给周边建筑造成沉降不均的危险。对地下水的控制方法一般有：排水、降水、隔渗。

1. 排水

开挖深度较浅时，可采用明排水的方法。即沿槽底挖出两道水沟，每隔30～40m设置一集水井，用抽水设备将水抽走。有时深基坑施工，为排除雨季的暴雨突然带来的明水，也可采用明排水的方法。

2. 降水

开挖深度大于3m时，可采用井点降水的方法控制地下水。即在基坑外设置降水管，管壁有孔并有过滤网，可以防止在抽水过程中将土粒带走，保持土体结构不被破坏。

井点降水每级可降低水位4.5m；再深时，可采用多级降水的方法；水量大时，也可采用深井降水的方法。

当降水可能造成周围建筑物不均匀沉降时，应在降水的同时采取回灌措施。回灌井是一个较长的穿孔井管，和井点的过滤管一样，井外填以适当级配的滤料，井口可用黏土封口，防止空气进入。回灌与降水同时进行，并随时观测地下水位的变化，以保持原有的地下水位不变。

3. 隔渗

基坑隔渗是用高压旋喷、深层搅拌形成的水泥土墙和底板组成止水帷幕，以阻止地下水渗入基坑内。隔渗的抽水井可设在坑内，也可设在坑外。

（1）坑内抽水　不会造成周边建筑物、道路等沉降问题，可在坑外高水位、坑内低水位干燥条件下作业。在最后封井技术上应注意防漏，止水帷幕采用落底式，向下延伸插入到不透水层内以对坑内封闭。

（2）坑外抽水　含水层较厚，帷幕悬吊在透水层中。由于采用了坑外抽水，从而减轻了挡土桩的侧压力。但坑外抽水对周边建筑物有不利的沉降影响。

2.4.5　坑边荷载

1）坑边堆置土方和材料包括沿挖土方边缘移动运输工具和机械不应离槽边过近，堆置土方距坑槽上部边缘不少于1.2m，弃土堆置高度不超过1.5m。

2）大中型施工机具距坑槽边距离，应根据设备重量、基坑支护情况、土质情况经计算确定。基坑周边严禁超堆荷载。土方开挖如有超载和不可避免的边坡堆载，包括挖土机平台位置等，应在施工方案中进行设计计算确认。

3）当周边有条件时，可采用坑外降水，以减少墙体后面的水压力。

2.4.6 上下通道

基坑施工作业人员上下必须设置专用通道，不准攀爬模板和脚手架，以确保安全。

人员专用通道应在施工组织设计中确定，其攀登设施可视条件采用梯子或专门搭设其他工具，这些应符合高处作业规范中攀登作业的要求。

2.4.7 土方开挖

1）所有施工机械应按规定进场，经有关部门组织验收确认合格，并有相关记录。

2）机械挖土与人工挖土进行配合操作时，人员不得进入挖土机作业半径内，必须进入时，应待挖土机作业停止后，人员方可进行坑底清理、边坡找平等作业。

3）挖土机作业位置的土质及支护条件，必须满足机械作业的荷载要求，机械应保持水平位置和并有足够的工作面。

4）挖土机驾驶员属特种作业人员，应经专门培训，考试合格并持有操作证。

5）挖土机不能超标高挖土，以免造成土体结构破坏。坑底最后留一步土方由人工完成，并且人工挖土应在打垫层之前进行，以减少晾槽时间（减少土侧压力）。

2.4.8 基坑支护变形监测

基坑开挖之前应做出系统的监测方案，包括监测方法、精度要求、监测点布置、观测周期、工序管理、记录制度、信息反馈等。基坑开挖过程中应特别注意监测以下内容：

1）支护体系变形情况，支护结构的开裂、位移。

2）基坑外地面沉降或隆起变形情况。

3）临近建筑物动态。

此外，还应重点监测桩位、护壁墙面、主要支撑杆、连接点以及渗漏情况。

2.4.9 作业环境

由于地下作业往往容易被忽视，因此在坑槽内作业时不应降低作业环境安全要求。

1）人员作业必须有安全立足点，脚手架搭设必须符合规范规定，临边防护应符合要求。

2）交叉作业、多层作业上下应设置隔离层。垂直运输作业及设备也必须按照相应的规范进行检查。

3）深基坑施工的照明问题，电箱的设置及周围环境以及各种电气设备的架设使用均应符合电气规范规定。

课题5 土方工程安全技术交底

2.5.1 土方工程安全技术交底的一般内容

1）要严格按照设计要求和施工方案的规定进行作业。

2）土方开挖的顺序、方法必须与设计工况相一致，并遵循“开槽支撑，先支撑后挖，分层开挖，严禁超挖”的原则。

3）基坑槽、管沟土方开挖过程中，以设计要求为依据或以规范要求为依据，对基坑变形进行监控。

4）基坑边界周围地面应设排水沟，对坡顶、坡面、坡脚采取排水措施。

5）基坑周边严禁超堆荷载。

6）基坑开挖过程中，应防止碰撞支护结构、工程桩；应随时注意土壁变动的情况，发现有裂缝等异常现象，必须暂停施工，报告项目经理进行处理。

7）挖土方时，如发现有不能辨认的物品或事先未预见到的情况时，应及时停止作业，报告上级处理。

8）水下作业，要严格检查电器的接地或接零和漏电保护开关，电缆应完好，并穿戴防护面具。

9）对土方开挖后不稳定或欠稳定的边坡，应根据边坡的地质特征和可能发生的破坏情况，采取自上而下、分段跳槽、及时支护的逆作法或部分逆作法施工。严禁无序开挖，大爆破作业。

10）人工吊运泥土，应检查工具、绳索、钩子是否牢靠，起吊时下方不得有人。

11）在基坑或深井下作业时，必须戴安全帽。

12）基坑四周必须设1.5m高的防护栏杆，防护栏杆距基坑距离不小于1m。

2.5.2　挖土施工安全技术交底

1）开挖土方必须有挖土令。

2）基坑开挖前，必须摸清基坑下的管线排列和地质开采资料，以利于考虑开挖过程中的意外应急措施（如发生流砂等特殊情况）。

3）人工挖土，前后操作人员间距离不应小于2~3m。开挖出的土方，要严格按照组织设计方案堆放，不得堆于基坑外侧，以免地面堆载超荷引起土体位移、板桩位移或支撑破坏。堆土要在1m以外，并且高度不得超过1.5m。

4）每日或雨后必须检查土壁及支撑稳定情况，在确保安全的情况下继续工作，并且不得将土和其他物件堆在支撑上，不得在支撑下行走或站立。

5）机械挖土，起动前应检查离合器、钢丝绳等，经空车试运转正常后再开始作业。

6）机械操作中进铲不应过深，提升不应过猛。挖土机械不得在施工中碰撞支撑，以免引起支撑破坏或拉损。

7）机械不得在输电线路下工作，应在输电线路一侧工作，不论在任何情况下，机械的任何部位与架空输电线路的最近距离应符合安全操作规程要求。电缆两侧1m范围内应采用人工挖掘。

8）机械应停在坚实的地基上，如基础过差，应采取走道板等加固措施，不得将挖土机履带与挖空的基坑平行2m停、驶。运土汽车不宜靠近基坑平行行驶，以防止塌方翻车。

9）配合拉铲的清坡、清底工人，不准在机械回转半径下工作。向汽车上卸土应在汽车停稳后进行。禁止铲斗从汽车驾驶室上空越过。

10）基坑四周必须设置1.5m高的护栏，并要设置一定数量临时上下施工楼梯。

11）场内道路应及时整修，确保车辆安全畅通，各种车辆应有专人负责指挥引导。

12）在车辆进出的门口或人行道下，如有地下管线（道），必须铺设厚钢板或浇筑混凝土加固。

13）在开挖基坑时，必须设有切实可行的排水措施，以免基坑积水，影响基坑土壤结构。坑壁渗水、漏水应及时排除，防止因长期渗漏而使土体破坏，造成挡土结构受损。

14）清坡、清底人员必须根据设计标高作好清底工作，不得超挖。如果超挖，不得将松土回填，以免影响基础的质量。

2.5.3　基坑支护安全技术交底

1）所有操作人员应严格执行有关操作规程。

2）现场施工区域应有安全标志和围护设施。

3）对拉锚固杆件、紧固件及锚桩，应定期进行检查，对滑楔内土方及地面应加强检查和处理。

4）挖土期间，应注意挡土结构的完整性和有效性，不允许其因土方的开挖而遭受破坏。

2.5.4　回填土工程安全技术交底

1）装载机作业范围内不得有人平土。

2）打夯机工作前，应检查电源线是否有缺陷和漏电现象、机械运转是否正常、机械是否装置漏电保护开关，应按“一机一开关”的原则安装，机械不准带病运转，操作人员应戴绝缘手套。

3）基坑（槽）的支撑，应按回填的速度、施工组织设计的要求依次拆除，即填土时应从深到浅分层进行，填好一层拆除一层，不能事先将支撑拆掉。

[讨论题]

有一项工程，需挖一条长10m、宽2m、深3m的管沟，拟采用间断式水平支撑作为土壁支撑，开工前没有进行安全技术交底和安全教育，施工时没有按要求做支撑，施工中发生坍塌事故。

请讨论事故原因并判断下列分析的对错：

1）施工中两侧放水平挡土板，用撑木加木楔顶紧，挖一层土，支顶一层。

2）施工中两侧放水平挡土板，用撑木加木楔顶紧，待土全部挖完后，一次支顶。

3）安全教育不到位。

4）没有进行安全技术交底。

单元小结

土方工程是建筑工程施工中主要的分部工程之一，它包括土方的挖掘、填筑和运输等过程以及排水、降水、土壁支撑等准备工作和辅助工程。土的性质直接影响土方工程的施工方法、劳动力消耗、工程费用和保证安全的措施。

1. 土按坚硬程度和开挖方法可分为：一类土（松软土）、二类土（普通土）、三类土（坚土）、四类土（砂砾坚土）、五类土（软石）、六类土（次坚石）、七类土（坚石）、八类土（特坚石）等八大类；按承载能力及其与地质成因的关系，可分为岩石、碎石土、砂土、粉土、黏性土和人工填土六大类。

2. 一般土方开挖应采用合理的安全技术措施。对于深基坑挖土时，应按设计要求放坡或采取固壁支撑防护措施。临时性挖方其边坡值应符合施工规范的规定。

3. 在基础工程施工中，基坑（槽）的土方开挖是一项重要的分项工程。开挖前，应制定施工方案、环境保护措施、监测方案，经审批后方可施工。基坑（槽）土方开挖的顺序、方法必须与设计工况相一致，并遵循“开槽支撑，先撑后挖，分层开挖，严禁超挖”的原则。基坑（槽）开挖边坡垂直挖深（或最大坡度）应符合规定。

4. 浅基础的土壁支撑常见的形式有：间断式水平支撑、断续式水平支撑、连续式水平支撑、连续式垂直支撑、锚拉支撑、斜柱支撑、短柱横隔支撑、临时挡土墙支撑。深基础的土壁支撑常见的形式有：钢构架支撑、地下连续墙支撑、地下连续墙锚杆支撑、挡土护坡桩支撑、挡土护坡桩与锚杆结合支撑、板桩中央横顶支撑、板中央斜顶支撑、分层板桩支撑。

5. 土层锚杆由锚头、拉杆、锚固体等组成。

6. 基坑支护安全检查是保证基坑工程安全施工的有效措施之一，包括保证项目和一般项目等两大检查项目。保证项目具体内容有：施工方案、临边防护、坑壁支护、排水措施、坑边荷载。一般项目具体内容有：上下通道、土方开挖、基坑支护变形监测、作业环境。

7. 土方工程安全技术交底包括挖土施工安全技术交底、基坑支护安全技术交底和回填土工程安全技术交底。

复习思考题

2-1　什么是土方工程？土方工程包含哪些内容？

2-2　土按坚硬程度、开挖方法及使用工具分哪几类？

2-3　土按承载能力及其与地质成因的关系分为哪几类？

2-4　不同类型的土的野外鉴别方法是什么？

2-5　土方工程的安全措施有哪些？

2-6　在基坑开挖中造成坍塌事故的主要原因是什么？

2-7　基坑（槽）土方开挖安全技术有哪些？

2-8　浅基础（挖深5m以内）的土壁支撑形式有哪些？

2-9　什么是土层锚杆？其构造如何？

2-10　土层锚杆的安全技术有哪些？

2-11　基坑支护安全检查的具体内容是什么？

2-12　安全生产六大纪律的具体内容是什么？

2-13　土方工程安全技术交底有哪些内容？

2-14 挖土施工安全技术交底有哪些内容?

2-15 回填土工程安全技术交底有哪些内容?

案例题

某建筑工地将挖基坑的土堆放在离基坑10m以外的一道砖砌围墙旁，围墙的外侧是一所小学的操场，土堆高于围墙。一场大雨过后，一天，小学生课余在操场活动中，突然围墙倒塌，将正在墙边玩耍的4名小学生压死在围墙底下。

请分析事故原因，判断以下是否正确：

1）挖土单位违反操作规程。

2）小学生不应在围墙下边玩耍。

3）挖基坑（槽）应按规定堆土。

4）挖基坑的堆土不应堆在围墙边。

单元3

主体工程安全技术

单元概述

本单元重点介绍了脚手架工程、模板工程、钢筋及混凝土工程、砌体工程的安全技术要点、施工难点、各分项的安全隐患点及各分项施工的安全技术交底等内容。

学习目标

通过本单元的学习和训练，使学生们了解主体工程安全技术的分项组成，并掌握各分项工程的施工难点、安全隐患点，从而使他们进入施工现场后能够独立完成对各分项工程的安全技术交底工作。

课题1　脚手架工程安全技术

3.1.1　概述

1. 脚手架的分类

脚手架是建筑施工中必不可少的临时设施，可供工人操作、堆放材料、安装构件等，随着建筑施工技术的不断发展，脚手架的种类也越来越多，可分为以下几类：

1）按搭设部位的不同，脚手架可分为外脚手架、内脚手架。

2）按搭设材质的不同，脚手架可分为钢管脚手架、木脚手架、竹脚手架。

3）按用途的不同，脚手架可分为砌筑脚手架、装饰脚手架。

4）按搭设形式的不同，脚手架可分为普通脚手架、特殊脚手架。

5）按立杆排数的不同，脚手架可分为单排脚手架、双排脚手架、满堂脚手架。

2. 脚手架安全作业的基本要求

（1）脚手板　施工层应连续三步铺设脚手板，脚手板必须满铺且固定。脚手板又可分为木脚手板、竹脚手板和钢脚手板，其材质与规格要求如下所述：

1）木脚手板应使用厚度不小于50mm的杉木或松木板，板宽应为200～300mm，端部还应采用10～14号镀锌铁丝绑扎，以防开裂。不得使用腐朽、虫蛀、扭曲、破裂和有大横透节的木板。

2）竹脚手板可分为竹笆脚手板和竹片脚手板。竹笆脚手板是将竹片平放后纵横编织而成，横筋一反一正绑扎，边缘处纵横筋的相交点用铁丝扎紧，每根竹片宽度不小于30mm，厚度不小于8mm，板长一般为2～2.5m，板宽为0.8～1.2m。竹片脚手板是用螺栓将侧立的竹片并列连接而成的，螺栓直径为8～10mm，间距为500～600mm，首个螺栓距离板端200～250mm，板长一般为2～2.5m，板宽为250mm，板厚一般不小于50mm。凡虫蛀、枯脆、松散的竹脚手板均不得使用。

3）钢脚手板一般由2mm厚钢板压制而成，也可用型钢、钢筋组合焊接而成，其板面平直度偏差应控制在20mm以内，端部应设卡口。当由钢板压制而成时，板面应有防滑措施，如为减轻板的自重而在板上冲孔时，孔径不应大于25mm。板长一般为2～4m，板宽为

250mm，板厚为50mm。不得使用有裂纹、凹陷变形或锈蚀严重的钢脚手板。

（2）隔离措施 施工层脚手架与建筑物之间应实施封闭措施，当脚手架与建筑物之间的距离大于20cm时，还应自上而下做到4步一隔离。

（3）挡脚板 操作层必须设置1.2m高的栏杆和180mm高的挡脚板，挡脚板应与立杆固定，并有一定的强度。

（4）安全网 架体外侧必须采用密目式安全网封闭，网体与操作层不应有大于10mm的缝隙，网间不应有大于25mm的缝隙。

（5）斜道或挂梯 操作人员上下脚手架必须有安全可靠的斜道或挂梯。斜道坡度走人时不得大于1:3，运料时不得大于1:4，坡面上应每隔30cm设一道防滑条，防滑条不能使用无防滑作用的竹条等材料。在构造上，当架高小于6m时可采用一字形斜道，当架高大于6m时应采用之字形斜道；斜道的杆件应单独设置。挂梯可用钢筋预制，其位置不应在脚手通道的中间，也不应垂直贯通。

（6）检查和拆除 脚手架通常应每月进行一次专项检查。脚手架的各种杆件、拉结及安全防护设施不能随意拆除，如确需拆除，应事先办理拆除申请手续。有关的拆除加固方案应经工程技术负责人和原脚手架工程安全技术措施审批人书面同意后方可实施。

（7）架子工 从事架体搭设的作业人员应为专业架子工，并应取得劳动部门核发的特殊工种操作证，当参与爬架安装操作时还必须持有市建委核发的升降脚手上岗证。架子工应定期进行体检，凡患有不适合高处作业病症的人员不准上岗作业。架子工作业时必须戴好安全帽、安全带和穿防滑鞋。

（8）脚手架验收 脚手架搭设安装前应先对基础等架体承重部位进行验收，搭设安装后应进行分段验收。特殊脚手架必须由企业技术部门会同安全、施工管理部门验收合格后才能使用。验收时要定量与定性相结合，验收合格后应在脚手架上悬挂合格牌，且在脚手架上明示使用单位、监护管理单位和责任人。施工阶段转换时，对脚手架应重新实施验收手续。

（9）接地装置 钢管脚手架必须有良好的接地装置，接地电阻不应大于4Ω，雷雨季节则应按规范设置避雷装置。

（10）恶劣天气作业 遇6级以上大风或大雾、雨雪等恶劣天气时应暂停脚手架作业。

（11）堆放要求 严禁在脚手架上堆放钢模板、木料及施工多余的物料等，以确保脚手架畅通和防止超荷载。

（12）书面交底 脚手架搭设与拆除前，均应由单位工程负责人召集有关人员进行书面交底。

3.1.2 多立杆式脚手架

多立杆式脚手架包括扣件式钢管脚手架、木脚手架和竹脚手架。扣件式钢管脚手架是应用最普遍的一种脚手架，它适用于作为工业与民用建筑施工用落地单、双排脚手架，底撑式分段悬挑脚手架，水平混凝土构件施工中的模板支撑架，上料平台的满堂脚手架，高耸构筑物（如井架、烟囱、水塔等）施工用脚手架等。因此，本部分主要介绍扣件式钢管脚手架。

1. 扣件式钢管脚手架的基本构造

扣件式钢管脚手架由钢管和扣件组成，有单排架和双排架两种。双排扣件式钢管脚手架的搭设高度不宜超过50m，高度不大于25m的称为一般脚手架，高度大于25m的则称为高层脚手架。立杆间距、大横杆步距和小横杆间距可参见表3-1。

表3-1　扣件式钢管脚手架构造参数　（单位：m）

用途	构造形式	水平运输条件	立杆间距		操作层小横杆的间距	大横杆的步距	大横杆挑向墙面的悬臂长度
			横向	纵向			
砌筑	单排	不推车	1.2～1.5	≤2	≤1.0	1.2～1.4	—
	双排	推车	1.5	≤1.5	≤0.75	1.2～1.4	0.45
装修	单排	不推车	1.2～1.5	≤2	≤1.5	1.5～1.8	—
	双排	推车	1.5	≤1.5	≤1.0	1.6～1.8	0.40

注：最下一步的步距可放大到1.8m。

2. 扣件式钢管脚手架的构造要求

（1）立杆基础　立杆的底部必须支撑在牢固的地方，并采取措施防止立杆底部发生位移。

1）一般脚手架的地基土应夯实找平，并做好排水构造。

地基土质良好时，应采用厚8mm的钢板做成底板。由外径57mm、壁厚3.5mm、长150mm焊接管做的套筒焊接而成的立杆底座（图3-1），可直接放置于夯实的土上。

地基土质较差或为夯实的回填土时，底座下应加上宽不小于200mm、厚为50～60mm且面积不小于底座面积3倍的木垫板，如果立杆无底座则应在平整夯实的地面上铺设厚度不小于120mm且面积不小于底座面积3倍的混凝土垫块。

2）高层脚手架的立杆有底座时应在地面平整夯实后，上铺100～200mm厚的道碴，以做好排水，再放置厚度不小于120mm、面积不小于400mm×400mm的混凝土垫块，并将底座放置于混凝土垫块之上。

立杆无底座时应在混凝土垫块上纵向仰铺通长12～16号槽钢，再将立杆放置于槽钢上（图3-2）。立杆铺设在架体下部或附近时不得随意进行挖掘作业，如确需挖掘，应制定架体的加固措施，并报技术主管部门批准实施。

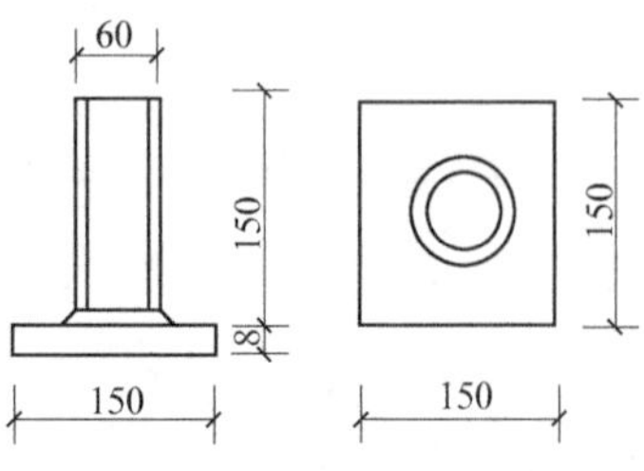

图3-1　立杆底座（单位：mm）

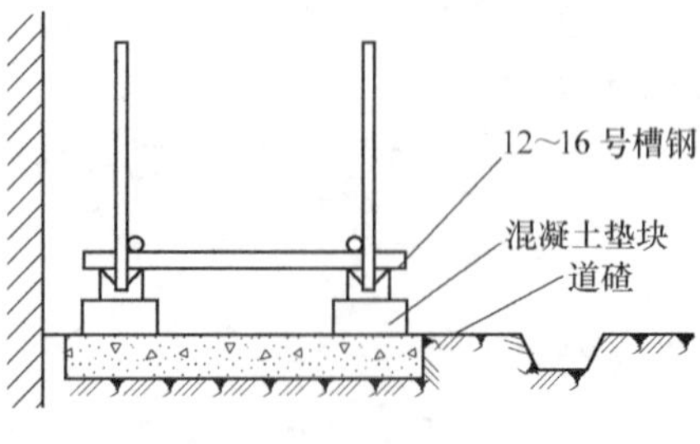

图3-2　高层脚手架

（2）立杆纵距

1）高度在30m以下时，采用单立杆，立杆纵距为1.8m。

2）高度在30～50m时，若采用单立杆，则分为两种情况：当高度为30～40m，立杆纵距为1.5m；当高度为40～50m，立杆纵距为1.0m。若采用双立杆，则立杆纵距为1.8m（自立杆顶部算起，往下30m用单根钢管；再往下至地面部分，里外立杆均用双根钢管，顺纵墙并列组成，并用扣件紧固）。

3.1.3 附着式升降脚手架

附着式升降脚手架又称爬架，是指采用各种形式的架体结构及附着支撑结构，并依靠设置于架体上或建筑结构上的专用升降设备实现升降的施工用脚手架。当按爬升构造方式分类时，有套管式（图3-3）、挑梁式、悬挂式、互爬式和导轨式等；当按组架方式分类时，有单片式、多片式和整体式；当按提升设备分类时，有手拉式、电动式、液压式等。

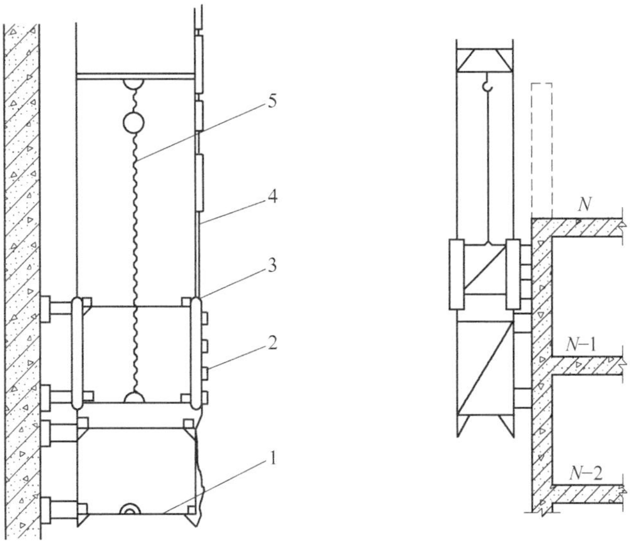

图3-3 套管式爬架示意图

1—固定框 2—滑动框 3—纵向水平杆 4—安全网 5—提升机具

1. 基本组成

附着式升降脚手架主要由架体结构、附着支撑、升降设备、安全装置等组成。

（1）架体结构

1）架体板。架体板由扣件式钢管脚手架或碗扣式钢管脚手架组成，也可采用型钢组合而成。架体板的主要构件有立杆、大小横杆、斜杆、脚手板和安全网。应按一般落地式脚手架的要求进行搭设和设置剪刀撑及连墙杆。

2）水平支承桁架和竖向主框架。水平支承桁架是承受架体板及其传来的竖向荷载，并将竖向荷载传至竖向主框架和附着支撑的传力结构。竖向主框架是用来构造附着式升降脚手架的架体部分，并且它与附着支撑连接，承受和传递竖向及水平荷载。

水平支承桁架和竖向主框架必须是采用焊接或螺栓连接的定型框架，不允许采用钢管扣件搭设。在与架体板连接时，架体板的里外立杆应与水平支承桁架上弦相连接，不允许悬空，且与桁架中的竖杆成一直线，并确保架体板里外立杆传来的力分别与水平支承桁架的里外两榀桁架成为平面受力体系。竖向主框架作为水平支承桁架的支承支座，直接附着于建筑结构上，因此刚度较大。

（2）附着支撑　附着支撑是附着式升降脚手架的主要承力和传力构件，它附着在建筑结构上，并与架体结构连接，使主框架上的荷载能可靠地传到建筑结构上，确保了架体在升降和使用过程中的稳定性。

由于附着支撑要满足架体的提升、防倾、防坠和抗下坠冲击的要求，因此附着支撑的设置应符合以下几点要求：

1）附着支撑与建筑结构中架体范围内的每个楼层都应有可靠的连接点，且在任何工况下每榀竖向主框架与建筑结构的附着点应不少于2处。

2）当附着支撑使用螺栓与建筑结构连接时，应采用螺母连接，且螺杆露出螺母应不少于3牙。螺栓宜采用穿墙螺栓，若采用预埋螺栓时，则某预埋长度与构造应满足承载力的要求。垫板与混凝土表面应接触良好，垫板边缘与建筑结构构件边缘（如窗孔）的距离应大于构件的有效厚度 h_0，否则应采取在构件中设置加强钢筋等加强措施。

3）附着支撑与建筑结构附着处的混凝土强度应严格按设计要求而确定，实际施工时要以混凝土强度报告为依据，且不得小于C10。

4）主框架应在每个楼层设置固定拉杆和连墙螺栓，连墙杆垂直距离不大于4m，水平间距不大于6m。

5）钢挑架杆件按设计要求进行焊接，焊缝应满焊。钢挑架焊接后，应进行探伤试验检测，以保证其焊接质量。

（3）升降设备　升降设备主要是指动力设备和同步升降控制系统。

1）动力设备一般有手动环链葫芦、电动环链葫芦、卷扬机、升板机和液压千斤顶，其中手动环链葫芦因无法实现多个同步工作而只能用于单跨架体的升降。架体布置时，动力设备应与架体的竖向主框架对应布置。

2）同步升降控制系统可控制架体的平稳升降，使之不发生意外超载的情况，主要分为电控系统和液压系统。电控系统由控制柜和电缆组成，液压系统由液压源、液压管路和液压控制台等组成。同步升降控制系统应具备超载报警停机、失载报警停机等功能，并且能与相应的保险机构实施联动，此外还应有能自动显示每个机位的设置荷载值、即时荷载值及机位状态等的功能。

3）升降机构中使用的索具、吊具的安全系数不得小于6.0。

4）升降时，架体的附着支撑装置应成对设置，保证架体处于垂直稳定状态。

（4）安全装置　为保证架体在升降过程中不发生倾斜、晃动和坠落现象，附着式升降脚手架必须设置防倾和防坠安全装置。

1）防倾装置。架体无论在使用状态还是在升降状态，都有发生前后及左右倾斜、晃动的可能，尤其是在升降状态，架体与升降机构间处于相对运动状态，与建筑结构间的约束较少，故需用防倾装置来保证架体的正常运行。防倾装置应有足够的刚度，在升降状态中除对架体有垂直导向作用外，还能对架体始终保持前后及左右的水平约束，以确保架体在两个方向的晃动位移不大于3cm。在升降和使用两种工况下，位于同一竖向平面的防倾斜装置均不得少于两处，并且其最上和最下防倾斜支承点之间的最小距离不得小于架体全高的1/3。

2）防坠装置。防坠装置的作用是当架体发生意外下坠时能及时将架体固定住，从而阻止架体的坠落。

架体坠落的主要原因：使用状态及升降状态时附着结构破坏；升降状态时动力失效；架体整体刚度或整体强度不足而发生架体解体；附着处混凝土强度不足。以上架体坠落的原因中，附着结构、架体和附着处的破坏一般都通过设计计算来保证架体的安全度，或在现场使用中加强管理来保证安全；而由于动力失效产生架体坠落则通过设置防坠装置来解决。

目前用得较多的是限载联动防坠装置，它由限载联动装置和锁紧装置组成。限载联动装置利用弹簧钢板的弹性变形与荷载对应呈线性关系的原理来调定限位开关的控制距离，从而将提升力的变化直接转换成限位开关的信号变化，并反馈到架体升降控制系统，进行显示、报警及关机。当动力失效使架体发生坠落时，利用弹簧钢板突然失载而发生的反弹，并通过杠杆作用启动锁紧装置将架体吊杆锁住，同时自动关机，达到了双重防坠的目的。防坠落装置应经现场动作试验，确认其动作可靠灵敏，符合设计要求。

（5）架体防护

1）架体外侧用密目网、架体底部用双层网（即小眼网加密目网）实施全封闭。

2）每一作业层外侧设置1.2m和0.6m高的2道防护栏杆以及180mm高的挡脚板。

3）使用工况下架体底部与建筑结构外表面之间、单片架体之间的间隙必须封闭；升降工况下架体的开口及敞开处必须有防止人员及物料坠落的防护措施。

4）物料平台等可能增大架体外倾力矩的设施，必须单独设置、单独升降，严禁附着在架体上。

5）架体应设置必要的消防设施和防雷击设施。

6）密目式安全网必须有国家指定的监督检验部门批准验证和工厂检验合格证，各项技术要求应符合现行国家标准《安全网》（GB 5725—2009）的规定。

2. 使用条件和安全技术

（1）使用条件　附着式升降脚手架除必须经住建部鉴定外，其生产经营企业还必须经当地住房城乡建设主管部门依据相应的技术规程和有关规定进行审定后，持脚手架的《施工专业资质证书》才能从事该项业务，施工使用中也不得违背技术性能规定和扩大使用范围。

每个单位工程必须根据工程实际情况编制专项施工组织设计，经审批后报工程安全监督机构备案。架体安装完毕后必须经住房城乡建设主管部门委托的检测机构检测，合格后方可投入使用。

参与架体安装的操作人员必须经县级以上地方人民政府住房城乡建设主管部门的安全技术专业培训，合格后持证上岗。

（2）安全技术

1）根据施工组织设计的要求，落实现场施工人员和组织机构，并在装拆和每次升降作业前对操作人员进行安全技术交底。

2）架体安装后必须经企业技术、安全职能部门验收合格后方可办理投入使用的手续。

每次升降应配备必要的监护人员，规范指令、统一指挥；升降到位后应实施书面检查验收，合格后方可交付使用。

架体由提升转为下降时，应制定专项的升降转换安全技术措施。

3）架体装拆和提升、操作区域和可能坠落范围应设置安全警戒标志。

4）遇6级及6级以上大风或遇大雨、大雪、浓雾等恶劣天气时，应停止一切作业，并采取相应的加固和应急措施；事后应按规定内容进行专项检查，并做好记录，检查合格后才能使用；夜间禁止升降作业。

5）同一架体所使用的升降动力设备、同步及限载控制系统、防坠装置等应分别采用同一厂家、同一规格型号的产品。采用多台设备时，应编号管理和使用。

6）动力控制设备和防坠装置等应有防雨、防尘及防污染的措施，对较敏感的电子设备还应有防晒、防潮和防电磁干扰等方面的措施。

7）整体式附着升降脚手架的施工现场应配备必要的通信工具，其控制中心应有专人负责管理。

8）架体应每月按规定内容进行专项检查，并应定期对脚手架及各部件进行清理保养。若在空中悬挂时间超过30个月或连续停用时间超过10个月，架体必须予以拆除。

3.1.4　挑、挂、吊脚手架

1. 挑脚手架（图3-4）

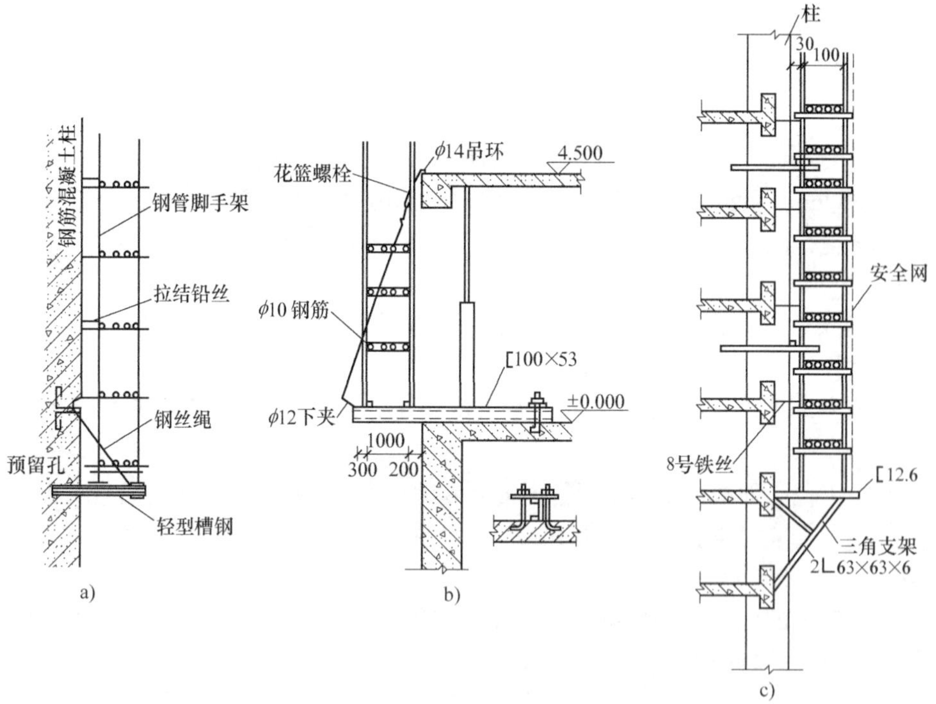

图3-4　悬挑式脚手架示意图

a)、b）斜拉式悬挑外脚手架　c）下撑式悬挑外脚手架

挑脚手架在施工作业前除必须有设计计算书外，还应有含具体搭设方法的施工方案。当设计施工荷载小于常规取值时，按三层作业、每层2kN/m² 取值，或按二层作业、每层3kN/m² 取值。除应在安全技术交底中明确外，还必须在架体上挂上限载牌。

挑脚手架应实施分段验收，对支承结构还必须实行专项验收。

架体除在施工层上下 3 步的外侧设置 1.2m 高的扶手栏杆和 18cm 高的挡脚板外，外侧还应用密目式安全网封闭。在架体进行高空组装作业时，除要求操作人员使用安全带外，还应有必要的防止人、物坠落的措施。

2. 挂脚手架（图 3-5）

挂脚手架在用型钢制成的承力架上设置操作平台，并悬挂于建筑物的主体结构上，以供施工作业和安全围护之用。挂脚手架设计和使用的关键是悬挂点，悬挂点按建筑物主体结构的不同可分成两种：一种为当主体结构为剪力墙时，用预埋Φ20～22 钢筋环和特别的预埋件或穿墙螺栓作为悬挂点；另一种为当主体结构为框架时，则在框架柱上设置卡箍，并在卡箍上焊接挂环作为悬挂点。悬挂点要认真进行设计计算，一般情况下悬挂点的水平间距不大于 2m。由于挂脚手架的附加荷载对主体结构有一定的影响，因此还必须对主体结构进行验算和加固。使用时应严格控制施工荷载和作业人数，一般施工荷载不超过 $1kN/m^2$，每跨同时操作人数不超过 2 人。

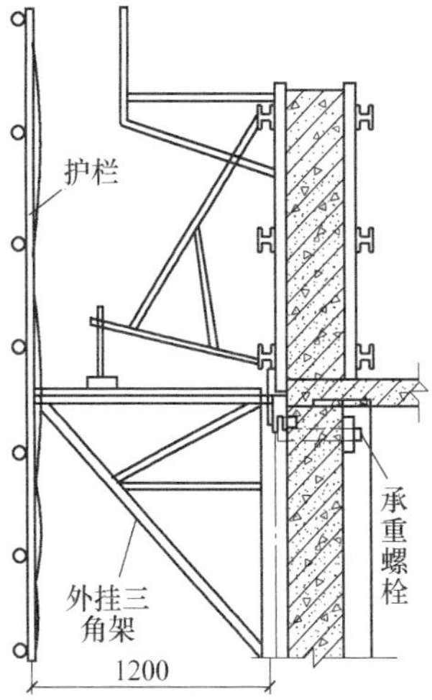

图 3-5 外挂脚手架示意图

挂脚手架应在地面上组装，然后利用起重机械进行挂装。挂脚手架正式投入使用前，必须经过荷载试验；试验时荷载至少持续 4h，以检验悬挂点和架体的强度及制作质量。

挂脚手架施工层除设置 1.2m 高的防护栏杆和 18cm 高的踢脚板外，架体外侧还必须用密目网实施全封闭，架体底部也必须封闭隔离。

3. 吊脚手架（图 3-6）

1）吊脚手架也称吊篮，一般用于高层建筑的外装修施工，也可用于滑模外墙装饰的配套作业。吊脚手架利用固定在建筑物顶部的悬挑梁作为吊篮的悬挂点，通过吊篮上的提升机械使吊篮升降，以满足施工的需要。吊脚手架主要由吊篮、支承设施（挑梁和挑架）、吊索和升降装置等组成。挑梁挑出长度应能使吊篮钢丝绳垂直于地面。

2）吊篮的使用和管理。吊篮使用前应进行荷载试验和试运行验收，以确保操纵系统、上下限位、提升机、手动滑降、安全锁的手动锁绳灵活可靠。

吊篮升降就位后，应与建筑物拉牢固定后才允许人员出入吊篮或

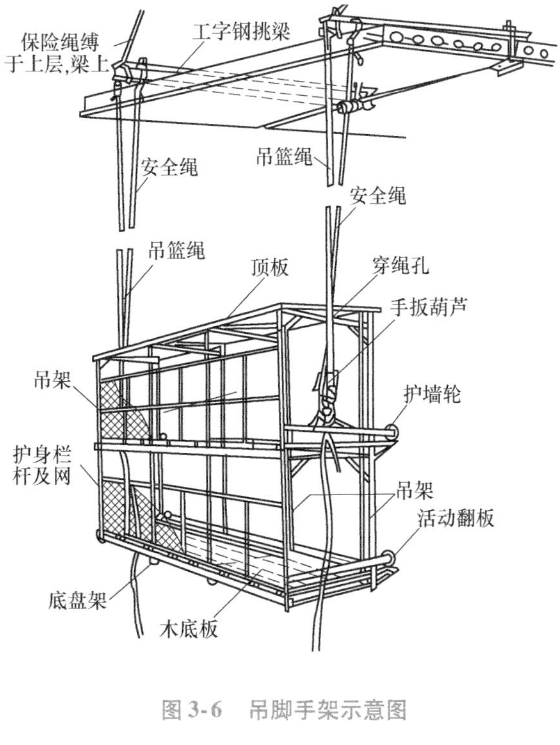

图 3-6 吊脚手架示意图

传递物品。吊篮使用时必须遵循设备保险系统与人身保险系统分开的原则，即操作人员安全带必须扣在单独设置的保险绳上。严禁吊篮连体升降，且两篮间距不大于200mm；严禁将吊篮作为运送材料和人员的垂直运输设备使用。吊篮脚手架的设计施工荷载为$1kN/m^2$，严格控制施工荷载，不得超载。

吊篮必须在醒目处挂设安全操作规程牌和限载牌，升降交付使用前必须履行验收手续。

吊篮操作人员应相对固定，并经特种作业人员培训合格后持证上岗，每次升降前还应进行安全技术交底。升降时，不得超过2人同时作业，作业时应戴好安全帽和系好安全带。吊篮的安装、施工区域应设置警戒标志。

3.1.5　脚手架的拆除与安全技术交底

1. 脚手架的拆除

1）架子拆除时应划分作业区，其周围应设绳绑围栏或竖立警戒标志；地面应设专人指挥，禁止非作业人员入内。

2）拆架子的高处作业人员应戴安全帽、系安全带、扎裹腿、穿软底鞋，穿戴合规后方允许上架作业。

3）拆除脚手架时应遵守由上而下、先搭后拆、后搭先拆的原则，即先拆栏杆、脚手板、剪刀撑、斜撑，而后拆小横杆、大横杆、立杆等，并按一步一清的原则依次进行，要严禁上下同时进行拆除作业。

4）拆立杆时要先抱住立杆，再拆开最后两个扣；拆除大横杆、斜撑、剪刀撑时，应先拆中间扣，然后托住中间，再解端头扣。

5）连墙杆应随拆除进度逐层拆除，拆抛撑前应先用临时撑支住，然后才能拆抛撑。

6）拆除时要统一指挥、上下呼应、动作协调，当解开与另一人有关的结扣时，应先通知对方，以防坠落。

7）大片架子拆除后所预留的斜道、上料平台、通道、小飞跳等，应在大片架子拆除前先进行加固，以便拆除后能确保其完整、安全和稳定。

8）拆除时严禁撞碰脚手架附近的电源线，以防止事故发生。

9）拆除时不应碰坏门窗、玻璃、水落管、房檐瓦片、地下明沟等。

10）拆下的材料应用绳索拴住杆件，再利用滑轮徐徐下运，严禁抛掷；运至地面的材料应按指定地点随拆随运，且应分类堆放，当天拆当天清，拆下的扣件或铁丝要集中回收处理。

11）在拆架过程中不得中途换人，如必须换人时，应将拆除情况交代清楚后方可离开。

12）拆除烟囱、水塔外架时，禁止架料碰断缆风绳。当拆至缆风绳处方可解除该处缆风绳，不能提前解除。

2. 安全技术交底的内容

1）脚手架搭设或拆除人员必须由通过按劳动部颁发的《特种作业人员安全技术培训考核管理规定》设置的考核并领取《特种作业人员操作证》的专业架子工担任。

2）操作人员应持证上岗，操作时必须佩戴安全帽、安全带和穿防滑鞋。

3）脚手架搭设的交底与验收要求为：

① 脚手架搭设前，工地施工员或安全员应根据施工方案及外脚手架检查评分表检查项

目及其扣分标准，并结合《建筑安装工人安全操作规程》的相关要求，写成书面交底资料，向持证上岗的架子工进行交底。

② 通常脚手架是在主体上工程基础完工时才搭设完毕，即分段搭设、分段使用。脚手架分段搭设完毕后，施工负责人必须组织有关人员，按施工方案及有关规范的要求进行检查验收。

③ 经验收合格，办理验收手续，填写脚手架底层搭设验收表、脚手架中段验收表、脚手架顶层验收表，有关人员签字后方准使用。

④ 经验收不合格的脚手架应立即进行整改。检查结果及整改情况应按实测数据进行记录，并由检测人员签字。

4）脚手架与高压输电线路的水平距离和垂直距离必须按照“施工现场对外电线路的安全距离及防护的要求”有关条文要求执行。

5）大雾及雨、雪天气和6级以上大风时，不得进行脚手架上的高处作业。雨、雪天后作业还必须采取安全防滑措施。

6）脚手架搭设作业时，应按形成基本构架单元的要求逐排、逐跨和逐步地进行搭设。矩形周边脚手架宜从其中的一个角部开始向两个方向延伸搭设，从而确保已搭部分的稳定。门式脚手架以及其他纵向竖立面刚度较差的脚手架，在其连墙点设置层宜加设纵向水平长横杆与连接件连接。

7）搭设作业，应按以下要求作好自我保护并保护好作业现场人员的安全。

① 架上作业人员应穿防滑鞋和佩挂好安全带，以保证作业时的安全。脚下还应铺设必要数量的脚手板，并应铺设平稳，不得有探头板。当暂时无法铺设脚手板时，用于落脚或抓握把（夹）持的杆件均应为稳定的构架部分，其着力点与构架节点的水平距离应不大于0.8m，垂直距离应不大于1.5m。位于立杆接头之上的自由立杆（尚未与水平杆连接者）不得用作把持杆。

② 架上作业人员应做好分工和配合，传递杆件时应掌握好重心，做到平稳传递，不要用力过猛，以免引起人身或杆件的失衡。对完成的每一道工序，要相互询问并确认后才能进行下一道工序。

③ 作业人员应随身携带工具袋，工具用后要装于袋中，不要将其放在架子上，以免掉落伤人。

④ 架设材料要随上随用，以免放置不当而掉落。

⑤ 每次收工前，所有上架材料应全部搭设完，不要存留在架子上，并且一定要形成稳定的构架，不能形成稳定构架的部分应采取临时撑拉措施予以加固。

⑥ 在搭设作业进行过程中，地面上的配合人员应避开可能落物的区域。

8）架上作业时的安全注意事项。

① 作业前应注意检查作业环境是否可靠，安全防护设施是否齐全有效，确认无误后方可作业。

② 作业时应注意随时清理落在架面上的材料，保持架面上的规整清洁，不要乱放材料、工具，以免影响作业时的安全和发生掉物伤人事件。

③ 在进行撬、拉、推等操作时要注意采取正确的姿势，站稳脚跟或一手把持在稳固的结构或支持物上，以免用力过猛而使身体失去平衡或把东西甩出。在脚手架上拆除模板时，应采取必要的支托措施，以防拆下的模板材料掉落架外。

④ 当架面高度不够而需要垫高时，一定要采用稳定可靠的垫高办法，且垫高高度不要超过 50cm。当垫高高度超过 50cm 时，应按搭设规定升高铺板层。在升高作业面时，应相应地加高防护设施。

⑤ 在架面上运送材料而经过正在作业中的人员时，要及时发出“请注意”、“请让一让”的信号。材料要轻搁稳放，不许采用倾倒、猛磕或其他匆忙卸料的方式。

⑥ 严禁在架面上打闹戏耍、退着行走和跨坐在外防护横杆上休息。不要在架面上抢行、跑跳，相互避让时应注意身体不要失衡。

9）在脚手架上进行电气焊作业时，要铺铁皮接着火星或移去易燃物，以防火星点燃易燃物；并应有防火措施，一旦着火时，可及时予以扑灭。

10）其他安全注意事项：

① 运送杆件、配件时应尽量利用垂直运输设施或悬挂滑轮，并将其绑扎牢固，尽量避免或减少人工层层传递。

② 除搭设过程中必要的 1～2 步架的上下外，作业人员不得攀缘脚手架上下，应走房屋楼梯或另设安全人梯。

③ 在搭设脚手架时，不得使用不合格的架设材料。

④ 作业人员要服从统一指挥，不得自行其是。

11）钢管脚手架其高度超过周围建筑物高度或在雷暴较多的地区施工时，应安设防雷装置，防雷装置的接地电阻应不大于 4Ω。

12）架上作业应按规范或设计规定的荷载控制，严禁超载，并应遵守如下几点要求：

① 作业面上的荷载，包括脚手板、人员、工具和材料，当施工组织设计无规定时，应按规范的规定值控制，即结构脚手架不超过 $3kN/m^2$，装修脚手架不超过 $2kN/m^2$，维护脚手架不超过 $1kN/m^2$。

② 脚手架的铺脚手板层和同时作业层的数量不得超过规定要求的数量。

③ 垂直运输设施（如物料提升架等）与脚手架之间的转运平台的铺板层数和荷载控制值应按施工组织设计的规定执行，不得任意增加铺板层的数量和在转运平台上超载堆放材料。

④ 架面荷载应力求均匀分布，避免荷载集中于一侧。

⑤ 过梁等墙体构件要随运随装，不得存放在脚手架上。

⑥ 较重的施工设备（如电焊机等）不得放置在脚手架上。严禁将模板支撑、缆风绳、泵送混凝土及砂浆的输送管等固定在脚手架上或任意悬挂在起重设备上。

13）架上作业时，不要随意拆除基本结构杆件和连墙件，因作业的需要必须拆除某些杆件和连墙件时，必须取得施工主管和技术人员的同意，并采取可靠的加固措施。

14）架上作业时，不要随意拆除安全防护设施，没有设置安全防护措施或安全防护措施设置不符合要求时，必须在补设或改善后才能上架进行作业。

15）脚手架拆除前，应制定详细的拆除施工方案和安全技术措施，并对参加作业的全体人员进行安全技术交底，在统一指挥下按照确定的方案进行拆除作业，注意事项如下几点所述：

① 一定要按照先上后下、先外后里、先架面材料后构架材料、先辅件后结构件和先结构件后附墙件的顺序，一件一件地松开联结，取出并随即吊下（或集中到毗邻的未拆的架面上，扎捆后吊下）拆除的材料。

② 拆卸脚手板、杆件、门架及其他较长、较重、两端有联结的部件时，必须要两人或多

人一组进行。禁止单人进行拆卸作业，以防止其把持杆件不稳、失衡而发生事故。拆除水平杆件时，应在松开联结后水平托持取下。拆除立杆时，应在把稳上端后松开下端联结取下。

③ 多人或多组进行拆卸作业时，应加强指挥，并相互询问和协调作业步骤，严禁不按程序进行的任意拆卸行为。

④ 因拆除上部或一侧的附墙拉结而使架子不稳时，应加设临时撑拉措施，以防架子晃动而影响作业安全。

⑤ 拆卸现场应有可靠的安全围护措施，并设专人看管，严禁非作业人员进入拆卸作业区内。

⑥ 严禁将拆卸下的杆部件和材料向地面抛掷。已吊至地面的架设材料应随即运出拆卸区域，保持现场文明。

16）脚手架立杆的基础（地）应平整夯实，使之具有足够的承载力和稳定性。当设于坑边或台上时，立杆与坑、台的上边缘的距离不得小于1m，且边坡的坡度不得大于土的自然安息角，否则应对边坡进行保护和加固处理。脚手架立杆之下必须设置垫座和垫板。

17）搭设和拆除作业中的安全防护措施：

① 作业现场应设安全围护和警示标志，禁止无关人员进入危险区域。

② 对尚未形成或已失去稳定结构的脚手架部位应加设临时支撑或拉结。

③ 在无可靠的安全带扣挂物时，应拉设安全网。

④ 应设置材料提上或吊下的设施，禁止投掷。

18）作业面的安全防护措施：

① 脚手架作业面的脚手板必须满铺，不得留有空隙和探头板。脚手板与墙面之间的距离一般不应大于20cm。脚手板应与脚手架可靠拴结。

② 作业面的外侧立面的防护设施视具体情况可采用下列措施：挡脚板加二道防护栏杆；二道防护栏杆上绑挂高度不小于1m的竹笆；二道防护横杆满挂安全立网；其他可靠的围护办法。

19）临街防护视具体情况可采用下列几项措施：

① 采用安全立网、竹笆板或篷布将脚手架的临街面完全封闭。

② 视临街情况设安全通道，通道的顶盖应满铺脚手板或其他能可靠承接落物的板篷材料，篷顶临街一侧应设高度高于篷顶不小于1m的墙，以免落物又反弹到街上。

20）人行和运输通道的防护措施：

① 贴近或穿过脚手架的人行和运输通道必须设置板篷。

② 上下脚手架有高度差的入口应设坡度或踏步，并设栏杆防护。

21）吊、挂架子的防护措施。当吊、挂脚手架移动至作业位置后，应采取撑、拉措施将其固定或减少晃动。

22）当在脚手架使用过程中开挖脚手架基础下的设备基础或管沟时，必须对脚手架采取加固措施。

[讨论题3-1]

工地正在搭设扣件式脚手架，安全员发现新购进的扣件表面粗糙、商标模糊，向架子工询问，工人说有的扣件螺栓滑丝，有的扣件一拧就裂口。试讨论安全员应当如何处理此事？

[讨论题3-2]

某公司用吊脚手架进行外装修作业时，首层安全网已经拆除，工长派一名抹灰工升降吊脚手架，在用倒链升降时，未挂保险钢丝绳，造成一个倒链急剧下滑，吊脚手架随即倾斜，使一名工人从吊脚手架上摔下死亡。试讨论分析引起这一事故的不安全因素。

[小知识]

安全带使用注意事项

1）安全带必须有产品检验合格证，否则不得使用。

2）安全带应高挂低用，并注意防止摆动和碰撞，严禁低挂高用，以防一旦发生坠落，增加其冲击力，使安全绳断裂。

3）安全绳长度控制在1.2～2m，使用3m以上安全绳应加缓冲器。

4）不准将安全绳打结使用，安全绳不准直接与挂钩连接，挂钩应挂在连接环上。

5）安全带上的各种部件不得任意拆掉。

6）安全带使用2年后应抽验1次，冲击实验合格方可继续使用，安全带的使用期为3～5年。

7）应经常对使用中的安全带做外观检查，发现异常应提前报废。

课题2　模板工程安全技术

3.2.1　概述

1. 模板工程概况

模板工程是混凝土结构工程施工中的重要组成部分，在建筑施工中也占有相当重要的位置。特别是近年来高层建筑的增多，使模板工程的重要性更为突出。

一般模板通常由三部分组成，即模板面、支撑结构（包括水平支承结构，如龙骨、桁架、小梁等；垂直支承结构，如立柱、格构柱等）和连接配件（包括穿墙螺栓、模板面连接卡扣、模板面与支承构件以及支承构件之间的连接零配件等），如图3-7所示。

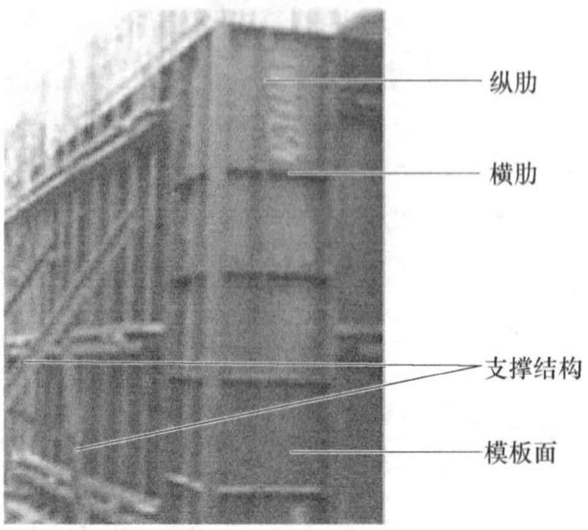

图3-7　一般模板构成图

按照《建筑法》和《建设工程安全生产管理条例》的要求，模板工程施工前应编制专项施工方案，其内容主要包括以下几个方面：

1）该项目现浇混凝土工程的概况。

2）拟选定的模板类型。

3）模板支撑体系的设计计算及布料点的设置。

4）绘制模板施工图。

5）模板搭设的程序、步骤及要求。

6）浇筑混凝土时的注意事项。

7）模板拆除的程序及要求。

2. 模板分类

模板主要可分为四大类。

（1）定型组合模板　定型组合模板包括定型组合钢模板、钢木定型组合模板、组合铝模板以及定型木模板。目前我国推广应用量较大的是定型组合钢模板。从1987年起我国开始推广钢与木（竹）胶合板组合的定型模板，并配以固定立柱早拆水平支撑和模板面的早拆支撑体系，这是目前我国较先进的一种定型组合模板，也是国际上较先进的一种组合模板。组合铝模板是从美国引进的一种铸铝合金模板，具有刚度大、精度高的优点，但造价高，目前在我国难以全面推广应用。

（2）墙体大模板　20世纪70年代，随着我国高层剪力墙结构的兴起，整体快速周转的工具式墙模板迅速得到推广。墙体大模板有钢制大模板、钢木组合大模板以及由大模板组合而成的筒子模等。

（3）飞模（台模）　飞模是用于楼盖结构混凝土浇筑的整体工具式模板，具有支拆方便、周转快等特点。飞模有铝合金桁架与木（竹）胶合板面组成的铝合金飞模，还有轻钢桁架与木（竹）胶合板面组成的轻钢飞模，也有用门式钢脚手架或扣件式钢管脚手架与胶合板或定型模板组成的脚手架飞模，另外还有将楼面与墙体模板连成整体的工具式模板——隧道模。

（4）滑模　滑模（滑动模板）是整体现浇混凝土结构施工的一项新工艺。我国从20世纪70年代开始采用，已广泛应用于工业建筑的烟囱、水塔、筒仓、竖井和民用高层建筑剪力墙、框剪、框架结构的施工。滑模（滑动模板）主要由模板面、围圈、提升架、液压千斤顶、操作平台、支承杆等组成，一般采用钢模板面，也可用木板面或木（竹）胶合板面。围圈、提升架、操作平台一般为钢结构，支承杆一般采用直径25mm的圆钢制成。

3.2.2 模板工程安全的基本要求

为保证模板工程施工的安全性，应达到以下基本要求：

1）模板工程作业高度在2m和2m以上时，应根据高空作业安全技术规范的要求进行操作和防护，必须有安全可靠的操作架子；在4m以上或两层及两层以上时，周围应设安全网和防护栏杆。

2）支设悬挑形式的模板时，应有稳定的立足点。

3）按规定的作业程序进行支模，模板未固定前不得进行下一道工序。不得在上下同一垂直面安装拆卸模板。

4）操作人员上下通行，必须通过马道、乘人施工电梯或上人扶梯等，不许攀登模板或脚手架上下，不许在墙顶、独立梁以及其他狭窄而无防护栏的模板面上行走。

5）模板支撑不能固定在脚手架或门窗上，避免发生倒塌或模板位移。

6）在模板上施工时，堆物不宜过多，且不宜集中在一处。

7）高处作业架子上、平台上一般不宜堆放模板料。必须短时间堆放时，一定要码平稳，不能堆得过高，必须控制在架子或平台的允许荷载范围内。

8）在临街及交通要道地区施工时，应设警示牌，避免伤及行人。

9）冬期施工，操作地点和人行通道的冰雪应事先清除掉，避免人员滑倒摔伤。

10）五级以上大风天气，不宜进行大块模板拼装和吊装作业。

11）雨期施工，高耸结构的模板作业，要安装避雷设施，其接地电阻不得大于4Ω。沿海地区要考虑抗风加固措施。

12）注意防火，木料及易燃保温材料要远离火源堆放，采用电热养护的模板要有可靠的绝缘、漏电和接地保护装置，按电气安全操作规范要求做。

3.2.3　模板拆除及安全技术交底

1. 模板拆除时的一般要求

（1）混凝土强度　拆模时混凝土的强度应符合设计要求；当设计无要求时，应符合下列几条规定。

1）不承重的侧模板包括梁、柱、墙的侧模板，只要其混凝土强度能保证表面及棱角不因拆除模板而受损坏，即可拆除。

2）承重模板包括梁、板等水平结构构件的底模，应根据与结构同条件养护的试块强度达到表3-2的规定，方可拆除。

表3-2　现浇结构拆模时所需的混凝土强度

项　次	构造类型	结构跨度/m	达到设计混凝土强度标准值的百分率（%）
1	板	≤2	50
		>2、≤8	75
2	梁、拱、壳	≤8	75
		>8	100
3	悬臂构件	≤2	75
		>2	100

3）后张预应力混凝土结构或构件模板中，侧模应在预应力张拉前拆除，其混凝土强度达到侧模拆除条件即可，但进行预应力张拉必须待混凝土强度达到设计规定值方可进行；底模则必须在预应力张拉完毕后方能拆除。

4）在拆模过程中，如发现实际混凝土强度并未达到要求且有影响结构安全的质量问题时，应暂停拆模，经妥当处理使实际强度达到要求后，方可继续拆除。

5）已拆除了模板及其支架的混凝土结构，应在混凝土强度达到设计混凝土强度标准值后，才允许承受全部设计的使用荷载。当承受施工荷载的效应比使用荷载更为不利时，必须经过核算后，再加设临时支撑。

6）拆除芯模或预留孔的内模时，应在混凝土强度能保证不发生塌陷和裂缝时，方可拆除。

（2）拆模申请　拆模之前必须有拆模申请，并应在同条件养护试块的强度记录达到规定时，技术负责人方可批准拆模。

（3）冬期施工　冬期施工模板的拆除应遵守冬期施工的有关规定，其中主要考虑混凝土模板拆除后的保温养护，如果不能进行保温养护且必须暴露在大气中，要考虑混凝土受冻的临界强度。

（4）保温措施　对于大体积混凝土，除应满足混凝土强度要求外，还应考虑保温措施，拆模之后要保证混凝土内外温差不超过20℃，以免产生温差裂缝。

（5）拆除顺序和方法　各类模板拆除的顺序和方法应根据模板设计的规定进行。如果模板设计无规定时，可按先支的后拆、后支的先拆、先拆非承重模板后拆承重模板及支架的顺序进行拆除。

（6）清理　拆除的模板必须随拆随清理，以免钉子扎脚和阻碍通行而发生事故。

（7）警戒线　拆模时下方不能有人，拆模区应设警戒线，以防有人误被砸伤。

（8）运送　拆除的模板向下运送传递时，要上下呼应，不能采取猛撬以致大片塌落的方法拆除。用起重机吊运拆除的模板时，模板应堆码整齐并捆牢才可吊运，否则在空中造成“天女散花”是很危险的。

2. 各类模板的拆除

（1）基础拆模　在基坑内拆模要注意基坑边坡的稳定，特别是拆除模板支撑时可能使边坡土发生振动而坍方，故拆除的模板应及时运到离基坑较远的地方进行清理。

（2）现浇楼盖及框架结构拆模　一般现浇楼盖及框架结构的拆模顺序为：拆柱模斜撑与柱箍→拆柱侧模→拆楼板底模→拆梁侧模→拆梁底模（图3-8）。

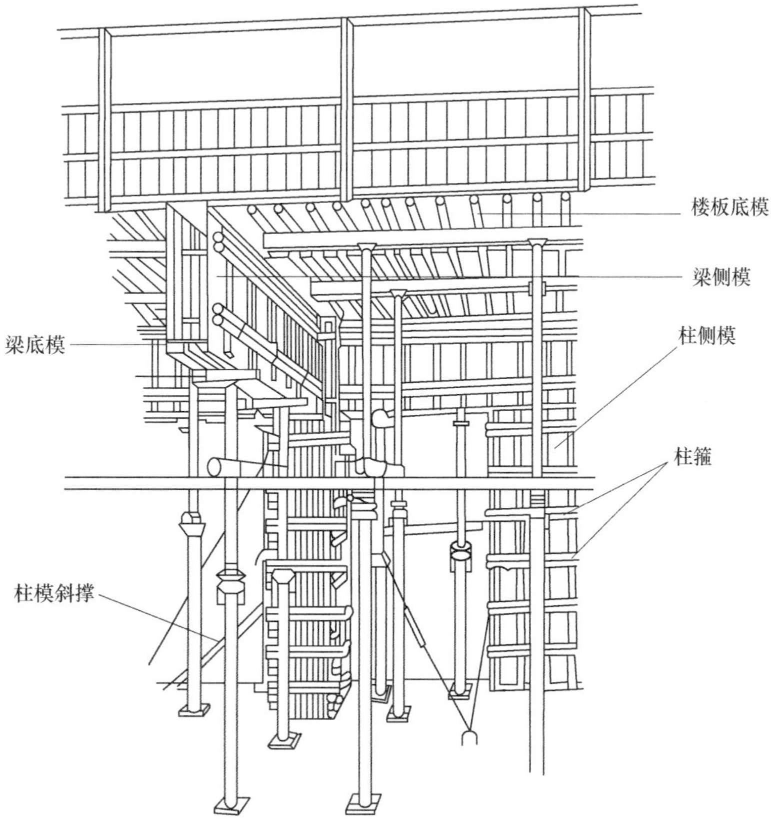

图3-8　拆模顺序示意图

拆除楼板小钢模时，应设置供拆模人员站立的平台或架子，还必须在将洞口和临边封闭后开始工作。拆除时应先拆除钩头螺栓和内外钢楞，然后拆下U形卡、L形插销，再用钢钎轻轻撬动钢模板，用木锤或带胶皮垫的铁锤轻击钢模板，把第一块钢模板拆下，然后将钢模逐块拆除。不得采取猛撬以致大片塌落的方法拆除。拆下的钢模板不准随意向下抛掷。

已经活动的模板，必须一次连续拆除完方可停工，以免模板落下伤人。

由于模板立柱有多道水平拉杆，故应先拆除上面的拉杆，即按由上而下的顺序拆除，但拆除最后一道拉杆应与拆除立柱同时进行，以免立柱倾倒伤人。

拆除多层楼板模板支柱时，应根据混凝土强度增长的情况、结构设计荷载与支模施工荷载的情况，通过计算确定后方可进行。

（3）现浇柱模板的拆除　柱模板的拆除顺序为：拆斜撑或拉杆（或钢拉条）→自上而下拆柱箍或横楞→拆竖楞并由上向下拆模板连接件、模板面。

（4）滑动模板的拆除

1）滑模装置拆除时必须编制详细的施工方案，明确拆除的内容、方法、程序、使用的机械设备、安全措施及指挥人员的职责等，并报上级主管部门审批，通过后方可实施。

2）滑模装置拆除时必须组织专业的拆除队伍，并指定熟悉该项专业技术的专人负责统一指挥。参加拆除的作业人员，必须经过技术培训，考核合格后方能上岗。不能随意更换作业人员。

3）拆除中使用的垂直运输设备和机具，必须经检查合格后方准使用。

4）滑模装置拆除前，应检查各支承点埋设件的牢固情况以及作业人员上下走道是否安全可靠。

5）拆除作业必须在白天进行，宜分段整体拆除，再运至地面解体。拆除的部件及操作平台上的一切物品，均不得从高空抛下。

6）当遇到雷雨、雾、雪或风力达到5级以上的天气时，不得进行滑模拆除作业。

7）高大类构筑物宜在顶端设置安全行走平台。

3. 模板工程安全技术交底

模板工程须满足《建筑施工模板安全技术规范》（JGJ 162—2008）的要求。

（1）模板安装施工的安全要求

1）模板安装必须按模板的施工设计要求进行，严禁任意变动。

2）楼层高度超过4m或二层及二层以上的建筑物在安装和拆除钢模板时，周围应设安全网或搭设脚手架和加设防护栏杆。在临街及交通要道地区，尚应设警示牌，并设专人维持安全，防止伤及行人。

3）现浇整体式的多层房屋和构筑物安装上层楼板及其支架时，应符合下列几点要求。

① 下层楼板混凝土强度达到1.2MPa以后才能上料具，料具要分散堆放，不得过分集中。

② 下层楼板结构的强度要达到能承受上层模板、支撑系统和新浇筑混凝土的重量时，方可进行拆除。否则，下层楼板结构的支撑系统不能拆除，并且上下层支柱应在同一垂直线上。

③ 如采用悬吊模板、桁架支模的方法，其支撑结构必须要有足够的强度和刚度。

4）当层间高度大于5m时，若采用多层支架支模，则应在两层支架立柱间铺设垫板，且应使其平整，上下层支柱也要垂直，并应在同一垂直线上。

5）模板及其支撑系统在安装过程中，必须设置临时固定设施，严防倾覆。

6）模板支柱的纵横向水平撑、剪刀撑等均应按设计的规定布置。当设计无规定时，一般支柱的间距不宜大于2m，纵横向水平撑的上下步距不宜大于1.5m，纵横向垂直剪刀撑的间距应不大于6m。当支柱高度小于4m时，应设上下两道水平撑和垂直剪刀撑，之后支柱每增高2m再增加一道水平撑，水平撑之间还需增加一道剪刀撑。当楼层高度超过10m时，模板的支柱应选用长料，且同一支柱的连接头不宜超过2个。

7）采用分节脱模的方法时，底模的支点应按设计要求设置。

8）承重焊接钢筋骨架和模板一起安装时，应符合下列两点要求：

① 模板必须固定在承重焊接钢筋骨架的节点上。

② 安装钢筋模板组合体时，吊索应按模板的设计吊点位置绑扎。

9）预拼装组合钢模板采用整体吊装方法时，应注意以下几个要点：

① 拼装完毕的大块模板或整体模板吊装前，应按设计规定的吊点位置先进行试吊，确认无误后方可正式吊运安装。

② 使用吊装机械安装大块整体模板时，必须在模板就位且连接牢靠后方可脱钩，并要严格按照吊装机械使用安全交底的技术要求进行操作。

③ 安装整块柱模板时，不得用柱子钢筋代替临时支撑。

10）在架空输电线路下面安装和拆除组合钢模板时，起重机起重臂、起吊物、钢丝绳、外脚手架和操作人员等与架空线路的最小安全距离应符合表3-3的要求，如不符合表3-3的要求时要停电作业，不能停电时应有隔离防护措施。

表3-3　施工设施和操作人员与架空线路的最小安全距离

架空线路电压	1kV以下	1～10kV	35～110kV	154～220kV	330～500kV
最小安全操作距离/m	4	6	8	10	15

注：上、下脚手架的斜道严禁搭设在有架空线路的一侧。

11）单片柱模板吊装时，应采用卸扣（卡环）和柱模连接，严禁用钢筋钩代替，以避免柱模翻转时脱钩而造成事故，待模板立稳且拉好支撑后，方可摘除吊钩。

12）设置支撑应按工序进行，模板没有固定前不得进行下道工序。

13）支设高度3m以上的立柱模板和梁模板时，应搭设工作台；不足3m时，可使用马凳操作，不准站在柱模板上和在梁底板上行走，更不允许利用拉杆、支撑攀登上下。

14）墙模板在未装对拉螺栓前，板面要向内倾斜一定角度并撑牢，以防倒塌。安装过程中要随时拆换支撑或增加支撑，以保持墙板处于稳定状态。模板未支撑稳固前不得松动吊钩。

15）安装墙模板时，应从内、外角开始向互相垂直的两个方向拼装，连接模板的U形卡。当模板采用分层支模时，第一层模板拼装后应立即将内外钢楞、穿墙螺栓、斜撑等全部安设紧固稳定。当下层模板不能独立安设支承件时，必须采取可靠的临时固定措施，否则禁止进行上一层模板的安装。

16）用钢管和扣件搭设双排立柱支架的支承梁模时，扣件应拧紧，且应检查扣件螺栓的扭矩是否符合规定，当扭矩不能达到规定值时，可装设两个扣件与原扣件挨紧。横杆步距应按设计规定确定，严禁随意增大。

17）平板模板安装就位时，要在支架搭设稳固且板下楞与支架连接牢固后进行。U形卡要按设计规定安装，以增强整体性从而确保模板结构安全。

(2) 模板拆除施工的安全要求

1) 拆除时应严格遵守各类模板拆除作业的安全要求。

2) 拆模板前，应经施工技术人员按试块强度检查后确认混凝土已达到拆模强度时，方可拆除。

3) 高处、复杂结构模板的拆除，应有专人指挥和切实可靠的安全措施，并在下面标出作业区，严禁非操作人员进入作业区。操作人员应配挂好安全带，禁止站在模板的横拉杆上操作。拆下的模板应集中吊运，并多点捆牢，不准向下乱扔。

4) 作业前应检查所使用的工具是否牢固，扳手等工具必须用绳链系挂在身上；工作时思想要集中，防止钉子扎脚和从空中滑落。

5) 拆除模板一般采用长撬杠，严禁操作人员站在正拆除的模板下。在拆除楼板模板时，要注意防止整块模板掉下，尤其是采用定型模板作平台模板时，更要注意防止模板突然全部掉下伤人。

6) 拆模间歇时，应将已活动的模板、拉杆、支撑等固定牢固，严防突然掉落、倒塌伤人。

7) 已拆除的模板、拉杆、支撑等应及时运走或妥善堆放，严防操作人员因扶空、踏空而坠落。

8) 在混凝土墙体、平板上有预留洞时，应在模板拆除后，随即在墙洞上做好安全护栏或将板上的洞盖严。

[讨论题3-3]

某高层住宅工地，由于进行墙面清理，故未经施工负责人同意将15层的电梯井预留口防护网拆掉，但作业完毕后未进行恢复。抹灰班张某欲上厕所而随便在转弯处解手，不小心从电梯井预留口掉了下去，当场摔死。经现场勘查，电梯井内未设防护网。

请讨论事故原因并判断下列分析的对错：

1) 未经施工负责人同意随意拆除安全防护设施，在作业完毕未立即恢复。(　　)

A. 正确　　B. 错误

2) 全部责任由张某自负。(　　)

A. 正确　　B. 错误

3) 电梯井内未按规定挂设防护平网。(　　)

A. 正确　　B. 错误

4) 张某未将拆除的防护网恢复。(　　)

A. 正确　　B. 错误

[讨论题3-4]

某工地工人在拆现浇楼板钢模时，由于面积大，一时拆不完，中午吃饭时，工人吴某从未拆完的钢模板下经过，突然上边已经活动的几块钢模板掉了下来，刚好击中吴某头部，经抢救无效死亡。请讨论分析这起安全事故中哪些地方不符合安全要求或者规定。

课题3 钢筋工程安全技术

3.3.1 钢筋概述

1. 钢筋分类

1）钢筋按生产工艺可分为热轧钢筋、冷拉钢筋、冷拔钢丝、热处理钢筋、碳素钢丝、刻痕钢丝和钢绞线等，后四种钢筋用于预应力混凝土结构。

2）钢筋按化学成分可分为碳素钢钢筋和普通低合金钢钢筋。

3）热轧钢筋根据力学指标的高低，可分为HPB300级、HRB335级、HRBF335级、HRB400级、HRBF400级、RRB400级、HRB500级、HRBF500级等。

4）钢筋按轧制外形可分为光圆钢筋和变形钢筋（月牙形、螺旋形、人字形钢筋）。

5）钢筋按供应形式可分为盘圆钢筋（直径不大于10mm）和直条钢筋（长度为6~12m）。

6）钢筋按其直径大小可分为钢丝（直径3~5mm）、细钢筋（直径6~10mm）、中粗钢筋（直径12~20mm）和粗钢筋（直径大于20mm）。

2. 建筑工程钢筋的选用

1）国内常规供货直径。钢筋的直径最小为3mm，最大为40mm。国内常规供货直径（单位mm）为6、8、10、12、14、16、18、20、22、25、28、32等12种。

2）普通钢筋宜选用HRB335级和HRB400级钢筋，也可选用HPB300级和RRB400级钢筋。

3）预应力钢筋宜采用预应力钢绞线、钢丝，也可采用热轧（带肋）钢筋。

3.3.2 钢筋工程安全技术交底

1. 钢筋选用安全要求

1）钢筋的强度标准值应具有不小于95%的保证率，各强度标准值的意义如下。

① 热轧钢筋和冷拉钢筋的强度标准值系指钢筋的屈服强度。

② 碳素钢丝刻痕钢丝、钢绞线、冷拔低碳钢丝和热处理钢筋的强度标准值系指抗拉强度。

2）钢筋的级别、钢号和直径应按设计要求采用。需要代换时，应征得设计单位的同意。

2. 钢筋运输与堆放安全要求

1）人工搬运钢筋时，步伐要一致。当上下坡（桥）或转弯时，要前后呼应，步伐稳慢。注意钢筋头尾摆动，防止碰撞物体或打击人身，特别应防止碰挂周围和上下的电线。上肩或卸料时要互相打招呼，注意安全。

2）人工上下传递钢筋时，不可在同一垂直线上，送料人应站立在牢固平整的地面或临时构筑物上，接料人应有护身栏杆或防止前倾的牢固物体，必要时应挂安全带。

3）机械垂直吊运钢筋时，应捆扎牢固，吊点应设置在钢筋束的两端；有困难时，可在该束钢筋的重心处设吊点，钢筋要平稳上升，不得超重起吊。起吊钢筋时，规格应统一，不准长短不一。

4）起吊钢筋或钢筋骨架时，下方禁止站人，待钢筋骨架降落至离楼地面或安装标高1m

以内人员方准靠近操作，待就位放稳或支撑好后，方可摘钩。

5）临时堆放钢筋，不得过分集中，应考虑模板或桥道的承载能力。在新浇筑楼板混凝土凝固尚未达到1.2MPa强度前，严禁堆放钢筋。

6）钢筋在运输和储存时，必须保留标牌，并按批分别堆放整齐，避免锈蚀和污染。

7）注意钢筋切勿碰触电源，严禁钢筋靠近高压线路，钢筋与电源线路的安全距离应符合安全用电的要求。

3. 钢筋制作安全要求

（1）钢筋加工安全要求

1）钢筋除锈时，操作人员要戴好防护眼镜、口罩、手套等防护用品，并将袖口扎紧。

2）使用电动除锈时，应先检查钢丝刷固定有无松动，检查封闭式防护罩装置、吸尘设备，并检查电气设备的绝缘及接地是否良好，防止发生机械和触电事故。

3）送料时，操作人员要侧身操作，严禁在除锈机的正前方站人；长料除锈要两人操作，互相呼应，紧密配合。

4）展开盘圆钢筋时，要两端卡牢，切断时要先用脚踩紧，防止回弹伤人。

5）人工调直钢筋前，应检查所有的工具，确保工作台牢固，铁砧平稳，铁锤的木柄坚实牢固，铁锤没有破头、缺口，因打击而起花的锤头要及时换掉。

6）拉直钢筋时，卡头要卡牢，地锚要结实牢固，拉筋沿线2m区域内禁止人员通行。人工绞磨拉直时，不准用胸、腹接触推杠，并要步调一致，稳步进行，缓慢松懈，不得一次松开以免钢筋回弹伤人。

7）人工断料时，工具必须牢固。打锤和握持断料切具的操作人员要站成斜角，并注意抡锤区域内的人和其他物体。

8）切断短于30cm的钢筋时，应用钳子夹牢，铁钳手柄不得短于50cm，禁止用手把扶。并应在外侧设置防护箱笼罩。

9）弯曲钢筋时，要紧握扳手，并站稳脚步，身体保持平衡，以防止钢筋折断或松脱。

10）钢材、半成品等应按规格、品种分别堆放整齐；制作场地要平整；工作平台要稳固；照明灯具必须加网罩。

11）钢筋断料、配料、弯料等工作应在地面进行，不准在高空操作。

（2）钢筋冷处理安全要求

1）冷拉卷扬机前应设置防护挡板，没有挡板时，应将卷扬机与冷拉方向成90°，并且应用封闭式导向滑轮。操作时要站在防护挡板后，冷拉场地不准站人和通行。

2）冷拉钢筋要上好夹具并等人员离开后再发开机信号。发现滑动或其他问题时，要先停机，放松钢筋后，才能重新进行操作。

3）冷拉和张拉钢筋要严格按照规定应力和伸长量进行，不得随意变更。不论拉伸或放松钢筋都应缓慢均匀，发现液压泵、千斤顶、锚卡具有异常，应即停止张拉，待放松钢筋后，才能重新进行操作。

4）张拉钢筋，两端应设置防护挡板。钢筋张拉后要加以防护，禁止压重物或在上面行走。浇注混凝土时，要防止振动器冲击预应力钢筋。

5）千斤顶支脚必须与构件对准，放置平正。测量拉伸长度、加楔和拧紧螺栓时，应先停止拉伸，并站在两侧操作，以防止钢筋断裂回弹伤人。

6）同一构件有预应力和非预应力钢筋时，预应力钢筋应分两次张拉，第一次拉至控制应力的70%~80%，待非预应力钢筋绑好后再将预应力钢筋拉到规定应力值。

7）采用电热张拉时，电气线路必须由持证电工安装，导线连接点应包裹，不得外露。张拉时，电压不得超过规定值。

8）电热张拉达到张拉应力值时，应先断电，然后锚固；如带电操作，应穿绝缘鞋、戴绝缘手套。钢筋在冷却过程中，两端禁止站人。

（3）钢筋焊接安全要求

1）焊机在工作前必须对电气设备、操作机构和冷却系统等进行检查，并用试电笔检查机体外壳有无漏电情况。

2）焊机应放在室内和干燥的地方，机身要平稳牢固，周围不准放置易燃物品。

3）操作人员操作时，应戴防护眼镜和手套等防护用品，并应站在橡胶板或木板上，严禁坐在金属椅子上。

4）焊接前，应根据钢筋截面调整电压，使与所焊钢筋截面相适应，禁止焊接超过机械规定直径的钢筋。发现焊头漏电，应立即更换，禁止使用。

5）对焊机断路器的接触点、电极（钢头），要定期检查修理。断路器的接触点一般每隔2~3d应用砂纸擦净，电极（钢头）应定期用锉锉光。二次电路的全部螺栓应定期拧紧，以避免发生过热现象。随时注意冷却水的温度，其应不超过40℃。

6）焊接较长钢筋时，应设支架。

7）刚焊成的钢材，应平直放置，以免在冷却过程中产生变形。堆放地点不得在易燃物品附近，并要选择无人来往的地方或加设护栏。

8）工作棚应用防火材料搭设。棚内严禁堆放易燃、易爆物品，并应备有灭火器材。

4. 钢筋的绑扎与安装安全要求

1）制作成型钢筋时，各机械设备的动力线应用钢管从地坪下引入，机壳应有保护零线。

2）钢筋的交叉点应采用铁丝绑扎，并应按规定垫好保护层。

3）绑扎基础钢筋时，应按施工设计的规定摆放钢筋支架或马凳架起上部钢筋，不得任意减少支架或马凳。操作前应检查基坑土壁和支撑是否牢固。

4）绑扎立柱、墙体钢筋时，不得站在钢筋骨架上操作和攀登骨架上下。柱筋在4m以内、重量不大时，可在地面或楼面上绑扎后，整体竖起；柱筋在4m以上时，应搭设工作台。柱、墙、梁钢筋骨架，应用临时支撑拉牢，以防倾倒。

5）高处绑扎和安装钢筋，应注意避免将钢筋集中堆放在模板或脚手架上，特别是悬臂构件应检查支撑是否牢固。

6）应尽量避免在高处修整、扳弯粗钢筋，必须操作时，要配挂好安全带，选好位置，人要站稳。

7）在高处、深坑绑扎钢筋和安装骨架，必须搭设脚手架和马道，无操作平台应配挂好安全带。

8）绑扎高层建筑的圈梁、挑檐、外墙、边柱钢筋时，应搭设外脚手架或安全网，绑扎时要配挂好安全带。

9）安装绑扎钢筋时，钢筋不得碰撞电线，在深基础或夜间施工需使用移动式行灯照明时，行灯电压不应超过36V。

10）在雷雨时必须停止露天操作，预防雷击钢筋伤人。

[讨论题3-5]

某建筑工程在绑扎三层楼板钢筋时，因钢筋工人数太少，工长就将新来的小李和小王临时派去帮忙，小李在操作过程中不慎从三楼掉下（未设防护网），试分析造成这起事故的原因。

[讨论题3-6]

某建筑工地在起吊钢筋送往五楼时，由于钢丝绳拉断，钢筋坠落下来，砸伤了地面上正在作业的两名操作人员，试分析事故原因。

[讨论题3-7]

图3-9是某施工工地拍摄的实际照片，请对照片的情况做出分析。

图3-9　某施工工地的钢筋骨架照片

课题4　混凝土工程安全技术

3.4.1　混凝土种类

混凝土是胶凝材料（如水泥）、水、细骨料、粗骨料经均匀拌合和捣实后凝结而成的一种人造石材。

1）混凝土按密度可分为特重混凝土（密度大于2700kg/m³，含有重骨料如钢屑、重晶石）、普通混凝土（密度为1900～2500kg/m³，以普通砂石为骨料）、轻混凝土（密度为1000～1900kg/m³）、特轻混凝土（密度小于1000kg/m³，如泡沫混凝土、加气混凝土等）。

2）混凝土按胶凝材料可分为无机胶凝材料混凝土（如水泥混凝土、石膏混凝土、水玻璃混凝土等）、有机胶凝材料混凝土（如沥青混凝土、聚合物混凝土等）。

3）混凝土按使用功能可分为结构混凝土、保温混凝土、耐酸混凝土、耐碱混凝土、耐硫酸盐混凝土、耐热混凝土、防水混凝土、水工混凝土、海洋混凝土、防辐射混凝土等。

4）混凝土按施工工艺可分为普通浇筑混凝土、离心成型混凝土、喷射混凝土、泵送混凝土等。

5）混凝土按配筋情况可分为素（无筋）混凝土、钢筋混凝土、劲性钢筋混凝土、钢丝网混凝土、钢丝纤维混凝土、预应力混凝土等。

6）混凝土按拌合料的流动度可分为干硬性混凝土、半干硬性混凝土、塑性混凝土、流动性混凝土、大流动性混凝土等。

7）混凝土按混凝土强度等级可分为C15、C20、C25、C30、C35、C40、C45、C50、C55、C60、C65、C70、C75、C80等。

3.4.2 混凝土工程安全技术交底

1. 原材料运输和堆放的安全要求

1）取袋装水泥时必须逐层顺序拿取。

2）用手推车运输水泥、砂、石子时，装载不应高出车斗，行驶不应争抢。

3）临时堆放备用水泥，不应堆叠过高，如堆放在平台上时，应不超过平台的容许承载能力。叠垛要整齐平稳。

4）运输通道要平整，走桥要钉牢，不得有未钉稳的空头板，并应及时清除落料和杂物以保持清洁。

5）垂直运输采用井架时，手推车车把不得伸出笼外，车轮前后应挡牢，并要做到稳起稳落。

6）上下斜坡的坡度不应太大，坡面应采取防滑措施，必要时坡面应由专人负责帮助拉车。

7）车子向搅拌机料斗卸料时，不得用力过猛和撒把，以防车翻转，料斗边沿应高出落料平台10cm左右为宜，过低的要加设车挡。用车推车运料时，不得超过其容量的3/4。

2. 混凝土搅拌的安全要求

1）搅拌机应设置在平坦的位置，用方木垫起前后轮轴，将轮胎架空，以免在开机时发生移动。对外露的齿轮、链轮、带轮等转动部位应设防护装置。

2）停机后，鼓筒应清洗洁净，且筒内不得有积水。

3）开机前，应检查电气设备的绝缘和接地是否良好。电动机应设有开关箱，并应装漏电保护器。停机不用或下班后，应拉闸断电，并锁好开关箱。

4）搅拌机的操作人员，应经过专门技术和安全规定的培训，并经考试合格后，方能正式操作。

5）向搅拌机料斗落料时，脚不得踩在料斗上；料斗升起时，料斗的下方不得有人。

6）清理搅拌机料斗坑底的砂、石子时，必须与司机联系，将料斗升起并用链条扣牢后，方能进行工作。

7）进料时，严禁将头、手伸入料斗与机架之间查看或探摸进料情况；运转中不得用手、工具或物体伸进搅拌机滚筒（拌合鼓）内抓料出料。

8）未经允许，禁止拉闸、合闸和进行不符合规定的电气维修。现场检修时，应固定好料斗，切断电源。进入搅拌筒内工作时，外面应有人监护。

9）拌合站的机房、平台、梯道栏杆必须牢固可靠。站内应配备有效的吸尘装置。

10）操纵带式输送机时，必须正确使用防护用品，禁止一切人员在带式输送机上行走和跨越。机械发生故障时应立即停车检修，不得带病运行。

3. 混凝土输送的安全要求

1）临时架设的混凝土运输用的桥道的宽度，应以两部手推车能来往通过并有余地为准，一般不小于1.5m。且架设要牢固，桥板接头要平顺。运输道路应平坦，斜道坡度不得超过3%。

2）两部手推车碰头时，空车应预先放慢停靠一侧让重车通过。

3）用输送泵输送混凝土时，输送管的接头应紧密可靠不漏浆，安全阀必须完好，管道的架子必须牢固且能承受输送过程中所产生的水平推力；输送前必须试送，检修时必须卸压。

4）禁止手推车推到挑檐、阳台上直接卸料。推车时应注意平衡，掌握重心，不准猛跑和溜放。

5）用铁桶向上传递混凝土时，人员应站在安全牢固且传递方便的位置上；铁桶交接时，精神要集中，双方配合好，传要准，接要稳。

6）使用吊罐（斗）浇筑混凝土时，应设专人指挥。要经常检查吊罐（斗）、钢丝绳和卡具，发现隐患应及时处理。吊罐的起吊、提升、转向、下降和就位，必须听从指挥。指挥信号必须明确、准确。

7）自卸汽车运输混凝土时，装卸混凝土应有统一的联系和指挥信号。自卸汽车向坑洼地点卸混凝土时，必须使后轮与坑边保持适当的安全距离，防止塌方翻车。卸完混凝土后，自卸装置应立即复原，不得边走边落。

8）禁止在混凝土初凝后、终凝前在其上面行走手推车（此时也不宜铺设桥道行走），以防振动影响混凝土质量。当混凝土强度达到1.2MPa以后，才允许上料具。运输通道上应铺设桥道，料具要分散放置，不得过于集中。

混凝土强度达到1.2MPa的时间可通过试验确定，也可参照表3-4。

表3-4　混凝土达到1.2MPa强度所需龄期参考表

外界温度/℃	水泥品种及强度等级	混凝土强度等级	期限/h	外界温度/℃	水泥品种及强度等级	混凝土强度等级	期限/h
1~5	普硅42.5	C15	48	5~10	普硅42.5	C15	32
		C20	44			C20	28
	矿渣32.5	C15	60		矿渣32.5	C15	40
		C20	50			C20	32

（续）

外界温度/℃	水泥品种及强度等级	混凝土强度等级	期限/h	外界温度/℃	水泥品种及强度等级	混凝土强度等级	期限/h
10～15	普硅 42.5	C15	24	15 以上	普硅 42.5	C15	20 以下
		C20	20			C20	20 以下
	矿渣 32.5	C15	32		矿渣 32.5	C15	20
		C20	24			C20	20

4. 混凝土浇筑与振捣的安全要求

1）浇筑混凝土前必须先检查模板支撑的稳定情况，特别要注意用斜撑支撑的悬臂构件的模板的稳定情况。浇筑混凝土过程中，要注意观察模板和支撑情况，发现异常，及时报告。

2）浇筑深基础混凝土前和在施工过程中，应检查基坑边坡土质有无崩裂倾塌的危险。如发现危险现象，应及时排除。同时，工具、材料不应堆置在基坑边沿。

3）浇筑混凝土使用的溜槽及串筒节间应连接牢固。操作部位应有护身栏杆，不准直接站在溜槽帮上操作。

4）浇筑无楼板的框架梁、柱混凝土时，应架设临时脚手架，禁止站在梁或柱的模板或临时支撑上操作。

5）浇筑房屋边沿的梁、柱混凝土时，外部应有脚手架或安全网。当脚手架平桥离开建筑物超过 20cm 时，须将空隙部位牢固遮盖或装设安全网。

6）浇筑拱形结构时，应自两边拱脚对称地同时进行；浇圈梁、雨篷、阳台时，必须搭设脚手架，严禁站在墙体或支撑上操作；浇筑料仓时，下出料口应先行封闭，并搭设临时脚手架，以防人员下坠。

7）夜间浇筑混凝土时，应有足够的照明设备。

8）振捣设备应设有开关箱，并装有漏电保护器。使用振捣器时，湿手不得接触开关，电源线不得有破损和漏电。漏电保护器其额定漏电动作电流应不大于 30mA，额定漏电动作时间应小于 0.1s。使用平板振动器或振动棒的作业人员，应穿胶鞋和戴绝缘手套。严禁用电源线拖拉振捣器。

5. 混凝土养护的安全要求

1）已浇完的混凝土，应加以覆盖和浇水，使混凝土在规定的养护期内，始终能保持足够的湿润状态。

2）覆盖养护混凝土时，楼板如有孔洞，应钉板封盖或设置防护栏杆或设安全网。

3）拉移胶管浇水养护混凝土时，不得倒退走路，并注意梯口、洞口和建筑物的边沿处，以防误踏失足坠落。

4）禁止在混凝土养护窑（池）边沿上站立或行走，同时应将窑盖板和地沟孔洞盖牢和盖严，防止失足坠落。

[讨论题3-8]

2004年6月某工地进行拆模作业时，柱模板刚刚拆除，就发生了坍塌事故，造成5死6伤。事故发生后，事故调查组对其他柱模及墙模拆除后的实际情况进行了取证，如图3-10所示。试结合下面现场的取证照片，对事故的原因进行分析。

图3-10 现场取证照片

课题5 预应力混凝土工程安全技术

3.5.1 预应力张拉应注意的问题

1）施加预应力所用的机具设备及仪表应由专人使用和管理，并要定期和准确地进行维护与检验。

2）张拉设备应配套，以确定张拉力与表读数的关系曲线。

3）测定张拉设备用的试验机或测力计的精度不得低于±2%。压力表的精度高，宜低于1.5级，最大量程不宜小于设备额定张拉力的1.3倍。

4）测定读数时，千斤顶活塞的运行方向应与实际张拉工作状态一致。

5）张拉设备的测定期限不宜超过半年。当发生下列情况之一时，应对张拉设备重新测定：千斤顶经过拆卸与修理；千斤顶久置后重新使用；压力表受过碰撞或出现失灵现象；更换压力表；张拉中预应力筋发生多根破断事故或张拉伸长值误差较大。

6）千斤顶应与压力表配套测定，以便减少累积误差和提高测力精度。

7）当采用电动螺杆张拉机或电动卷扬机等张拉钢丝并采用弹簧测力计测力时，弹簧测力计应先在压力试验机上测定，重复3次后取其平均值，再绘出弹簧压缩变形值与荷载对应关系的标定曲线，以供张拉时使用。

8）施工时应根据预应力筋的种类及其张拉锚固工艺情况选用张拉设备。

9）预应力筋的张拉力不应大于设备额定的张拉力。

10）预应力筋的一次张拉伸长值不应超过设备的最大张拉行程。若一次张拉不足时，可采取分段重复张拉的方法，但所用的锚具与夹具应适应重复张拉的要求。

11）所用的高压泵与千斤顶应符合产品说明书的要求。

12）严禁在负荷时拆换油管或压力表。

13）接电源时机壳必须接地，经检查线路绝缘确属可靠后，方可进行试运转。

3.5.2 预应力混凝土工程的施工

1. 先张法的施工

1）张拉时，张拉机具与预应力筋应在一条直线上；顶紧锚塞时，用力不要过猛，以防钢丝折断；拧紧螺母时，应随时注意压力表读数，一定要保持所需的张拉力。

2）预应力筋放张的顺序应按下列要求进行：对于轴心受预压的构件（如拉杆、桩等），所有预应力筋应同时放张；对于偏心受预压的构件（如梁等），应先同时放张预压力较小区域的预应力筋，然后同时放张预压力较大区域的预应力筋。

3）切断钢丝时，应严格测定钢丝向混凝土内的回缩情况，且应先从靠近生产线中间处剪断，然后再在剩下段的中点处逐次切断。

4）台座两端应设有防护设施；在张拉预应力筋时，还应沿台座长度方向每隔4~5m设置一个防护架，两端严禁站人，更不准进入台座。

5）预应力筋放张时，混凝土强度必须符合设计要求，如无设计规定时，则不得低于设计强度的70%。

6）预应力筋放张时，应分阶段、对称、交错地进行；对配筋多的钢筋混凝土构件，所有的钢丝应同时放松，严禁采用逐根放松的方法。

7）预应力筋放张前，应先拆除侧模，以保证放张时构件能自由伸缩。

8）预应力筋的放张工作应缓慢进行，以防止冲击。若采用乙炔或电弧切割时，应采取隔热措施，严防烧伤构件端部的混凝土。

9）电弧切割时的地线应搭在切割点附近，严禁搭在另一头，以防过电后预应力筋伸长而造成应力损失。

10）钢丝的回缩值：冷拔低碳钢丝不应大于0.6mm，碳素钢丝不应大于1.2mm。测试数据不得超过上列规定数值的20%。

2. 后张法施工

1）孔道直径应符合下列几点要求：

① 粗钢筋：孔道直径应比预应力筋直径、钢筋对焊接头处外径、需穿过孔道的锚具或连接器外径大10~15mm。

② 钢丝或钢绞线：孔道直径应比预应力束外径或锚具外径大5~10mm，孔道面积应大于预应力筋面积的2倍。

③ 预应力筋孔道之间的净距应不小于25mm；孔道至构件边缘的净距应不小于25mm，且应不小于孔道直径的一半；凡需起拱的构件，其预留孔道宜随构件同时起拱。

2）在构件两端及跨中应设置灌浆孔，其孔距应不大于12m。

3）采用分批张拉方式时，先批张拉的预应力筋的张拉控制应力 σ_{con} 应增加 $a_B\sigma_{hp}$（a_B 为预应力筋和混凝土的弹性模量比值，σ_{hp} 为张拉后批预应力筋时在其重心处预应力对混凝土所产生的法向应力），或者每批采用同一张拉值，然后逐根复拉补足。

4）曲线预应力筋和长度大于24m的直线预应力筋应在两端张拉。长度等于或小于24m的直线预应力筋可在一端张拉，但张拉端宜分别设置在构件的两端。

5）张拉平卧重叠的构件时，应根据预应力筋与隔离剂的不同逐层增加其张拉力的百分率，见表3-5。对于大型或重要工程，在正式张拉前至少必须实测2组屋架的各层压缩值，然后计算出各层应增加的张拉力百分率。

表3-5　平卧叠层浇筑构件逐层增加的张拉力百分率

预应力筋类别	隔离剂类别	逐层增加的张拉力（%）			
		顶层	第二层	第三层	底层
高强钢丝束	Ⅰ	0	1.0	2.0	3.0
	Ⅱ	0	1.5	3.0	4.0
	Ⅲ	0	2.0	3.5	5.0
Ⅱ级冷拉钢筋	Ⅰ	0	2.0	4.0	6.0
	Ⅱ	1.0	3.0	6.0	9.0
	Ⅲ	2.0	4.0	7.0	10.0

注：1. 第Ⅰ类隔离剂：塑料薄膜、油纸。
2. 第Ⅱ类隔离剂：废机油、滑石粉、纸筋灰、石灰水废机油、柴油石膏。
3. 第Ⅲ类隔离剂：废机油、石灰水、石灰水滑石灰。

6）预应力筋张拉完后，为减少应力松弛损失应立即进行灌浆，灌浆时应注意以下几点要求：

① 水泥应采用普通硅酸盐和矿渣硅酸盐（低温时不得采用）水泥，强度等级均不低于42.5级。

② 水泥浆的水胶比应为0.4～0.45，流动度应为120～170mm，3h泌水率宜控制在2%。

③ 水泥浆的强度等级应不低于M20。

④ 对较大的孔道或预埋管孔道，宜采用二次灌浆法，一般在第一次水泥浆泌水基本完成且初凝未开始时进行（夏季约30～45min，冬季约1～2h），对较小孔径可采用一次灌浆法。

⑤ 冷天施工时，灌浆前孔道周边的温度应在5℃以上，灌浆后至少应有5d保持在5℃以上，灌浆时水泥浆的温度应在10～25℃范围内。

7）在进行预应力张拉作业时，任何人员不得站在预应力筋的两端，同时在千斤顶的后面应设立防护装置。

8）操作千斤顶和测量伸长值的人员要严格遵守操作规程，并应站在千斤顶侧面操作。油泵开动过程中，操作人员不得擅自离开岗位，如需离开则必须把油阀门全部松开或切断电路。

9）预应力筋张拉时，构件的混凝土强度应符合设计要求，如无设计要求时，不应低于设计强度的70%。主缝处混凝土或砂浆的强度如无设计要求时，不应低于块体混凝土设计强度的40%，且不得低于15N/mm^2。

10）张拉时应认真做到孔道、锚环与千斤顶三对中，以便保证张拉工作的顺利进行。

11）钢丝、钢绞线、热处理钢筋及冷拉Ⅳ级钢筋，严禁采用电弧切割。

12）采用锥锚式千斤顶张拉钢丝束时，应先让千斤顶张拉缸进油，直至压力表略有起动时暂停，然后检查每根钢丝的松紧，进行调整后再打紧楔块。

3. 电热张拉法施工

1）电热设备应符合下述要求：

① 三相变压器应有可变电阻，以供张拉时不同长度和直径的钢筋调节电流。

② 如无大容量变压器，可采用弧焊机进行电热张拉。若一台弧焊机不够，可将几台联合使用，电流不够时用并联，电压不够时用串联。弧焊机采用并联方案时，弧焊机中变压器的一次及二次额定电压必须相等，变压器必须属同一联接组，变压器额定短路电压必须相等，一次线必须接在电源的同一按钮上。为满足上述要求，最好采用同一厂家生产的同一型号的弧焊机并联。

2）钢筋并联或是串联取决于电热设备的电流和电压的大小。当电流及电压都能满足要求或当电流满足要求而电压较大时，钢筋可串联；当电压满足要求而电流较大时，钢筋可并联。

3）电张法的操作要点如下几点所述：

① 做好钢筋的绝缘处理。

② 调整初应力，使各预应力筋松紧一致（初应力值一般为5% σ_{con}~10% σ_{con}），并应做好测量伸长值的标记。

③ 先进行试张拉，以检查电热系统线路、次级电压、钢筋中的电流密度和电压降是否符合要求。

④ 测量伸长值应在构件的一端进行，另一端应设法顶紧或用小锤敲击钢筋，从而使所有伸长集中于一端。

⑤ 停电冷却12h后，应将预应力筋、螺母、垫板和预埋铁板互相焊牢，然后灌浆，也可先灌浆后焊接。

4）电张构件的两端必须设置安全防护措施。

5）操作人员必须穿绝缘鞋，戴绝缘手套，操作时应站在构件的侧面。

6）电张法施工时如发生碰火现象应立即停电，查找原因并采取措施后再进行作业。

7）在电张法施工过程中，应经常检查和测量一、二次导线的电压、电流、钢筋和孔道的温度（不应超过350℃）、通电时间等。当通电时间较长、混凝土发热、钢筋伸长缓慢或不伸长时，应立即停电，待钢筋冷却后，再加大电流进行作业。

8）冷拉钢筋采用电热张拉法时，重复张拉不应超过三次。

9）采用预埋金属管作预留洞的不得采用电热张拉法施工。

10）孔道灌浆必须在钢筋冷却后进行。

课题6 砌体工程安全技术

3.6.1 砌体的基本规定

1）砌筑顺序应符合下列规定：基底标高不同时，应从低处砌起，并应由高处向低处搭砌，当设计无要求时，搭接长度不应小于基础扩大部分的高度；砌体的转角处和交接处应同时砌筑，当不能同时砌筑时，应按规定留槎、接槎。

2）在墙上留置临时施工洞口时，洞口侧边距离交接处墙面不应小于500mm，洞口净宽度不应超过1m。

抗震设防烈度为9度的地区，建筑物的临时施工洞口位置应会同设计单位确定。临时施工洞口应做好补砌工作。

3）不得在下列墙体或部位设置脚手眼：120mm厚墙、料石清水墙和独立柱；过梁上与过梁成60°角的三角形范围及过梁净跨度1/2的高度范围内；宽度小于1m的窗间墙；砌体门窗洞口两侧200mm（石砌体为300mm）和转角处450mm（石砌体为600mm）范围内；梁或梁垫下及其左右500mm范围内；设计不允许设置脚手眼的部位。

4）补砌施工脚手眼时，灰缝应填满砂浆，不得用砖填塞。

5）设计要求的洞口、管道、沟槽应在砌筑时正确留出或预埋，未经设计单位同意不得打凿墙体和在墙体上开凿水平沟槽。宽度超过300mm的洞口上部，应设置过梁。

6）尚未施工的楼板或屋面的墙或柱，当可能遇到大风时，其允许自由高度不得超过表3-6的规定。当超过表3-6中的限值时，必须采用临时支撑等有效措施。

表3-6 墙和柱的允许自由高度 （单位：m）

墙（柱）厚/mm	砌体密度 >160kg/m³ 时			砌体密度为130~160kg/m³ 时		
	风载/(kN/m²)			风载/(kN/m²)		
	0.3（约7级风）	0.4（约8级风）	0.5（约9级风）	0.3（约7级风）	0.4（约8级风）	0.5（约9级风）
190	—	—	—	1.4	1.1	0.7
240	2.8	2.1	1.4	2.2	1.7	1.1
370	5.2	3.9	2.6	4.2	3.2	2.1
490	8.6	6.5	4.3	7.0	5.2	3.5
620	14.0	10.5	7.0	11.4	8.6	5.7

注：1. 本表适用于施工处相对标高（H）在10m范围内的情况。当 $10m < H \leqslant 15m$ 和 $15m < H \leqslant 20m$ 时，表中的允许自由高度应分别乘以0.9、0.8的系数；当 $H > 20m$ 时，应通过抗倾覆验算确定其允许自由高度。

2. 当所砌筑的墙有横墙或其他结构与其连接且间距小于表列限值的2倍时，砌筑高度可不受本表的限制。

7）搁置预制梁、板的砌体顶面应找平，安装时应坐浆。当设计无具体要求时，应采用1:2.5的水泥砂浆。

8）设置在潮湿环境或有化学侵蚀性介质的环境中的砌体的灰缝内钢筋应采取防腐措施。

9）砌体施工时，楼面和屋面堆载不得超过楼板的允许荷载值。施工层进料口楼板下，宜采取临时支撑措施。

10）分项工程的验收应在检验批验收合格的基础上进行，检验批的确定可根据施工段划分。

11）砌体工程检验批验收时，其主控项目应全部符合相关规范的规定；一般项目则应有80%及以上的抽检处符合相关规范的规定，或偏差值在允许偏差范围以内。

3.6.2　施工中应重点注意的问题及安全技术交底

1. 施工中应重点注意的问题

（1）留槎

1）墙体转角和交接处应同时砌筑，不能同时砌筑时应留斜槎，其长度不得小于其高度的2/3。若留斜槎有困难时，除转角必须留斜槎外，其他可留直阳槎（不得留阴槎），并应沿墙高每隔500mm（或八皮砖高），每半砖宽放置1根（但至少应放置两根）直径6mm的拉结筋。拉结筋埋入的长度从留槎处算起每边均应不小于500mm，其末端应弯成90°的直弯钩。有抗震要求时不应留直槎。留槎示意图如图3-11所示。

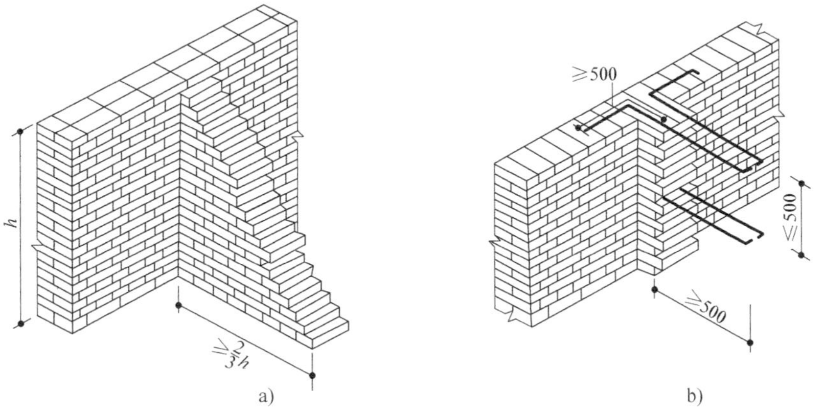

图3-11　留槎示意图

a）斜槎　b）直槎

2）纵横墙均为承重墙时，在丁字交接处可在下部（约1/3接槎高）砌成斜槎，上部则留直阳槎并加设拉结筋。

3）设有构造柱时，砖墙应砌成马牙槎，如图3-12所示，每一个马牙槎的高度不得大于300mm，并沿墙高每500mm设置2ф6水平拉结筋，钢筋每边伸入墙内不少于1m。

4）墙体每天的砌筑高度不宜超过1.8m，相邻两个工作段的高度差不允许超过一个楼层的高度，且不应大于4m。

5）宽度小于1m的窗间墙，应选用整砖砌筑。

（2）砖柱和扶壁柱

1）砌筑矩形、圆形和多边形柱截面时，应使柱面上下皮的竖缝相互错开1/2或1/4砖长，同时在柱心不得有通天缝，且严禁采用包心的砌筑方法，即先砌四周后填心的砌法。

2）扶壁柱与墙身应逐皮搭接，搭接长度至少为1/2砖长，严禁垛与墙分开砌筑。

3）每天砌筑高度应不大于1.8m，且在砖柱和扶壁柱的上下不得留置脚手眼。

(3) 其他

1) 严禁在墙顶上站立、划线、刮缝、清扫墙柱面和检查大角垂直等。

2) 砍砖时应面向内打，以免碎砖落下伤人。

3) 超过胸部以上的墙面不得继续砌筑，必须及时搭设好架设工具。不准用不稳定的工具或物体在脚手板面垫高工作。

4) 从砖垛上取砖时，应先取高处的后取低处的，防止垛倒砸人。

5) 砖石运输车辆之间的前后距离，在平道上不应小于2m，坡道上不应小于10m。

6) 垂直运输的吊笼、滑车、绳索、刹车等必须满足负荷要求，吊运时不得超载，使用过程中应经常检查，若发现有不符合规定者，应及时修理或更换。

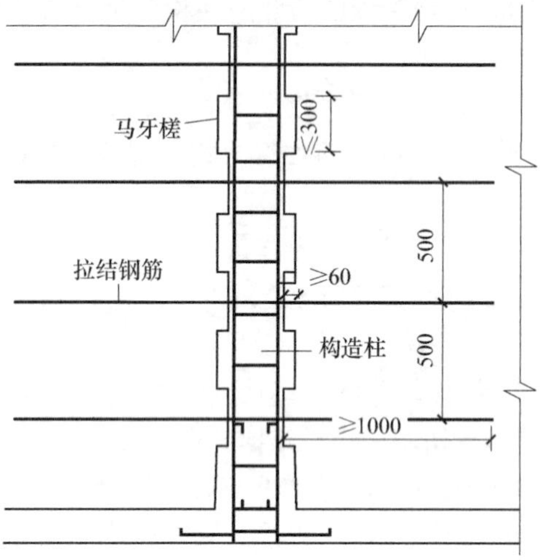

图3-12　有构造柱时砌体留槎（马牙槎）示意图

7) 用起重机吊运砖时，应采用砖笼，不得将砖笼直接放于桥板上。吊砂浆的料斗不能装得过满。吊运砖时吊臂回转范围内的下面，人员不得行走或停留。

8) 在地面用锤打石时，应先检查铁锤有无破裂和锤柄是否牢固，同时应看清附近情况，无危险后方可落锤敲击，严禁在墙顶或架上修改石材。不得在墙上徒手移动料石，以免压破或擦伤手指。

9) 雨期要做好防雨措施，严防雨水冲走砂浆而使砌体倒塌。

2. 砌体工程安全技术交底的内容

1) 施工人员必须进行入场安全教育，经考试合格后方可进场。进入施工现场必须戴合格安全帽，系好下颌带，锁好带扣。

2) 在深度超过1.5m的沟槽基础内作业时，必须检查槽帮有无裂缝，确定无危险后方可作业。距槽边1m内不得堆放沙子、砌体等材料。

3) 砌筑高度超过1.2m时，应搭设脚手架作业。高度超过4m时，采用内脚手架时必须支搭安全网，采用外脚手架时应设防护栏杆和挡脚板，然后方可砌筑。高处作业无防护时必须系好安全带。

4) 脚手架上堆料量（均布荷载每平方米不得超过200kg，集中荷载不得超过150kg），码砖高度不得超过3皮侧砖。同一块脚手板上不得超过2人，严禁用不稳固的工具或物体在架子上垫高操作。

5) 活动钢管脚手架提升后，应用直径9mm的铁销贯穿内外管孔；严禁随便用铁钉代替。当活动脚手架提升到2m时，架与架之间应装交叉拉杆，以加强联结稳定。

6) 砌筑作业面下方不得有人，交叉作业必须设置可靠、安全的防护隔离层。在架子上斩砖必须面向里，把砖头斩在架子上。挂线的坠物必须牢固。不得站在墙顶上行走、作业。

7) 向基坑内运送材料、砂浆时，严禁向下猛倒和抛掷物料、工具。

8) 采用砖笼往楼板上放砖时，要均匀分布；砖笼严禁直接吊放在脚手架上。吊砂浆的料斗不能装得过满，应低于料斗上沿 10cm。

9）抹灰用高凳上铺脚手板，宽度不得少于两块脚手板（50cm），间距不得大于 2m。移动高凳时上面不得站人，作业人员不得超过 2 人。高度超过 2m 时，由架子工搭设脚手架。严禁将脚手架搭在门窗、暖气片等非承重的物器上。严禁踩在外脚手架的防护栏和阳台板上进行操作。

10）作业前必须检查工具、设备、现场环境等，确认安全后方可作业。要认真查看在施工程洞口临边作业安全防护和脚手架护身栏、挡脚板、立网是否齐全、牢固，脚手板是否按要求间距放正、绑牢，有无探头板和空隙。

11）作业中出现危险征兆时，作业人员应暂停作业，撤至安全区域，并立即向上级报告。未经施工技术管理人员批准，严禁恢复作业，紧急处理时，必须在施工技术管理人员的指挥下进行作业。

12）作业中发生事故，必须及时抢救受伤人员，迅速报告上级，保护事故现场，并采取措施控制事故。如抢救工作可能造成事故扩大或人员伤害时，必须在施工技术管理人员的指导下进行抢救。

13）砌筑 2m 以上的深基础时，应设有爬梯和坡道，不得攀跳槽、沟、坑上下。

14）在地坑、地沟砌筑时，严防塌方并注意地下管线、电缆等。

15）脚手架未经交接验收不得使用，验收后不得随意拆改和移动。当作业要求必须拆改和移动时，须经工程技术人员同意，采取加固措施后方可拆除和移动。脚手架严禁搭探头板。

16）不准用不稳固的工具或物体在脚手板面垫高操作。

17）作业环境中的碎料、落地灰、杂物、工具集中下运，做到日产日清、活完料净场地清。

18）吊物在脚手架上方下落时，作业人员应躲开。

19）运输中通过沟槽时应走便桥，便桥宽度不得小于 1.5m。

20）不准勉强在超过胸部以上的墙体上进行砌筑，以免将墙体碰撞倒塌或上料时失手掉下造成安全事故。

21）在屋面坡度大于 25°时，挂瓦必须使用移动板梯，板梯必须有牢固挂钩，檐口应搭设防护栏杆，并挂密目安全网。

22）冬期施工遇有霜、雪时，必须待脚手架上、沟槽内等作业环境内的霜、雪清除后作业。

23）作业面暂停作业时，要对刚砌好的砌体采取防雨措施，以防雨水冲走砂浆，致使砌体倒塌。

24）在台风季节，应及时进行圈梁施工，加盖楼板或采取其他稳定措施。

单元小结

1. 脚手架是建筑施工过程中必不可少的临时设施，目前我国最常用的脚手架是多立杆式脚手架。多立杆式可布置成单排架、双排架以及满堂架。

脚手架作为建筑工程中的支撑系统在建筑工程中起着非常重要的作用，大多数工程事故均与脚手架的安全操作有关，在工程实际中一定要注重脚手架工程的施工。

2. 模板按其功能分为定型组合模板、墙体大模板、台模、滑模等。一般框架结构模板的拆除顺序为：拆柱模斜撑与柱箍→拆柱侧模→拆楼板底模→拆梁侧模→拆梁底模。

3. 钢筋工程施工中易发生的质量问题为：钢筋放反、钢筋绑扎完成后未注意保护造成尺寸偏差、钢筋下料不准确、钢筋定位不准确等，在钢筋工程施工中应注意避免这类质量问题的发生。

4. 混凝土工程中易出现的问题为：漏振、混凝土配合比不准确，混凝土拌制时计量不准确，混凝土浇筑后养护不利。这些会造成混凝土强度严重下降而引发工程安全质量事故等，在混凝土工程中应注意避免此类质量问题的发生。

复习思考题

3-1　脚手架有几种类型?

3-2　脚手架安全作业的基本要求是什么?

3-3　附着升降式脚手架架体如何做防护?

3-4　在脚手架上作业时的安全注意事项是什么?

3-5　搭设和拆除脚手架时的安全防护要求有哪些?

3-6　脚手架拆除的原则是什么?

3-7　模板由哪三部分组成?

3-8　模板分为哪几类?

3-9　试述钢筋加工时的安全要求。

3-10　建筑工程用钢筋国内常规供货直径有哪几种?

3-11　试述混凝土浇筑、振捣及养护时的安全技术要求。

3-12　张拉设备的测定期限是几年?

3-13　在什么情况下应对张拉设备重新测定?

3-14　砌体工程哪些部位不可设置脚手眼?

案　例　题

由天津市某建筑工程公司施工的×××小区工程，结构为六层砖混结构，试为该工程的模板拆除及砌体工程分项做安全技术交底方案。

单元 4 建筑机械安全技术

单元概述

本单元主要介绍了土方机械（包括推土机、铲运机、装载机、挖掘机、压路机）的特点、功能及使用的安全技术，还介绍了桩工机械、混凝土机械、钢筋机械、装修机械及木工机械的种类，性能及使用的安全技术。重点介绍了打桩机、混凝土搅拌机、混凝土输送泵、振捣器、钢筋机械、圆盘锯、电子刨等的性能、特点和使用的安全技术。

学习目标

了解土方机械的特点、功能及安全规则，了解桩工机械、混凝土机械、钢筋机械、装修机械及木工机械的种类、性能及使用的安全技术。重点掌握打桩机、混凝土搅拌机、混凝土输送泵、振捣器、钢筋机械、圆盘锯、电子刨等的性能、特点和使用的安全技术。

课题1 建筑机械安全技术的一般规定

1）特种设备操作人员应经过专业培训、考核合格取得住房城乡建设主管部门颁发的操作证，并应经过安全技术交底后持证上岗。

2）机械必须按出厂使用说明书规定的技术性能、承载能力和使用条件，正确操作，合理使用，严禁超载、超速作业或任意扩大使用范围。

3）机械上的各种安全防护和保险装置及各种安全信息装置必须齐全有效。

4）机械作业前，施工技术人员应向操作人员进行安全技术交底。操作人员应熟悉作业环境和施工条件，并应听从指挥，遵守现场安全管理规定。

5）在工作中，应按规定使用劳动保护用品。高处作业时应系安全带。

6）机械使用前，应对机械进行检查、试运转。

7）操作人员在作业过程中，应集中精力，正确操作，并应检查机械工况，不得擅自离开工作岗位或将机械交给其他无证人员操作。无关人员不得进入作业区或操作室内。

8）操作人员应根据机械有关保养维修规定，认真并及时做好机械保养维修工作，保持机械的完好状态，并应做好维修保养记录。

9）实行多班作业的机械，应执行交接班制度，填写交接班记录，接班人员上岗前应认真检查。

10）应为机械提供道路、水电、作业棚及停放场地等作业条件，并应消除各种安全隐患。夜间作业应提供充足的照明。

11）机械设备的地基基础承载力应满足安全使用要求。机械安装、试机、拆卸应按使用说明书的要求进行。使用前应经专业技术人员验收合格。

12）新机械、经过大修或技术改造的机械，应按出厂使用说明书的要求和现行行业标准进行测试和试运转。

13）机械集中停放的场所、大型内燃机械，应有专人看管，并应按规定配备消防器材。机房及机械周边不得堆放易燃、易爆物品。

14）变配电所、乙炔站、氧气站、空气压缩机房、发电机房、锅炉房等易燃易爆场所，挖掘机、起重机、打桩机等易发生安全事故的施工现场，应设置警戒区域，悬挂警示标志，非工作人员不得入内。

15）在机械产生对人体有害的气体、液体、尘埃、渣滓、放射性射线、振动、噪声等的场所，应配置相应的安全保护设施、监测设备、废品处理装置；在隧道、沉井、管道等狭小空间施工时，应采取措施，使有害物控制在规定的限度内。

16）停用一个月以上或封存的机械，应做好停用或封存前的保养工作，并应采取预防风沙、雨淋、水泡、锈蚀等措施。

17）机械使用的润滑油（脂）的性能应符合出厂使用说明书的规定，并应按时更换。

18）当发生机械事故时，应立即组织抢救，并应保护事故现场，按国家有关事故报告和调查处理规定执行。

19）清洁保养维修机械或电气装置前，必须先切断电源，等机械停稳后再进行操作。严禁带电或采用预约停送电时间的方式进行检修。

20）机械不得带病运转。检修前，应悬挂“禁止合闸，有人工作”的警示牌。

课题2 土方机械安全技术

4.2.1 概述

土方机械有推土机、铲运机、装载机、挖掘机和压路机等机种，这些机械各有一定的技术性能和安全使用要求。作为施工组织者和有关专职管理人员，应熟悉它们的类型、性能和构造特点以及安全使用要求，合理选择施工机械和施工方法，建立安全技术管理制度，制订安全技术措施。

土石方机械的一般规定如下：

1）机械进入现场前，应查明行驶路线上的桥梁涵洞的上部净空和下部承载能力，确保机械安全通过。

2）机械通过桥梁时，应采用低速档慢行，在桥面上不得转向或制动。

3）作业前，必须查明施工场地内明暗铺设的各类管线等设施，并应采用明显记号标识。严禁在离地下管线、承压管道1m距离以内进行大型机械作业。

4）作业中，应随时监视机械各部位的运转及仪表指示值，如发现异常，应立即停机检修。

5）机械运行中，不得接触转动部位。在修理工作装置时，应将工作装置降到最低位置，并应将悬空工作装置垫上垫木。

6）在电杆附近取土时，对不能取消的拉线、地垄和杆身，应留出土台。土台大小应根据电杆结构、掩埋深度和土质情况由技术人员确定。

7）机械与架空输电线路的安全距离应符合现行行业标准的规定。

8）在施工中遇到下列情况之一时应立即停工：

① 填挖区土体不稳定，土体有可能坍塌。

② 地面涌水冒浆，机械陷车，或因雨水机械在坡道打滑。

③ 遇大雨、雷电、浓雾等恶劣天气。

④ 施工标志及防护设施被损坏。

⑤ 工作面净空不足。

9）机械回转作业时，配合人员必须在机械回转半径以外工作。当需在回转半径以内工作时，必须将机械停止回转并制动。

10）雨期施工时，机械应停放在地势较高的坚实位置。

11）机械作业不得破坏基坑支护系统。

12）行驶或作业中的机械，除驾驶室外的任何地方不得有乘员。

4.2.2 推土机

推土机是以履带式或轮胎式拖拉机牵引车为主机（动力机），再配置悬式铲刀（工作部件）的自行式铲土运输机械。履带式推土机如图4-1所示。

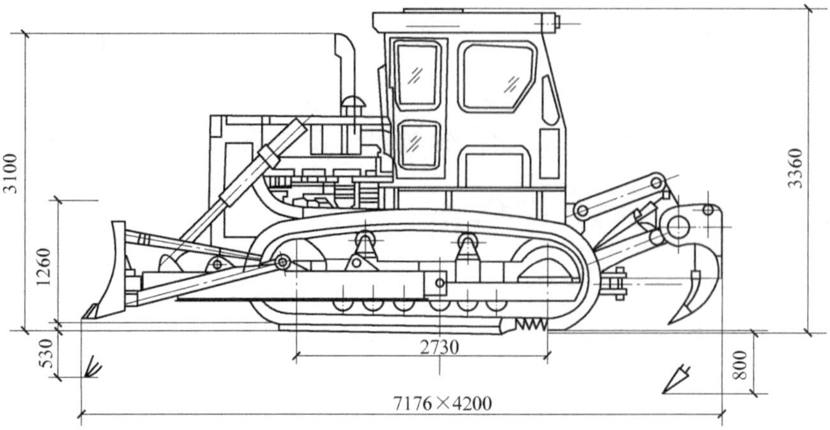

图4-1　履带式推土机

推土机主要进行短距离推运土方、石碴等作业。推土机作业时，依靠机械的牵引力来完成土壤的切割和推运。若配置其他工作装置，推土机可完成铲土、运土、填土、平地、压实以及松土、除根、清除石块及杂物等作业，是土方工程中广泛使用的施工机械。推土机的完整作业由铲土、运土、卸土三个工作过程和一个空载回驶过程组成。

1. 推土机的选择

在施工中，选择推土机主要应考虑以下四个方面。

（1）土方工程量　土方量大且集中时，应选用大型推土机；土方量小且分散时，应选用中、小型推土机；土质条件允许时，应选用轮胎式推土机。

（2）施工条件　修筑半挖半填的傍山坡道时，可选用角铲式推土机；在水下作业时，可选用水下推土机；在市区施工时，应选用能够满足当地环保部门要求的低噪声推土机。

（3）土的性质　一般推土机均适合于Ⅰ、Ⅱ类土施工或Ⅲ、Ⅵ类土预松后施工。当土质较密实、坚硬或为冻土时，应选用重型推土机或带松土器的推土机；当土质为潮湿软泥时，最好选用宽履带的湿地推土机。

（4）作业条件 根据施工作业的多种要求，为减少投入的机械台数和扩大机械作业范围，最好选用多功能推土机。

2. 推土机使用的安全技术

1）推土机在坚硬土壤或多石土壤地带作业时，应先进行爆破或用松土器翻松。在沼泽地带作业时，应更换专用湿地履带板。

2）不得用推土机推石灰、烟灰等粉尘物料，不得进行碾碎石块的作业。

3）牵引其他机构设备时，应有专人负责指挥。钢丝绳的连接应牢固可靠。在坡道或长距离牵引时，应采用牵引杆连接。

4）作业前应重点检查下列项目，并应符合相应要求：

① 各部件不得松动，应连接良好。

② 燃油、润滑油、液压油等应符合规定。

③ 各系统管路不得有裂纹或泄漏。

④ 各操纵杆和制动踏板的自由行程、履带的松紧度或轮胎气压应符合要求。

5）起动前，应将主离合器分离，各操纵杆放在空档位置。

6）起动后应检查各仪表指示值、液压系统，并确认运转正常。当水温达到55℃，机油温度达到45℃时，全荷载作业。

7）推土机四周不得有障碍物，并确认安全后开动。工作时不得有人站在履带或刀片的支架上。

8）采用主离合器传动的推土机接合应平稳，起步不得过猛，不得使离合器处于半接合状态下运转；液力传动的推土机，应先解除变速杆的锁紧状态，踏下减速器踏板，变速杆应在低档位，然后缓慢释放减速踏板。

9）在块石路面行驶时，应将履带张紧。当需要原地旋转或急转弯时，应采用低速档。当行走机构挟入块石时，应采用正、反向往复行驶使块石排除。

10）在浅水地带行驶或作业时，应查明水深，冷却风扇叶不得接触水面。下水前和出水后，应对行走装置加注润滑脂。

11）推土机上、下坡或跨越障碍物时应采用低速档。推土机上坡坡度不得超过25°，下坡坡度不得大于35°，横向坡度不得大于10°。在25°以上的陡坡上不得横向行驶，并不得急转弯。上坡时不得换档，下坡时不得空档滑行。当需要在陡坡上推土时，应先进行填挖，使机身保持平衡。

12）在上坡途中，当内燃机突然熄灭时，应立即放下铲刀并锁住制动踏板。在推土机停稳后，将主离合器脱开，把变速杆放到空档位置，并应用木块将履带或轮胎楔死，然后重新起动内燃机。

13）下坡时，当推土机下行速度大于内燃机传动速度时，转向操纵的方向应与平地行走时操纵的方向相反，并不得使用制动器。

14）填沟作业驶近边坡，铲刀不得越出边缘。后退时，应先换档，后提升铲刀进行倒车。

15）在深沟、基坑或陡坡地区作业时，应有专人指挥。垂直边坡高度应小于2m，当大于2m时，应放出安全边坡，同时禁止用推土刀侧面推土。

16）推土或松土作业时，不得超载，各项操作应缓慢平稳，不得损坏铲刀、推土架、松土器等装置。

17）不得顶推与地基基础连接的钢筋混凝土桩等构筑物。被顶推的树木等物体不得倒向推土机及高空架设物。

18）两台以上推土机在同一地区作业时，前后距离应大于8.0m，左右距离应大于1.5m。在狭窄道路上行驶时，未得前机同意，后机不得超越。

19）作业完毕后，宜将推土机开到平坦安全的地方，并应将铲刀、松土器落到地面。在坡道上停机时，应将变速杆挂低速档，接合主离合器，锁住制动踏板，并将履带或轮胎揳住。

20）停机时，应先降低内燃机转速，变速杆放在空档，锁紧液力传动的变速杆，分开主离合器，踏下制动踏板并锁紧，在水温降到75℃以下，油温降到90℃以下后熄火。

21）推土机长途转移工地时，应采用平板拖车装运。短途行走转移距离不宜超过10km，铲刀距地面宜为400mm，不得用高速档行驶和进行急转弯，不得长距离倒退行驶。

22）在推土机下面检修时，内燃机应熄火，铲刀应落到地面或垫稳。

4.2.3 铲运机

1. 铲运机的用途、分类及型号

铲运机也是一种挖土兼运土的机械设备，它可以在一个工作循环中独立完成挖土、装土、运输和卸土等工作，还兼有一定的压实和平地作用。铲运机运土的距离较远，铲斗容量较大，是土方工程中应用最广泛的重要机种之一，主要用于大土方量的填挖和运输作业。图4-2为铲运机作业示意图。

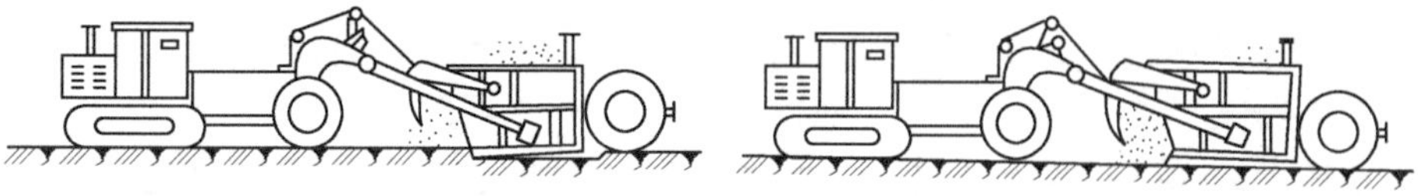

图4-2 铲运机作业示意图

铲运机按行走方式分为拖式和自行式两种；按卸土方式分为强制式、半强制式和自由式三种；按铲斗容量分为小型（$6m^3$ 以下）、中型（$6 \sim 15m^3$）、大型（$15 \sim 30m^3$）、特大型（$30m^3$ 以上）四种。

2. 拖式铲运机使用的安全技术

1）拖式铲运机作业时，应先采用松土器翻松。铲运作业区内不得有树根、大石块和大量杂草等。

2）拖式铲运机行驶道路应平整坚实，路面宽度应比铲运机宽度大2m。

3）起动前，应检查钢丝绳、轮胎气压、铲土斗及卸土板回缩弹簧、拖把万向接头、撑架以及各部滑轮等，并确认处于正常工作状态；液压式铲运车铲斗和拖拉机连接叉座与牵引连接块应锁定，各液压管路应连接可靠。

4）开动前，应使铲斗离开地面，机械周围不得有障碍物。

5）作业中，严禁人员上下机械、传递物件以及在铲斗内、拖把或机架上坐立。

6）多台拖式铲运机联合作业时，各机之间前后距离应大于10m（铲土时应大于5m），左右距离应大于2m，并应遵守下坡让上坡，空载让重载、支线让干线的原则。

7）在狭窄地段运行时，未经前机同意，后机不得超越。两机交会或超车时应减速，两机左右间距应大于0.5m。

8）拖式铲运机上、下坡道时，应低速行驶，不得中途换档，下坡时不得空档滑行，行驶的横向坡度不得超过6°，坡宽应大于铲运机宽度2m。

9）在新填筑的土堤上作业时，离堤坡边缘应大于1m。当需在斜坡上横向作业时，应先将斜坡挖填平整，使机身保持平衡。

10）在坡道上不得进行检修作业。在陡坡上不得转弯、倒车或停车。在坡上熄火时，应将铲斗落地、制动牢靠后再起动。下陡坡时，应将铲斗触地行驶，辅助制动。

11）铲土时，铲土与机身应保持直线行驶。助铲时应有助铲装置，并应正确开启斗门，不得切土过深。两机动作应协调配合，平稳接触，等速助铲。

12）在下陡坡铲土时，铲斗装满后，在铲斗后轮未达到缓坡地段前，不得将铲斗提离地面，以防铲斗快速下滑冲击主机。

13）在不平地段行驶时，应放低铲斗，不得将铲斗提升到高位。

14）拖拉陷车时，应有专人指挥，前后操作人员应配合协调，确认安全后起步。

15）作业后，应将拖式铲运机停放在平坦地面，并应将铲斗落在地面上。液压操纵的拖式铲运机应将液压缸缩回，将操纵杆放在中间位置，进行清洁、润滑后锁好门窗。

16）非作业行驶时，铲斗应用锁紧链条挂牢在运输行驶位置上；拖式铲运机不得载人或装载易燃、易爆物品。

17）修理斗门或在铲斗下检修作业时，应将铲斗提起后用销子或锁紧链条固定，再采用垫木将斗身顶住，并应采用木楔揳住轮胎。

4.2.4 装载机

1. 装载机的特点及用途

装载机是一种作业效率较高的铲装机械，可用来装载松散物料，同时还能用于清理、平整场地、短距离装运物料、牵引和配合运输车辆装土。如更换相应的工作装置，还可以完成推土、挖土、松土、起重等多种工作，且有较好的机动性，故被广泛用于建筑、筑路、矿山、港口、水利及国防等各种建设中。装载机如图4-3所示。

图4-3 装载机

2. 挖掘装载机使用的安全技术

1）挖掘作业前应先将装载斗翻转，使斗口朝地，并使前轮稍离开地面，踏下并锁住制动踏板，然后伸出支腿，使后轮离地并保持水平位置。

2）挖掘装载机在边坡卸料时，应有专人指挥。挖掘装载机轮胎距边坡边缘的距离应大于1.5m。

3）动臂后端的缓冲块应保持完好；损坏时，应修复后使用。

4）作业时，应平稳操纵手柄；支臂下降时不宜中途制动。挖掘时不得使用高速档。

5）应平稳回转挖掘装载机，并不得用装载斗砸实沟槽的侧面。

6）挖掘装载机移位时，应将挖掘装置处于中间运输状态，收起支腿，提起提升臂。

7）装载作业前，应将挖掘装置的回转机构置于中间位置，并应采用拉板固定。

8）在装载过程中，应使用低速档。

9）铲斗提升臂在举升时，不应使用阀的浮动位置。

10）前四阀用于支腿伸缩和装载的作业和后四阀用于回转和挖掘的作业不得同时进行。

11）行驶时，不应高速和急转弯。下坡时，不得空档滑行。

12）行驶时，支腿应完全收回，挖掘装置应固定牢靠，装载装置宜放低，铲斗和斗柄液压活塞杆应保持完全伸张位置。

13）挖掘装载机停放时间超过 1h，应支起支腿，使后轮离地；停放时间超过 1d 时，应使后轮离地，并应在后悬架下面用垫块支撑。

4.2.5 单斗挖掘机

1. 单斗挖掘机的分类及特点

单斗挖掘机是土石方工程中普遍使用的机械，其特点是挖掘力大，可以挖Ⅵ级以下的土壤和爆破后的岩石。

单斗挖掘机可以将挖出的土石就近卸掉或配备一定数量的自卸汽车进行远距离的运输。此外，其工作装置根据建设工程的需要可换成钻孔、碎石、起重和抓斗等多种工作装置，从而扩大了挖掘机的使用范围。单斗挖掘机如图 4-4 所示。

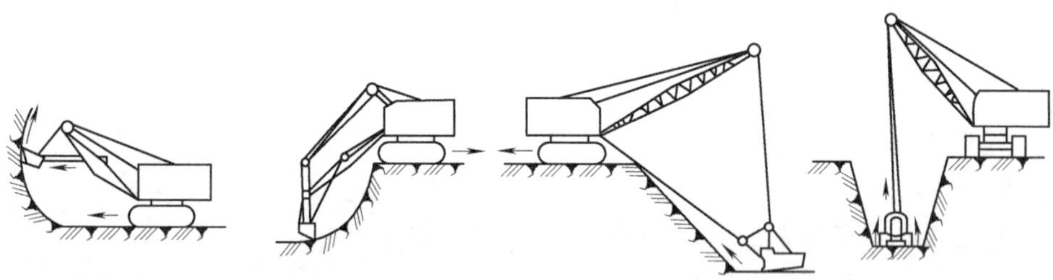

图 4-4 单斗挖掘机

单斗挖掘机的种类按其传动类型的不同可分为机械式和液压式两种；按行走装置的不同可分为履带式、轮胎式和步履式三种。

2. 单斗挖掘机使用的安全技术

1）挖掘机的作业和行走场地应平整坚实，松软地面应用枕木或垫板垫实，沼泽或淤泥场地应进行路基处理，或更换专用湿地履带。

2）轮胎式挖掘机使用前应支好支腿，并应保持水平位置，支腿应置于作业面的方向，转向驱动桥应置于作业面的后方。履带式挖掘机的驱动轮应置于作业面的后方。采用液压悬架装置的挖掘机，应锁住两个悬架液压缸。

3）作业前应重点检查下列项目，并应符合相应要求：

① 照明、信号及报警装置等应齐全有效。

② 燃油、润滑油、液压油应符合规定。

③ 各铰接部分应连接可靠。

④ 液压系统不得有泄漏现象。

⑤ 轮胎气压应符合规定。

4）起动前，应将主离合器分离，各操纵杆放在空档位置，并应发出信号，确认安全后起动设备。

5）起动后，应先使液压系统从低速到高速空载循环10～20min，不得有吸空等不正常噪声，并应检查各仪表指示值，运转正常后再接合主离合器，然后进行空载运转，顺序操纵各工作机构并测试各制动器，确认正常后开始作业。

6）作业时，挖掘机应保持水平位置，行走机构应制动，履带或轮胎应楔紧。

7）平整场地时，不得用铲斗进行横扫或用铲斗对地面进行夯实。

8）挖掘岩石时，应先进行爆破。挖掘冻土时，应采用破冰锤或爆破法使冻土层破碎。不得用铲斗破碎石块、冻土，或用单边斗齿硬啃。

9）挖掘机最大开挖高度和深度，不应超过机械本身性能规定。在拉铲或反铲作业时，履带式挖掘机的履带与工作面边缘距离应大于1.0m，轮胎式挖掘机的轮胎与工作面边缘的距离应大于1.5m。

10）在坑边进行挖掘作业，当发现有塌方危险时，应立即处理险情，或将挖掘机撤至安全地带。坑边不得留有伞状边沿及松动的大块石。

11）挖掘机应停稳后再进行挖土作业。当铲斗未离开工作面时，不得做回转、行走等动作。应使用回转制动器进行回转制动，不得用转向离合器反转制动。

12）作业时，各操纵过程应平稳，不宜紧急制动。铲斗升降不得过猛，下降时，不得撞碰车架或履带。

13）斗臂在抬高及回转时，不得碰到坑、沟侧壁或其他物体。

14）挖掘机向运土车辆装车时，应降低卸落高度，不得偏装或砸坏车厢。回转时，铲斗不得从运输车辆驾驶室顶上越过。

15）作业中，当液压缸即将伸缩到极限位置时，应动作平稳，不得冲撞极限块。

16）作业中，当需制动时，应将变速阀置于低速档位置。

17）作业中，当发现挖掘力突然变化时，应停机检查，不得在未查明原因前调整分配阀的压力。

18）作业中，不得打开压力表开关，且不得将工况选择阀的操纵手柄放在高速档位置。

19）挖掘机应停稳后再反铲作业，斗柄伸出长度应符合规定要求，提斗应平稳。

20）作业中，履带式挖掘机短距离行走时，主动轮应在后面，斗臂应在正前方与履带平行，并应制动回转机构。坡道坡度不得超过机械允许的最大坡度。下坡时应慢速行驶。不得在坡道上变速和空档滑行。

21）轮胎式挖掘机行驶前，应收回支腿并固定可靠，监控仪表和报警信号灯应处于正常显示状态，轮胎气压应符合规定，工作装置应处于行驶方向，铲斗宜离地面1m。长距离行驶时，应将回转制动板踩下，并应用固定销锁定回转平台。

22）挖掘机在坡道上行走时熄火，应立即制动，并应楔住履带或轮胎，重新发动后，再继续行走。

23）作业后，挖掘机不得停放在高边坡附近或填方区，应停放在坚实、平坦、安全的位置，并应将铲斗收回平放在地面，所有操纵杆置于中位，关闭操作室和机棚。

24）履带式挖掘机转移工地时应采用平板拖车装运。短距离自行转移时，应低速行走。

25）保养或检修挖掘机时，应将内燃机熄火，并将液压系统卸荷，铲斗落地。

26）利用铲斗将底盘顶起进行检修时，应使用垫木将抬起的履带或轮胎垫稳，用木楔将落地履带或轮胎揳牢，然后再将液压系统卸荷，否则不得进入底盘下工作。

课题3　桩工机械安全技术

桩基施工历来是建筑施工中突出的安全管理薄弱环节，施工中人身伤亡事故及设备事故时有发生，其主要特点是人身伤亡事故往往是设备事故。

4.3.1　桩工机械的分类、适用范围及特点

1. 预制桩施工机械

1）蒸汽锤打桩机：利用高压蒸汽将锤头上举，然后靠锤头自重向下冲击桩头，从而使桩沉入地下。

2）柴油锤打桩机：利用燃油爆炸推动活塞，靠爆炸力冲击桩头而使桩沉入地下，适用于各类预制桩。

3）振动锤打桩机：利用桩锤的机械振动力使桩沉入土中，适用于承载力较小的预制混凝土桩板、钢板桩等。

4）静力压桩机：利用机械卷扬机或液压系统产生的压力使桩在持续静压力的作用下压入土中，适用于一般承载力的各类预制桩。

打桩机和静力压桩机如图4-5和图4-6所示。

图4-5　打桩机

2. 灌注桩施工机械

1）转盘式钻孔机：采用机械传动方式使平行于地面的磨盘转动，通过钻杆带动钻头转

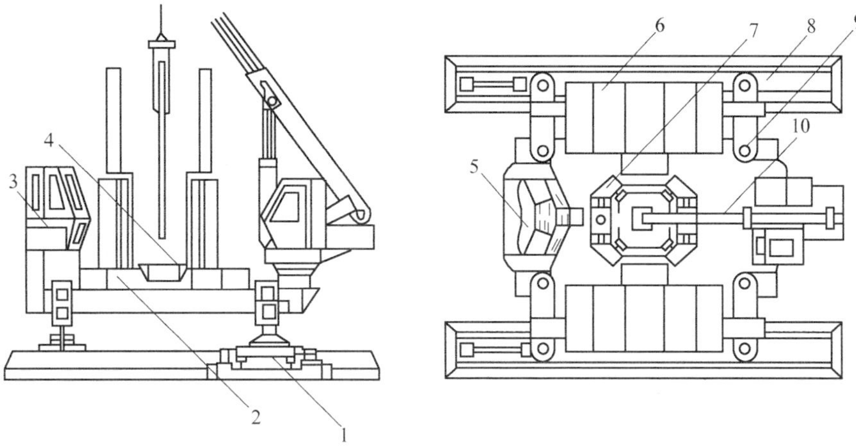

图4-6　静力压桩机

1—短船行走及回转机构　2—配重铁块　3—操作室　4—夹持与压桩机构　5—电控系统　6—液压系统　7—导向架　8—长船行走机构　9—支腿式底盘结构　10—液压起重机

动而切削土层和岩层，并以水作为介质将岩土取出地面，适用于各类中等口径的灌注桩。

2）长螺旋钻孔机：利用电动机转动带动减速箱使长螺旋钻杆转动，从而使土沿着螺旋叶片上升至地表并排出孔外，适用于地下水位低的黏土层地区及桩孔径较小的建筑物基础。

3）旋挖钻机：利用电动机转动带动短螺旋钻杆及取土箱转动，待取土箱内土旋满时将取土箱提出地表并取土，如此周而复始。

4）潜水钻孔机：电动机和钻头在结构上连接在一起，工作时电动机随钻头能潜至孔底。

3. 桩工机械主要设备

1）柴油打桩锤：打预制桩的专用冲击设备，与桩架配套组成柴油打桩机。柴油打桩锤以柴油为燃料，具有结构简单、施工效率高、适应性广的特点。但柴油打桩锤噪声大、废气污染严重、振动大、对周边建筑物有破坏作用，因此该机械在城区的桩基础施工中的使用受到一定限制。

2）振动桩锤：振动法沉桩的主要设备之一。振动桩锤具有效率高、速度快、便于施工等优点，在桩基工程的施工中得到广泛的应用。

3）桩架：打桩专用工作装置配套使用的基本设备，俗称主机，如图4-7和图4-8所示，其作用主要为承载工作装置、桩及其他机具的重量，承担吊桩、吊送桩器、吊料斗等工作，并能行走和回转。桩架和柴油打桩锤配套后，即为柴油打桩机；与振动桩锤配套后即为振动沉拔桩机。

4.3.2　桩工机械使用的安全技术

1）施工现场应按桩机使用说明书的要求进行整平压实，地基承载力应满足桩机的使用要求。在基坑和围堰内打桩，应配置足够的排水设备。

2）桩机作业区内不得有妨碍作业的高压线路、地下管道和埋设的电缆。作业区应有明显标志或围栏，非工作人员不得进入。

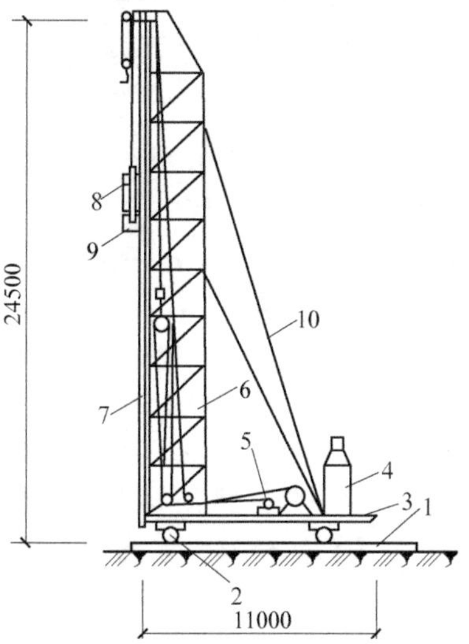

图4-7 滚筒式桩架

1—垫木 2—滚筒 3—底座 4—锅炉 5—卷扬机 6—桩架 7—龙门 8—蒸汽锤 9—桩帽 10—水平调整装置

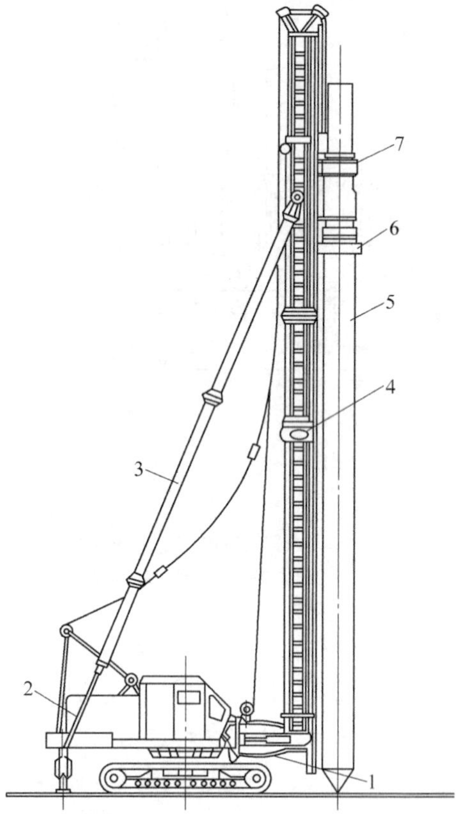

图4-8 履带式桩架

1—立柱支撑 2—导杆 3—斜撑 4—立柱 5—桩 6—桩帽 7—桩锤

3）桩机电源供电距离宜在200m以内，工作电源电压的允许偏差为其公称值的±5%。电源容量与导线截面应符合设备施工技术要求。

4）作业前，应由项目负责人向作业人员进行详细的安全技术交底。桩机的安装、试机、拆除应严格按设备使用说明书的要求进行。

5）安装桩锤时，应将桩锤运到立柱正前方2m以内，并不得斜吊。桩机的立柱导轨应按规定润滑。桩机的垂直度应符合使用说明书的规定。

6）作业前，应检查并确认桩机各部件连接牢靠，各传动机构、齿轮箱、防护罩、吊具、钢丝绳、制动器等应完好，起重机起升、变幅机构工作正常，润滑油、液压油的油位符合规定，液压系统无泄漏，液压缸动作灵敏，作业范围内不得有非工作人员或障碍物。

7）水上打桩时，应选择排水量比桩机重量大4倍以上的作业船或安装牢固的排架，桩机与船体或排架应可靠固定，并应采取有效的锚固措施。当打桩船或排架的偏斜度超过3°时，应停止作业。

8）桩机吊桩、吊锤、回转、行走等动作不应同时进行。吊桩时，应在桩上拴好拉绳，避免桩与桩锤或机架碰撞。桩机吊锤（桩）时，锤（桩）的最高点离立柱顶部的最小距离应确保安全。轨道式桩机吊桩时应夹紧夹轨器。桩机在吊有桩和锤的情况下，操作人员不得离开岗位。

9）桩机不得侧面吊桩或远距离拖桩。桩机在正前方吊桩时，混凝土预制桩与桩机立柱的水平距离不应大于4m，钢桩不应大于7m，并应防止桩与立柱碰撞。

10）使用双向立柱时，应在立柱转向到位并采用锁销将立柱与基杆锁住后起吊。

11）施打斜桩时，应先将桩锤提升到预定位置，并将桩吊起，套入桩帽，桩尖插入桩位后再后仰立柱。

12）桩机回转时，制动应缓慢。

13）桩锤在施打过程中，监视人员应在距离桩锤中心5m以外。

14）插桩后，应及时校正桩的垂直度。桩入土3m以上时，不得用桩机行走或回转动作来纠正桩的倾斜度。

15）拔送桩时，不得超过桩机起重能力。

16）作业过程中，应经常检查设备的运转情况，当发生异常、吊索具破损、紧固螺栓松动、漏气、漏油、停电以及其他不正常情况时，应立即停机检查，排除故障。

17）桩机作业或行走时，除本机操作人员外，不应搭载其他人员。

18）桩机行走时，地面的平整度与坚实度应符合要求，并应有专人指挥。

19）在有坡度的场地上，坡度应符合桩机使用说明书的规定，并应将桩机重心置于斜坡上方，沿纵坡方向作业和行走。桩机在斜坡上不得回转。在场地的软硬边际，桩机不应横跨软硬边际。

20）遇风速12.0m/s及以上的大风和雷雨、大雾、大雪等恶劣气候时，应停止作业。当风速达到13.9m/s及以上时，应将桩机顺风向停置，并应按使用说明书的要求，增设缆风绳，或将桩架放倒。桩机应有防雷措施，遇雷电时，人员应远离桩机。冬期作业应清除桩机上积雪，工作平台应有防滑措施。

21）桩孔成形后，当暂不浇筑混凝土时，孔口必须及时封盖。

22）作业中，当停机时间较长时，应将桩锤落下垫稳。检修时，不得悬吊桩锤。

23）桩机在安装、转移和拆运时，不得强行弯曲液压管路。

24）作业后，应将桩机停放在坚实平整的地面上，将桩锤落下垫实，并切断动力电源。

课题4　混凝土机械安全技术

4.4.1　混凝土搅拌机

1. 混凝土搅拌机的分类

混凝土搅拌机按搅拌原理可分为自落式和强制式两大类，如图4-9和图4-10所示。

自落式搅拌机按其形状和卸料方式，可分为鼓筒式、锥形反转出料式、锥形倾翻出料式三种，其中鼓筒式的自落式搅拌机由于其性能指标落后已列为淘汰机型。

强制式搅拌机可分为立轴式和卧轴式两种，其中卧轴式又有单卧轴和双卧轴之分。

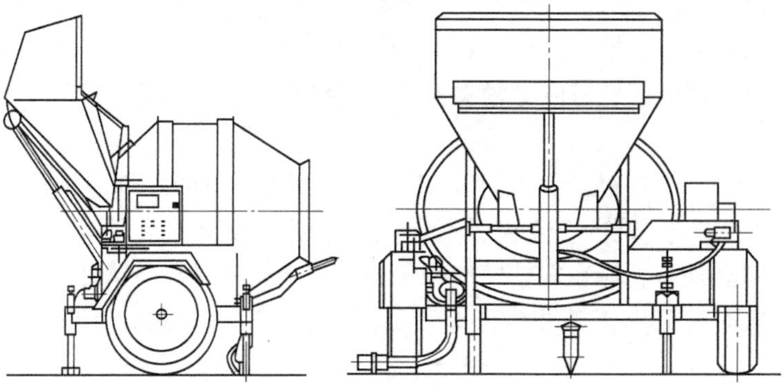

图4-9　自落式混凝土搅拌机

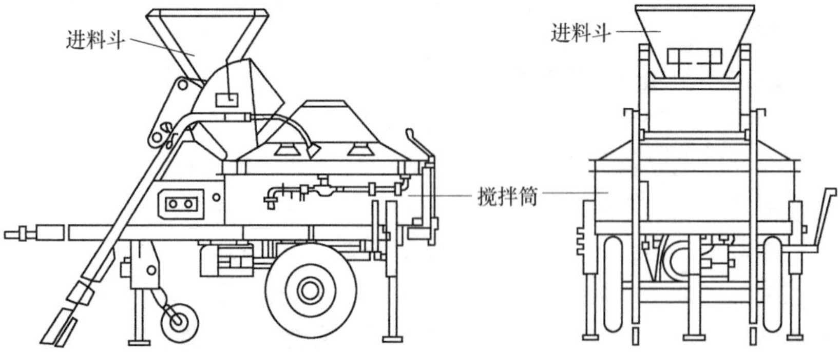

图4-10　强制式混凝土搅拌机

2. 混凝土搅拌机使用的安全技术

1）作业区应排水通畅，并应设置沉淀池及防尘设施。

2）操作人员视线应良好。操作台应铺设绝缘垫板。

3）作业前应重点检查下列项目，并应符合相应要求：

① 料斗上、下限位装置应灵敏有效，保险销、保险链应齐全完好。钢丝绳应符合国家规定要求。

② 制动器、离合器应灵敏可靠。

③ 各传动机构、工作装置应正常。齿轮、带轮等传动装置的安全防护罩应齐全可靠。齿轮箱、液压油箱内的油质和油量应符合要求。

④ 搅拌筒与托轮接触应良好，不得窜动、跑偏。

⑤ 搅拌筒内叶片应紧固，不得松动，叶片与衬板间隙应符合说明书规定。

⑥ 搅拌机开关箱应设置在距搅拌机5m的范围内。

4）作业前应进行空载运转，确认搅拌筒或叶片运转方向正确。反转出料的搅拌机应进行正、反转运转。空载运转时，不得有冲击现象和异常声响。

5）供水系统的仪表计量应准确，水泵、管道等部件应连接可靠，不得有泄漏。

6）搅拌机不宜带载起动，在达到正常转速后上料，上料量及上料程序应符合使用说明书的规定。

7）料斗提升时，人员严禁在料斗下停留或通过；当需在料斗下方进行清理或检修时，应将料斗提升至上止点，并必须用保险销锁牢或用保险链挂牢。

8）搅拌机运转时，不得进行维修、清理工作。当作业人员需进入搅拌筒内作业时，应先切断电源，锁好开关箱，悬挂“禁止合闸”的警示牌，并应派专人监护。

9）作业完毕，宜将料斗降到最低位置，并应切断电源。

4.4.2 混凝土泵及泵车

混凝土泵是将混凝土沿管道连续输送到浇筑工作面的一种混凝土输送机械。混凝土泵车是将混凝土泵装置安装在汽车底盘上，并用液压折叠式臂架(又称布料杆)管道来输送混凝土的。混凝土泵及泵车如图4-11和图4-12所示。

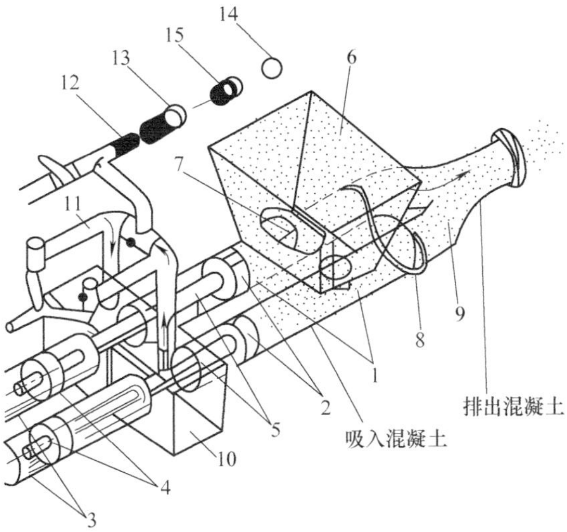

图4-11 混凝土泵

1—混凝土缸 2—混凝土活塞 3—液压缸 4—液压活塞 5—活塞杆 6—受料斗 7—吸入端水平片阀 8—排除端竖直片阀 9—Y形输送管 10—水箱 11—水洗装置换向阀 12—水洗用高压软管 13—水洗用法兰 14—海绵球 15—清洗活塞

1. 混凝土泵及泵车的分类

混凝土泵按其移动方式可分为拖式、固定式、臂架式和车载式等，常用的为拖式；按其驱动方法分为活塞式、挤压式和风动式，其中活塞式又可分为机械式和液压式。目前使用较多的是液压活塞式混凝土泵。

2. 混凝土泵及泵车使用的安全技术

1）混凝土泵应安放在平整、坚实的地面上，周围不得有障碍物，支腿应支设牢靠，机身应保持水平和稳定，轮胎应揳紧。

2）混凝土输送管道的敷设应符合下列规定：

① 管道敷设前应检查并确认管壁的磨损量应符合使用说明书的要求，管道不得有裂纹、砂眼等缺陷。新管或磨损量较小的管道应敷设在泵出口处。

② 管道应使用支架或与建筑结构固定牢固。泵出口处的管道底部应根据泵送高度、混凝土排量等设置独立的基础，并能承受相应荷载。

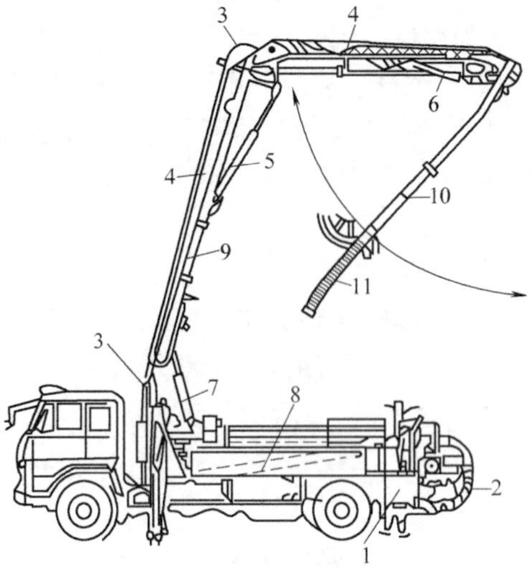

图4-12 混凝土泵车

1—混凝土泵 2—混凝土输送管 3—布料杆支撑装置 4—布料杆臂架
5、6、7—液压缸 8、9、10—混凝土输送管 11—软管

③ 敷设垂直向上的管道时，垂直管不得直接与泵的输出口连接，应在泵与垂直管之间敷设长度不小于15m的水平管，并加装逆止阀。

④ 敷设向下倾斜的管道时，应在泵与斜管之间敷设长度不小于5倍落差的水平管。当倾斜度大于7°时，应加装排气阀。

3）作业前应检查并确认管道连接处管卡扣牢，不得泄漏。混凝土泵的安全防护装置应齐全可靠，各部位操纵开关、手柄等位置应正确，搅拌斗防护网应完好牢固。

4）砂石粒径、水泥强度等级及配合比应符合出厂规定，并应满足混凝土泵的泵送要求。

5）混凝土泵起动后，应空载运转，观察各仪表的指示值，检查泵和搅拌装置的运转情况，并确认一切正常后才可以开始作业。泵送前应向料斗加入清水和水泥砂浆润滑泵及管道。

6）混凝土泵在开始或停止泵送混凝土前，作业人员应与出料软管保持安全距离，作业人员不得在出料口下方停留。出料软管不得埋在混凝土中。

7）泵送混凝土的排量、浇注顺序应符合混凝土浇筑施工方案的要求。施工荷载应控制在允许范围内。

8）混凝土泵工作时，料斗中混凝土应保持在搅拌轴线以上，不应吸空或无料泵送。

9）混凝土泵工作时，不得进行维修作业。

10）混凝土泵作业中，应对泵送设备和管路进行观察，发现隐患应及时处理。对磨损超过规定的管子、卡箍、密封圈等应及时更换。

11）混凝土泵作业后应将料斗和管道内的混凝土全部排出，并对泵、料斗、管道进行清洗。清洗作业应按说明书要求进行。不宜采用压缩空气进行清洗。

4.4.3 混凝土振动器

混凝土振动器是一种借助动力通过一定装置作为振源产生频繁的振动，并将这种振动传给混凝土，以振动捣实混凝土的设备。

混凝土振动器的种类繁多，按其工作的方式可分为插入式(内部式)、附着式(外部式)、平板式等，如图4-13所示。

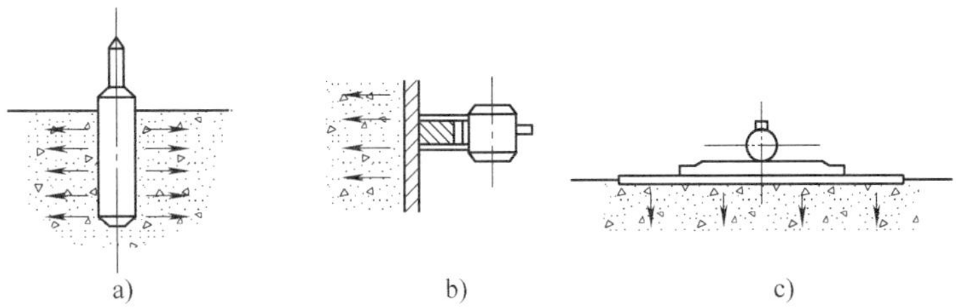

图4-13 混凝土振动器

a）插入式振动器 b）附着式振动器 c）平板式振动器

1. 插入式振动器使用的安全技术

1）作业前应检查电动机、软管、电缆线、控制开关等，并应确认处于完好状态。电缆线连接应正确。

2）操作人员作业时应穿戴符合要求的绝缘鞋和绝缘手套。

3）电缆线应采用耐候型橡皮护套铜芯软电缆，并不得有接头。

4）电缆线长度不应大于30m。不得缠绕、扭结和挤压，并不得承受任何外力。

5）振捣器软管的弯曲半径不得小于500mm，操作时应将振捣器垂直插入混凝土，深度不宜超过600mm。

6）振捣器不得在初凝的混凝土、脚手板和干硬的地面上进行试振。在检修或作业间断时，应切断电源。

7）作业完毕，应切断电源，并应将电动机、软管及振动棒清理干净。

2. 附着式振捣器使用的安全技术

1）作业前应检查电动机、电源线、控制开关等，并确认完好无破损。附着式振捣器的安装位置应正确，连接应牢固，并应安装减振装置。

2）振捣器的轴承不应承受轴向力，使用时，应保持振捣器电动机轴线在水平状态。

3）在同一块混凝土模板上同时使用多台附着式振捣器时，各振动器的振频应一致，安装位置宜交错设置。

4）安装在混凝土模板上的附着式振捣器，每次作业时间应根据施工方案确定。

5）作业完毕，应切断电源，并应将振捣器清理干净。

3. 振动台使用的安全技术

1）作业前应检查电动机、传动及防护装置，并确认完好有效。轴承座、偏心块及机座螺栓应紧固牢靠。

2）振动台应设有可靠的锁紧夹，振动时应将混凝土槽锁紧，混凝土模板在振动台上不得无约束振动。

3）振动台电缆应穿在电管内，并预埋牢固。

4）作业前应检查并确认润滑油不得有泄漏，油温、传动装置应符合要求。

5）在作业过程中，不得调节预置拨码开关。

6）振动台应保持清洁。

课题5 钢筋机械安全技术

钢筋机械按作业方式可分为钢筋强化机械、钢筋加工机械、钢筋焊接机械、钢筋预应力机械。

4.5.1 钢筋强化机械

钢筋强化机械包括钢筋冷拉机、钢筋冷拔机、钢筋轧扭机等机型。

钢筋冷拉机是对热轧钢筋在正常温度下进行强力拉伸的机械。冷拉是把钢筋拉伸到超过钢材本身的屈服强度后放松，从而提高钢筋强度(20%~25%)。通过冷拉不但可使钢筋被拉直、延伸，而且还可以起到除锈和检验钢材的作用。

钢筋冷拔机是在强拉力的作用下将钢筋在常温下通过一个比其直径小0.5~1.0mm的模孔(即拔丝模)，使钢筋在拉应力和压应力作用下被强行从模孔中拔过去，使钢筋直径缩小，而强度提高，从而成为低碳冷拔钢丝。

钢筋轧扭机是由多台钢筋机械组成的冷轧扭生产线，能连续地将直径为6.5~10mm的普通盘圆钢筋调直、压扁、扭转、定长、切断、落料等，即完成钢筋轧扭全过程。

1. 钢筋冷拉机使用的安全技术

钢筋冷拉机如图4-14所示。

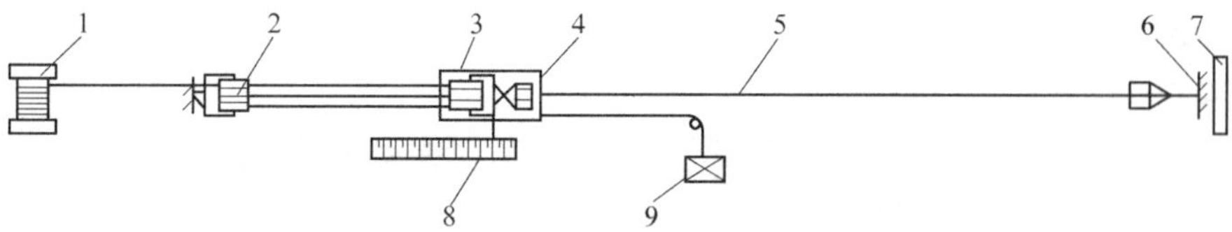

图4-14 钢筋冷拉机

1—卷扬机 2—滑轮组 3—冷拉小车 4—钢筋夹具
5—钢筋 6—地锚 7—防护壁 8—标尺 9—荷重架

应根据冷拉钢筋的直径，合理选用冷拉卷扬机。卷扬钢丝绳应经封闭式导向滑轮，并应和被拉钢筋成直角。操作人员应能见到全部冷拉场地。卷扬机与冷拉中心线距离不得小于5m。

冷拉场地应设置警戒区，并应安装防护栏及警告标志。非操作人员不得进入警戒区。作业时，操作人员与受拉钢筋的距离应大于2m。

作业前，应检查冷拉机，夹齿应完好；滑轮、拖拉小车应润滑灵活；拉钩、地锚及防护装置应齐全牢固。

照明设施宜设置在张拉警戒区外。当需设置在警戒区内时，照明设施安装高度应大于5m，并应有防护罩。

作业后，应放松卷扬钢丝绳，落下配重，切断电源，并锁好开关箱。

2. 钢筋冷拔机使用的安全技术

钢筋冷拔机如图4-15所示。

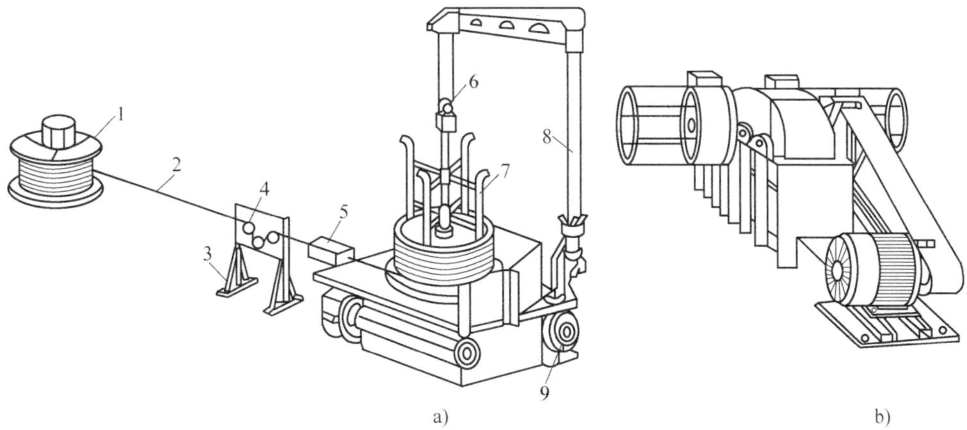

图4-15 钢筋冷拔机

a）立式单卷筒冷拔机 b）卧式双卷筒冷拔机

1—盘圆架 2—钢筋 3—剥壳装置 4—槽轮 5—拔丝模

6—滑轮 7—绕丝筒 8—支架 9—电动机

1）起动机械前，应检查并确认机械各部连接应牢固，模具不得有裂纹，轧头与模具的规格应配套。

2）钢筋冷拔量应符合机械出厂说明书的规定。机械出厂说明书没有规定时，可按每次冷拔缩减模具孔径0.5～1.0mm进行。

3）轧头时，应先将钢筋的一端穿过模具，钢筋穿过的长度宜为100～150mm，再用夹具夹牢。

4）作业时，操作人员的手与轧辊应保持300～500mm的距离。不得用手直接接触钢筋和滚筒。

5）冷拔模架中应随时加足润滑剂。润滑剂可采用石灰和肥皂水调和晒干后的粉末。

6）当钢筋的末端通过冷拔模后，应立即脱开离合器，同时用手闸挡住钢筋末端。

7）冷拔过程中，当出现断丝或钢筋打结乱盘时，应立即停机处理。

3. 钢筋轧扭机使用的安全技术

1）在控制台上的操作人员必须注意力集中，发现钢筋乱盘或打结时要立即停机，待处理完毕后方可开机。

2）运转过程中，任何人不得靠近旋转部件。机械周围不准乱堆异物，以防意外发生。

4.5.2 钢筋加工机械

常用的钢筋加工机械有钢筋切断机、钢筋调直机、钢筋弯曲机、钢筋镦头机等。

钢筋切断机是把钢筋原材和已矫直的钢筋切断至所需长度的专用机械。

钢筋调直机用于将成盘的钢筋和经冷拔的低碳钢丝调直，它具有一机多用功能，能在一次操作中完成钢筋调直、输送、切断工作，并兼有清除表面氧化皮和污迹的作用。

钢筋弯曲机又称冷弯机，它将经过调直、切断后的钢筋，加工成构件中所需要配置的形状，如端部弯钩、梁内弓筋、起弯钢筋等。

钢筋镦头机：为便于拉伸预应力混凝土的钢筋，需要将其两端镦粗，镦头机就是实现钢筋镦头的设备。

1. 钢筋切断机使用的安全技术

钢筋切断机如图4-16所示。

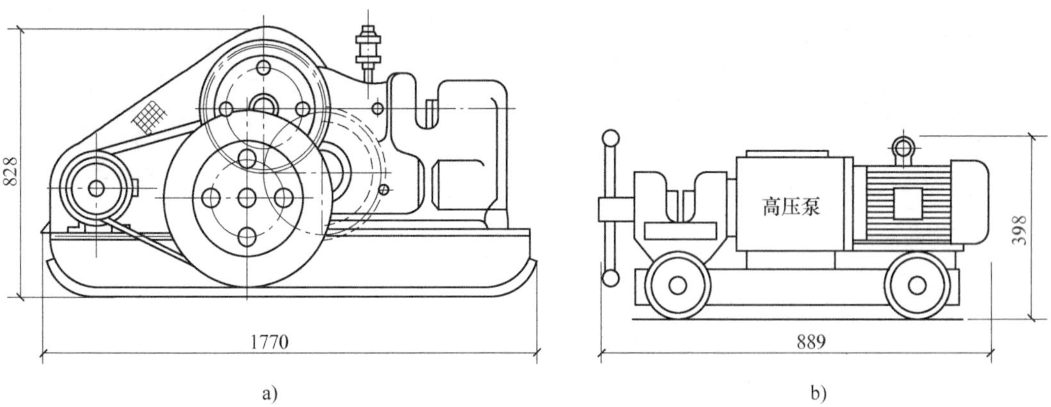

图4-16 钢筋切断机

a）CG40型钢筋切断机 b）DYQ32B电动液压钢筋切断机

1）接送料的工作台面应和切刀下部保持水平，工作台的长度应根据加工材料长度确定。

2）起动前，应检查并确认切刀不得有裂纹，刀架螺栓应紧固，防护罩应牢靠。应用手转动带轮，检查齿轮啮合间隙，并及时调整。

3）起动后，应先空运转，检查并确认各传动部分及轴承运转正常后，开始作业。

4）机器未达到正常转速前，不得切料。操作人员应使用切刀的中、下部位切料，应紧握钢筋对准刃口迅速投入，并应站在固定刀片一侧用力压住钢筋，防止钢筋末端弹出伤人。不得双手在刀片两边握住钢筋切料。

5）操作人员不得剪切超过力学性能规定强度及直径的钢筋或烧红的钢筋。一次切断多根钢筋时，其总截面积应在规定范围内。

6）剪切低合金钢筋时，应更换高硬度切刀，剪切直径应符合力学性能的规定。

7）切断短料时，手和切刀之间的距离应大于150mm，并应采用套管或夹具将切断的短料压住或夹牢。

8）机器运转中，不得用手直接清除切刀附近的断头和杂物。在钢筋摆动范围和机器周围，非操作人员不得停留。

9）当发现机器有异常响声或切刀歪斜等不正常现象时，应立即停机检修。

2. 钢筋调直机使用的安全技术

钢筋调直机如图 4-17 所示。

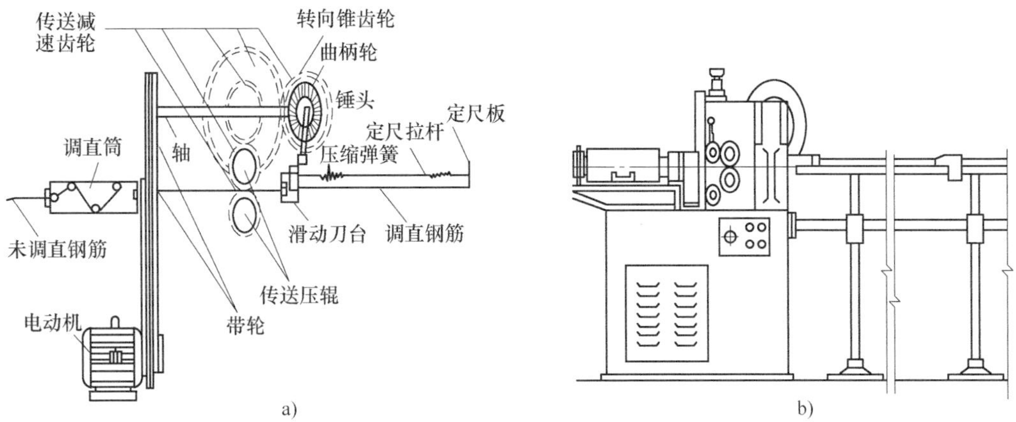

图 4-17　钢筋调直机

a）内部各部分示意　b）外观图

1）在调直块未固定、防护罩未盖好前，不得送料。作业过程中严禁打开各部位的防护罩也不得调整间隙。

2）当钢筋送入后，手与滚筒必须保持一定的距离，不得接近。

3）送料前，应将不直的料头切除，导向筒前应装一根 1m 长的钢管，钢筋必须先穿过钢管再送入调直筒前端的导孔内。

3. 钢筋弯曲机使用的安全技术

钢筋弯曲机如图 4-18 所示。

1）工作台和弯曲机台面应保持水平。

2）作业前应准备好各种芯轴及工具，并应按加工钢筋的直径和弯曲半径的要求，装好相应规格的芯轴和成形轴、挡铁轴。

3）芯轴直径应为钢筋直径的 2.5 倍。挡铁轴应有轴套。挡铁轴的直径和强度不得小于被弯钢筋的直径和强度。

4）起动前，应检查并确认芯轴、挡铁轴、转盘等不得有裂纹和损伤，防护罩应有效。在空载运转并确认正常后，方可开始作业。

5）作业时，应将需弯曲的一端钢筋插入在转盘固定销的间隙内，将另一端紧靠机身固定销，并用手压紧，在检查并确认机身固定销安放在挡住钢筋的一侧后，起动机器。

6）弯曲作业时，不得更换轴芯、销子和变换角度以及调速，不得进行清扫和加油。

7）不得对超过机器铭牌规定直径的钢筋进行弯曲。在弯曲未经冷拉或带有锈皮的钢筋时，应戴防护镜。

8）在弯曲高强度钢筋时，应进行钢筋直径换算，钢筋直径不得超过机器允许的最大弯曲能力，并应及时调换相应的芯轴。

9）操作人员应站在机身设有固定销的一侧。成品钢筋应堆放整齐，弯钩不得朝上。

10）转盘换向应在弯曲机停稳后进行。

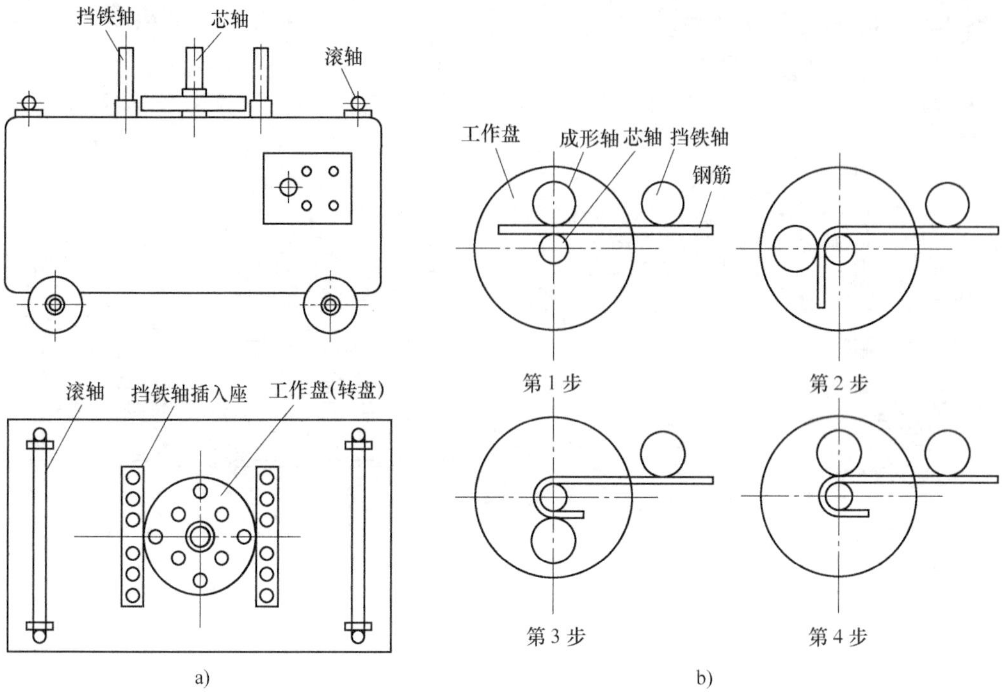

图4-18 钢筋弯曲机

a）组成示意图 b）操作过程

4.5.3 钢筋焊接机械

焊接机械类型繁多，用于钢筋焊接的主要有对焊机、点焊机和交（直）流焊机。

1. 对焊机使用的安全技术

对焊机如图4-19所示。

1）对焊机应安置在室内或防雨的工棚内，并应有可靠的接地或接零。当多台对焊机并列安装时，相互间距不得小于3m，并应分别接在不同相位的电网上，分别设置各自的断路器。

2）焊接前，应检查并确认对焊机的压力机构应灵活，夹具应牢固，气压、液压系统不得有泄漏。

3）焊接前，应根据所焊接钢筋的截面，调整二次电压，不得焊接超过对焊机规定直径的钢筋。

4）断路器的接触点、电极应定期光磨，二次电路连接螺栓应定期紧固。冷却水温度

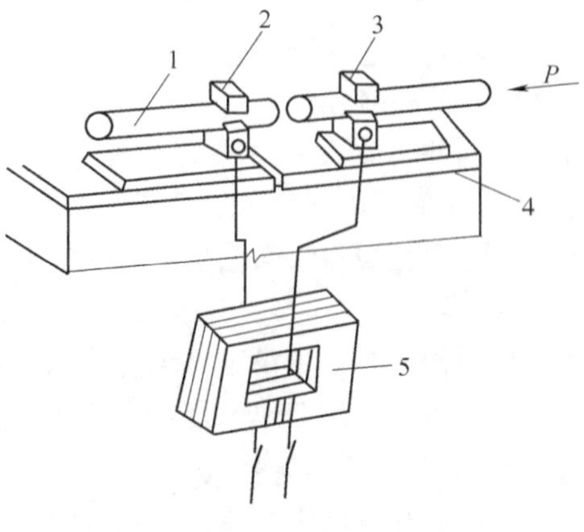

图4-19 对焊机

1—焊接的钢筋 2—固定电极 3—可动电极 4—机座 5—变压器

不得超过40℃；排水量应根据温度调节。

5）焊接较长钢筋时，应设置托架。

6）闪光区应设挡板，与焊接无关的人员不得入内。

7）冬期施焊时，温度不应低于8℃。作业后，应放尽机内冷却水。

2. 点焊机使用的安全技术

1）作业前，应先清除上下两电极的油污。

2）作业前，应先接通控制线路的转向开关和焊接电流的开关，调整好极数，再接通水源、气源，最后接通电源。

3）焊机通电后，应检查并确认电气设备、操作结构、冷却系统、气路系统工作正常，不得有漏电现象。

4）作业时，气路、水冷系统应畅通，气体应保持干燥，排水温度不得超过40℃，排水量可根据水温调节。

5）严禁在引燃电路中加大熔断器。当负载过小，引燃管内电弧不能发生时，不得闭合控制箱的引燃电路。

6）正常工作的控制箱的预热时间不得少于5min。当控制箱长期停用时，每月应通电加热30min。更换闸流管前，应预热30min。

3. 交（直）流焊机使用的安全技术

1）使用前，应检查并确认一次、二次电路线接线正确，输入电压符合电焊机的铭牌规定，接线螺母、螺栓及其他部件完好齐全，不得松动或损坏。直流电焊机换向器与电刷接触应良好。

2）当多台焊机在同一场地作业时，相互间距不应小于600mm，应逐台启动，并应使三相负载保持平衡。多台焊机的接地装置不得串联。

3）移动电焊机或停电时，应切断电源，不得用拖拉电缆的方法移动焊机。

4）调节焊接电流和极性开关应在卸除负荷后进行。

5）长期停用的焊机启用时，应空载通电一定时间，进行干燥处理。

4.5.4　钢筋预应力机械

钢筋预应力机械是在预应力混凝土结构中用于对钢筋施加张拉力的专用设备，分为机械式、液压式和电热式三种，常用的是液压式拉伸机。

液压式拉伸机由液压千斤顶、高压泵及连接两者之间的高压油管组成。

1. 液压千斤顶使用的安全技术

液压千斤顶如图4-20所示。

1）千斤顶不允许在任何情况下超负荷和超过行程范围使用。

2）在使用千斤顶张拉的过程中，应使顶压液压缸全部回油；在顶压过程中，张拉液压缸应予持荷，以保证恒定的张拉力，待顶压锚固完成后，张拉液压缸再回油。

2. 高压泵使用的安全技术

1）高压泵不宜在超负荷下工作，安全阀应按额定油压调整，严禁任意调整。

2）高压泵运转前，应将各油路调节阀松开，然后开动高压泵，待空载运转正常后再紧闭回油阀，并逐渐旋拧进油阀杆以增大荷载，同时要注意压力表指针是否正常。

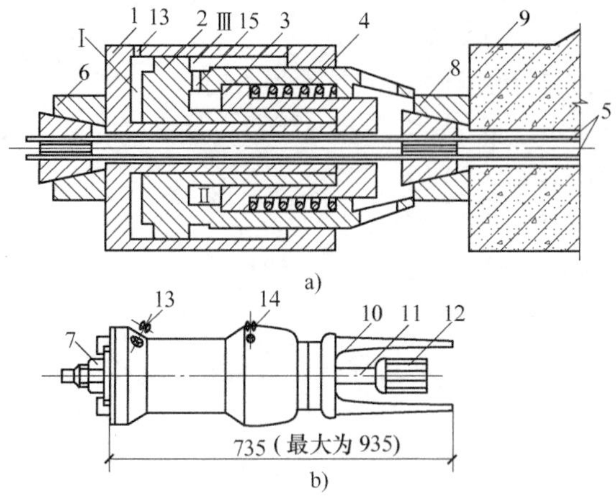

图4-20 液压千斤顶

1—张拉液压缸 2—顶压液压缸 3—顶压活塞 4—弹簧 5—预应力筋 6—工具式锚具 7—螺母 8—工作锚具 9—混凝土构件 10—顶杆 11—张拉杆 12—连接器 13—张拉液压缸嘴 14—顶压液压缸嘴 15—油孔 Ⅰ—张拉工作油室 Ⅱ—顶压工作油室 Ⅲ—张拉回程油室

课题6 其他机械安全技术

4.6.1 灰浆制备机械

灰浆制备机械是装修工程的抹灰施工中用于制备灰浆的机械，包括灰浆搅拌机、纸筋灰拌和机等。其中灰浆搅拌机应用较多。

灰浆搅拌机如图4-21所示，其使用的安全技术如下几点所述：

1）运转过程中不得用手或木棒等伸进搅拌筒内或在筒口清理灰浆。

2）作业过程中如发生故障不能继续运行时，应立即切断电源，将筒内灰浆倒出，然后进行检修或排除故障。

3）开机前应先检查电气设备的绝缘和接地是否可靠。带轮和齿轮必须要有防护罩，机械安装要平稳牢固。

图4-21 灰浆搅拌机

4.6.2 手持机具

手持机具是利用小容量电动机通过传动机构驱动工作装置的一种手提式或便携式小型机具。它用途广泛，使用方便，能提高装修的质量和速度，是装修机械的重要组成部分。

1. 常用的铆接紧固机具

1）拉铆枪：用于各种结构件的铆接作业。铆件美观牢固，能达到一定的气密性或水密性要求。对封闭构造或盲孔均可进行铆接。拉铆枪有电动和气动两种，电动的因使用方便而被广泛采用。

2）射钉枪：是进行直接紧固技术的先进工具，它能将射钉直接射入钢板、混凝土、砖石等基础材料里，且无须做任何准备工作（如钻孔、预埋等），就能使构件牢固固结。按其结构射钉枪可分为高速和低速两种，建筑施工中适用低速射钉枪。

2. 手持式电动工具使用的安全技术

1）空气湿度小于75%的一般场所可选用手持电动工具。采用手持式电动工具时，必须将其金属外壳与PE线连接，操作人员还应穿戴绝缘用品。

2）手持式砂轮等电动工具应按规定安装防护罩。手持式电动工具的负荷线应采用耐气候型的橡皮护套铜芯软电缆，且不得有接头。

4.6.3　木工机械

建筑施工现场常用的木工机械为圆盘锯和平面刨，如图4-22和图4-23所示，这两种机械的安全使用技术要点如下所述。

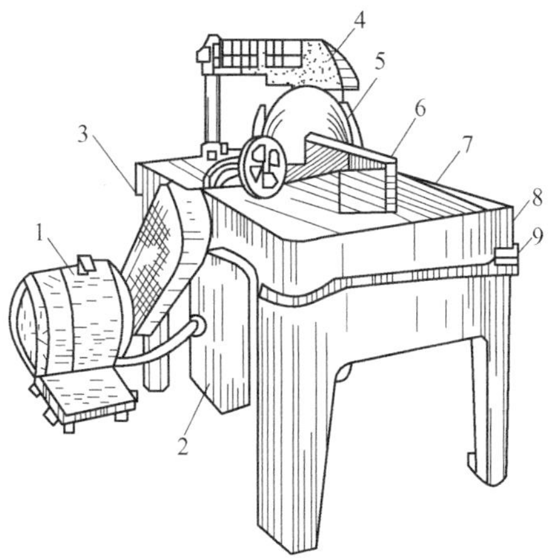

图4-22　圆盘锯

1—电动机　2—开关盒　3—带罩　4—防护罩　5—锯片　6—靠山　7—台面　8—机架　9—双联按钮

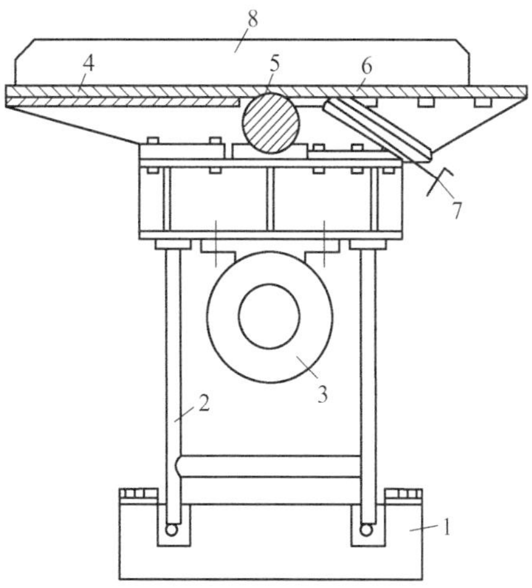

图4-23　平面刨

1—方木机座　2—钢管支架　3—电动机　4—固定台面　5—刀轴　6—活动台面　7—台面调节摇柄　8—导板

1. 圆盘锯的安全使用技术要点

1）设备本身应设按钮开关控制，开关箱与设备的距离应不大于3m，以便在发生故障时能迅速切断电源。

2）锯片必须平整坚固，锯齿应尖锐并有适当锯路；锯片不能有连续2个及以上的缺齿，不得使用有裂纹的锯片；锯片的夹板螺母必须拧紧。安装锯片时，锯片应与轴同心，夹持锯片的法兰盘直径应为锯片直径的1/4。

3）安全防护装置要齐全有效。分料器的厚薄应适度，位置应合适，锯长料时不应夹锯；锯盘护罩应固定在锯盘上方，不得在使用中随意转动；台面应设防护挡板，以防止破料时遇节疤和铁钉而回弹伤人；传动部位必须设置防护罩。

4）锯盘转动后，应待转速正常时再锯木料。所锯木料的厚度，以不碰到固定锯盘的压板边缘为限。操作人员要戴防护眼镜，站在锯片一侧，手臂不得跨越锯片，人员不得站在锯片的旋转方向。

5）木料锯到尾端时，要用下手拉料，不要用上手直接推送，推送时要使用短木板顶料，以防止推空而锯手。下料应堆放整齐，台面上以及工作范围内的木屑应及时清除，不要用手直接擦抹台面。

6）木料较长时应由两人配合操作。操作过程中，下手必须待木料超过锯片20cm以外时，方可接料。接料后不要猛拉，应与送料配合。需要回料时，木料要完全离开锯片后再送回，操作时不能过早过快，防止木料碰锯片。

7）截断木料和锯短料时应采用推棍，不准用手直接进料，且进料速度不能过快。下手接料必须用刨钩。木料长度不足50cm的短料，禁止上锯。

8）需要换锯盘和检查维修时，必须先拉闸断电，待锯盘完全停止转动后再进行工作。

2. 平面刨（手压刨）的安全使用技术要点

1）刨料时，应保持身体平稳，用双手操作。刨大面时，手应按在木料上面；刨小料时，手指不得低于料高一半。不得用手在料后推料。

2）当被刨木料的厚度小于30mm，或长度小于400mm时，应采用压板或推棍推进。厚度小于15mm，或长度小于250mm的木料，不得在平刨上加工。长度超过2m的木料应由两人配合操作。

3）刨旧料前，应将料上的钉子、泥砂清除干净。被刨木料如有破裂或硬节等缺陷时，应处理后再施刨。遇木槎、节疤应缓慢送料。不得将手按在节疤上强行送料。

4）刀片、刀片螺钉的厚度和重量应一致，刀架与夹板应吻合贴紧，刀片焊缝超出刀头或有裂缝的刀具不应使用。刀片紧固螺钉应嵌入刀片槽内，并离刀背10mm及以上。刀片紧固力应符合使用说明书的规定。

5）机器运转时，不得将手伸进安全挡板里侧去移动挡板或拆除安全挡板。

4.6.4 机动翻斗车

机动翻斗车是一种方便灵活的水平运输机械，在建筑施工中常用于运输砂浆、混凝土熟料以及散装物料等。

机动翻斗车使用的安全技术如下所述。

1）机动翻斗车司机应持有特种作业人员合格证。车上除司机外不得带人行驶。驾驶时以一档起步为宜，严禁以三档起步。下坡时不得脱档滑行。

2）向坑槽或混凝土料斗内卸料应保持安全距离，并应设置安全挡块，接近坑边时应减速行驶，以防止到槽边自动下溜或卸料时翻车。

3）翻斗车卸料时应先将车停稳，再抬起锁机构、手柄进行卸料，严禁在制动的同时进行翻斗卸料，以避免发生惯性移位事故。

4）行车时必须将料斗锁牢，严禁在料斗内载人。内燃机运转或料斗内载荷时，严禁在车底下进行任何作业。

5）车用完后要及时冲洗，司机离机时应将内燃机熄火，并挂档和拉紧驻车制动器。

4.6.5 蛙式夯实机

蛙式夯实机是建筑施工中常见的小型压实机械，主要由机械结构和电气控制系统两部分组成，如图4-24所示。

蛙式夯实机宜适用于夯实灰土和素土。蛙式夯实机不得冒雨作业。

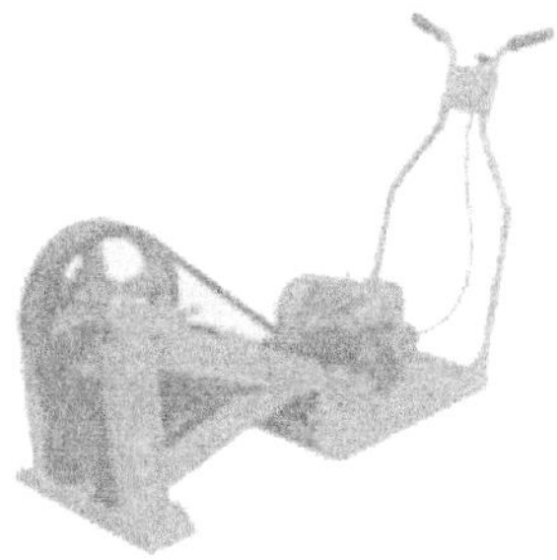

图4-24 蛙式夯实机

蛙式夯实机使用的安全技术如下所述。

1）作业前应重点检查下列项目，并应符合相应要求：

① 剩余电流断路器（漏电保护器）应灵敏有效，接零或接地及电缆线接头应绝缘良好。

② 传动带应松紧合适，带轮与偏心块应安装牢固。

③ 转动部分应安装防护装置，并应进行试运转，确认正常。

④ 负荷线应采用耐候型的四芯橡皮护套软电缆。电缆线长不应大于50m。

⑤ 夯实机起动后，应检查电动机旋转方向，错误时应倒换相线。

2）作业时，夯实机扶手上的开关按钮和电动机的接线应绝缘良好。当发现有漏电现象时，应立即切断电源，进行检修。

3）夯实机作业时，应一人扶夯，一人传递电缆线，并应戴绝缘手套和穿绝缘鞋。递线人员应跟随夯机后或两侧调顺电缆线。电缆线不得扭结或缠绕，并应保持3～4m的余量。

4）作业时，不得夯击电缆线。

5）作业时，应保持夯实机平衡，不得用力压扶手。转弯时应用力平稳，不得急转弯。

6）夯实填高松软土方时，应先在边缘以内100～150mm夯实两三遍后，再夯实边缘。

7）不得在斜坡上夯行，以防夯头后折。

8）夯实房心土时，夯板应避开钢筋混凝土基础及地下管道等地下物。

9）在建筑物内部作业时，夯板或偏心块不得撞击墙壁。

10）多机作业时，其平行间距不得小于5m，前后间距不得小于10m。

11）夯实机作业时，夯实机四周2m范围内，不得有非夯实机操作人员。

12）夯实机电动机温升超过规定时，应停机降温。

13）作业时，当夯实机有异常响声时，应立即停机检查。

14）作业后，应切断电源，卷好电缆线，清理夯实机。夯实机保管应防水防潮。

4.6.6 水泵

水泵的种类很多，主要有离心水泵、潜水泵、深井泵、泥浆泵等。建筑施工中主要使用的是离心水泵，离心水泵中又以单级单吸式离心水泵为最多。

1. 离心水泵使用的安全技术

1）水泵的安装应牢固、平稳，并有防雨、防冻措施。多台水泵并列安装时，其间距应不小于0.8～1.0m，管径较大的进出水管必须用支架支撑，转动部分要有防护装置。

2）电动机轴应与水泵轴同心，螺栓要紧固，管路应密封，且接口要严密，吸水管阀应无堵塞、无漏水，排气阀应通畅。

3）起动时应将出水阀关闭，起动后再逐渐打开。运行过程中，若出现漏水、漏气、填料部位发热、机温升高、电流突然增大等不正常现象，应停机检修。水泵运行过程中，人员不得从机上跨越。

4）升降吸水管时，人员要站到有防护栏杆的平台上操作。应先关闭出水阀才可停机。冬期停用时，应放净水泵和水管中积水。

2. 潜水泵使用的安全技术

1）潜水泵宜先装在坚固的篮筐里再放入水中，亦可在水中将泵的四周设立坚固的防护围网。泵应直立于水中，水深不得小于0.5m，不得在含泥砂的水中使用潜水泵。

2）潜水泵放入水中或提出水面时应先切断电源，严禁拉拽电缆或出水管。

3）潜水泵应装设保护接零装置和剩余电流断路器（漏电保护器），工作时泵周围30m以内的水面不得有人、畜进入。起动前应认真检查，水管结扎要牢固，放气、放水、注油等螺塞均应旋紧，叶轮和进水节应无杂物，电缆应绝缘良好。

4）接通电源后应先试运转，并应检查以确认旋转方向是否正确，在水外的运转时间不得超过5min。运转中应经常观察水位变化，叶轮中心至水面的距离应为0.5～3.0m，泵体不得陷入污泥或露出水面。电缆不得与井壁、池壁相摩擦。

5）新泵或新换密封圈在使用50h后，应旋开放水封口塞检查水、油的泄漏量。当泄漏量超过5mL时，应进行0.2MPa的气压试验，查出原因后再予以排除，以后应每月检查一次；当泄漏量不超过5mL时，可继续使用。检查后应抹上规定的润滑油。

6）经过修理的油浸式潜水泵应先经0.2MPa的气压试验，以检查各部是否有泄漏现象，然后将润滑油加入上、下壳体内。

7）当气温降到0℃以下时，在停止运转后应从水中提出潜水泵，擦干后再存放于室内。每周应测定一次电动机定子绕组的绝缘电阻，电阻不得低于0.5MΩ，电阻值应无下降。

3. 深井泵使用的安全技术

1）深井泵应在含砂量低于0.01%的清水源使用，泵房内应设预润水箱，其容量应能满足一次起动所需的预润水量。

2）新装或经过大修的深井泵，应调整泵壳与叶轮之间的间隙，叶轮在运转过程中不得与壳体摩擦。

3）深井泵在运转前应将清水通入轴与轴承的壳体内进行预润。起动前必须认真检查，要求底座基础螺栓已紧固，轴向间隙应符合要求，调节螺栓的保险螺母要装好，填料压盖要旋紧并经过润滑，电动机轴承也要进行润滑，旋转电动机转子和止退机构均要灵活有效。

4）深井泵不得在无水情况下空运转。水泵的一、二级叶轮应浸入水位1m以下。运转过程中应经常观察井中水位的变化情况。当发现基础周围有较大振动时，应检查水泵的轴承或电动机填料处的磨损情况；当磨损过多而漏水时，应更换新件。

5）已吸、排过含有泥砂的深井泵，在停泵前应用清水冲洗干净。

6）停泵前，应先关闭出水阀，切断电源，锁好开关箱。冬期停用时，应放净泵内积水。

4. 泥浆泵使用的安全技术

1）泥浆泵应安装在稳固的基础架上或地面上，不得有松动现象。

2）起动前要先检查设备，各连接部位要牢固，电动机旋转方向要正确，离合器应灵活可靠，管路应连接牢固且密封可靠，底阀也应灵活有效，吸水管、底阀及泵体内应注满水，压力表缓冲器上端应注满油。

3）起动前应将活塞重复两次前后推动，无阻梗时方可空载起动。起动后，应待运转正常后再逐步增加荷载。

4）运转过程中，应经常测试泥浆的含砂量。泥浆的含砂量不得超过10%。运转过程中不得变速；当需要变速时，应停泵进行换档。当出现异响或水量、压力不正常或局部有明显高温现象时，应停泵检查。

5）有多档速度的泥浆泵，在每班运转过程中应按几档速度分别运转，运转时间均不得少于30min。

6）在正常情况下，应在空载时停泵。停泵时间较长时，应打开全部放水孔，并松开缸盖，提起底阀水杆，放尽泵体及管道中的全部泥砂。

7）长期停用时，应清洗各部的泥砂、油垢，将曲轴箱内的润滑油放尽，并应采取防锈、防腐措施。

单元小结

1. 土方机械有推土机、铲运机、装载机、挖掘机等几种，这些机械各有一定的技术性能和安全使用要求，作为施工组织者和有关专职管理人员应熟悉它们的类型、性能和构造特点以及安全使用要求。

2. 桩基施工历来是建筑施工中突出的安全管理薄弱环节，施工中的人身伤亡事故及设备事故时有发生。使用桩工机械时：高压线下两侧10m以内不得安装打桩机。安装时，应将桩锤运到桩架正前方2m以内，严禁远距离斜吊；桩机周围应有明显标志或围栏，严禁闲人进入；打桩作业时，严禁在桩机垂直半径范围以内和桩锤或重物底下穿行停留；遇有大雨、雪、雾、雷电和6级以上强风等恶劣气候，应停止作业。

3. 混凝土泵是将混凝土沿管道连续输送到浇筑工作面的一种混凝土输送机械。混凝土泵车可将混凝土泵装置安装在汽车底盘上，并用液压折叠式臂架（又称布料杆）管道来输送混凝土。

4. 混凝土振动器是一种借助动力通过一定装置作为振源产生频繁的振动，并使这种振动传给混凝土，以振动捣实混凝土的设备。混凝土振动器按其工作的方式可分为插入式（内部式）、附着式（外部式）、平板振动器（表面振动器）等。

5. 使用钢筋切断机时接送料的工作平台应和切刀下部保持水平，机械未达到正常运转时，不可切料。切料时，必须使用切刀的中、小部位，紧握钢筋对准刃口迅速投入；送料时应在固定刀片一侧握紧并压住钢筋，以防钢筋末端弹出伤人；严禁用两手握住钢筋俯身送料；机械运转中，严禁用手直接清除切刀附近的钢筋断头和杂物。

6. 使用钢筋弯曲机时经空载运转确认正常后，方可作业；作业时，将钢筋需弯一端插入在转盘固定销的间隙内，另一端紧靠机身固定销，并用手压紧，检查机身固定销确实安放在挡住钢筋的一侧，方可开动；严禁在弯曲钢筋的作业半径内和机身不设固定销的一侧站人；作业中，严禁更换轴芯、销子和调速以及变换角度等，也不得进行清扫和加油。

7. 机动翻斗车是一种方便灵活的水平运输机械，在建筑施工中常用于运输砂浆、混凝土以及散装物料等。

8. 手持机具是运用小容量电动机，通过传动机构驱动工作装置的一种手提式或便携式小型机具。

9. 水泵的种类很多，建筑施工中使用的水泵主要有离心式水泵、潜水泵、深井泵、泥浆泵等。其中离心式水泵的使用较为广泛。

复习思考题

4-1　推土机的使用安全技术有哪些?

4-2　铲运机的使用安全技术有哪些?

4-3　桩工机械的使用安全技术有哪些?

4-4　混凝土搅拌机的使用安全技术有哪些?

4-5　混凝土泵及泵车的使用安全技术有哪些?

4-6　插入式振动器的使用安全技术有哪些?

4-7　钢筋加工机械的使用安全技术有哪些?

4-8　电焊机的使用安全技术有哪些?

4-9　平面刨的使用安全技术有哪些?

4-10　机动翻斗车的使用安全技术有哪些?

4-11　蛙式夯实机的使用安全技术有哪些?

4-12　离心水泵的使用安全技术有哪些?

案例题

4-1　某工地，工人张××正在开搅拌机，开了半小时后，他发现地坑内砂石较多，于是将搅拌机料斗提升到顶，自己拿铁锹去地坑挖砂石，此时料斗突然落下，将张××砸成重伤。

请判断下列事故原因分析的对错：

1）未切断电源。

2）将料斗提升后，未用铁链锁住。

3）作业前，未进行料斗提升试验。

4）离合器、制动器失灵，未检查。

4-2　某高速公路项目部施工技术员，根据施工现场情况，对施工用机械设备进行安排。

因取土区土壤松软潮湿，该施工技术员作了具体的安排。

请判断下列安排是否合理：

1）用具有适合湿地作业的挖掘机进行挖掘作业。

2）用推土机将作业场内的土推到250m以外的填方区。

3）用自行式轮胎铲运机，将土壤运往350m外。

4）因无载人交通工具，机器操作工人可乘载在铲运机斗内返回住地。

单元 5

垂直运输机械安全技术

单元概述

垂直运输机械是解决建筑施工过程中建筑材料垂直运输和施工人员上下问题的重要设备，塔式起重机、施工升降机和龙门架及井架物料提升机是建筑施工中最为常见的垂直运输机械设备。这些机械大大减轻了工人的劳动强度，缩短了工期，提高了劳动生产率，因此在建筑施工过程中得到了广泛的应用。本单元主要介绍了施工现场常用的垂直运输机械(塔式起重机、施工升降机和物料提升机)的概念、结构、安全保护装置、安装与拆卸以及安全使用等内容。

学习目标

通过本单元的学习，应掌握三类垂直运输机械的概念、结构、安全保护装置、安装与拆卸以及安全使用等内容。

课题1 塔式起重机安全技术

5.1.1 塔式起重机的概念与结构

塔式起重机简称塔机，是一种塔身竖立、起重臂回转的起重机。起重杆位于塔身顶部，起重高度和回转半径都较大，故特别适用于多层、高层、超高层的工业及民用建筑的施工。塔式起重机主要为建筑结构和工业设备安装、吊运建筑材料和建筑构件，一般用于垂直运输和施工现场内的短距离水平运输。但塔式起重机的安装和拆卸比较麻烦，人力和费用消耗较大。

由于高层建筑发展的需要，塔式起重机的性能也在不断改进。近年来出现了多种塔式起重机，在施工现场常见的一般有以下几种。

1. 自升式塔式起重机

这种起重机装拆方便、安全，依靠自身工作机构升降塔身，可随建筑物的升高而升高，同时不需要埋设地锚，不需要与其他起重机械配合，占用施工场地小、花费时间少、装拆费用低，特别适用于高层和超高层建筑的施工。根据升高方式的不同往往又分为附着式和内爬式两种。

2. 轨道式塔式起重机

这种起重机本身具有运行装置，可以自由行走，使用灵活，活动范围大。常见的有桥式起重机、履带式起重机、轮胎式起重机、汽车式起重机。

3. 旋转式塔式起重机

按旋转方式不同，旋转式塔式起重机可分为上旋式和下旋式两种。上旋式塔式起重机塔身不旋转，而是通过支承装置安装在塔顶上的旋转塔(由起重臂、平衡臂、塔帽等组成)旋转，这类起重机结构简单、安装方便，覆盖范围大，可以在360°范围内自由旋转，如图5-1所示。

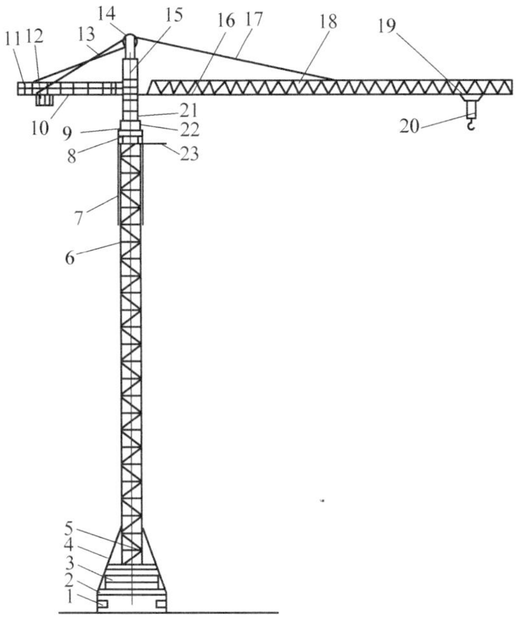

图5-1　上旋式塔式起重机外形结构示意图

1—台车　2—底架　3—压重　4—斜撑　5—塔身基础节　6—塔身标准节　7—顶升机构　8—承座
9—转台　10—平衡臂　11—起升机构　12—平衡重　13—平衡臂拉索　14—塔帽操作平台
15—塔帽　16—小车牵引机构　17—起重臂拉索　18—起重臂　19—起重小车
20—吊钩滑轮　21—司机室　22—回转机构　23—引进轨道

下旋式是指自塔身以上部分整体随支承装置旋转，塔身的结构在弯矩的作用下，塔身构件各部同时受力，并且受力方向不变。由于平衡重放在塔身下部的平台上，所以重心位置较低，增加了稳定性；又由于大部分机构均安装在塔身下部的平台上，因此维修方便。但是由于平台低，为保证回转安全，起重机与建筑物必须保持一定的距离，从而减小了覆盖面积，如图5-2所示。

4. 爬升式塔式起重机

爬升式塔式起重机安装在建筑物内部的结构上，借助于套架托梁和爬升系统自动爬升的起重机，主要用于高层建筑的施工。

5.1.2　塔式起重机的安全保护装置

1. 起重力矩限制器

起重力矩限制器的主要作用是避免塔机由于超载而引起塔机的倾覆或折臂等恶性事故，当吊重力矩超过额定起重力矩时，起重力矩限制器便自动切断起升和幅度增大方向的动力源。起重力矩限制器一般分为机械式和电子式两大类，经常安装在塔帽、起重臂根部等部位。

2. 起重量限制器

起重量限制器的作用是防止塔机的吊物重量超过额定起重量，从而避免发生机械损坏事故。当起吊重量超过额定起重量时，起重量限制器便自动切断起升动力源。起重量限制器通

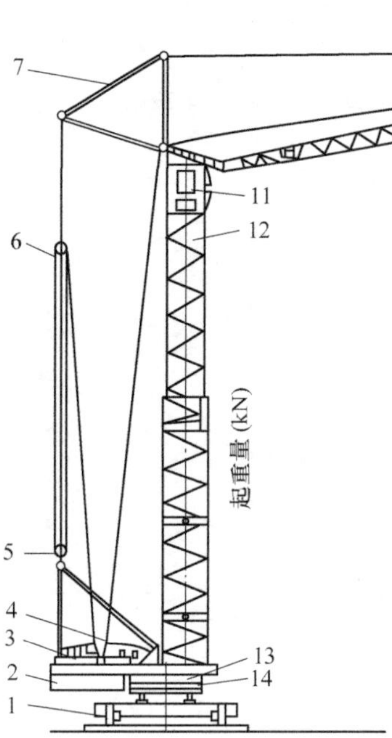

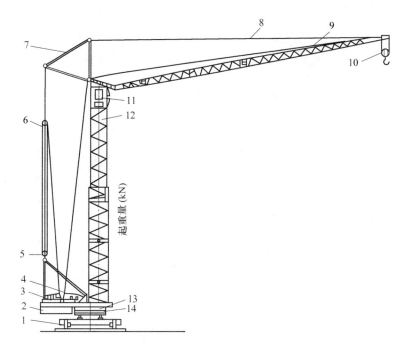

图5-2　下旋式塔式起重机外形结构示意图

1—底架及行走机构　2—压重　3—架设及变幅机构　4—起升机构　5—变幅定滑轮组
6—变幅动滑轮组　7——塔顶撑架　8—臂架拉绳　9—起重臂　10—吊钩滑
11—司机室　12—塔身　13—转台　14—回转支撑装置

常分为电子式和机械式两种。

3. 高度限位器

高度限位器是装在起重臂尖端的防止过卷扬的限位装置，当吊钩接触到起重臂头部或下降到最低点以前，能使起升机构自动断电并停止工作。高度限位器常用的有两种形式：一种安装在起重臂端头附近，另一种安装在起升卷筒附近。

4. 幅度限位器

幅度限位器是用来限制起重臂在俯仰时不超过极限位置的装置。当起重臂俯仰到一定限度之前能发出警报，当达到限定位置时则自动切断电源。

5. 行程限位器

行程限位器一般安装在起重机的行走部分。起重机轨道两端里侧一定距离内装有限位止档装置，该装置能有效地保证起重机在行至轨道近端时或与同一轨道上其他起重机靠近时能自动安全停车。

6. 夹轨钳

对露天作业的轨道式塔式起重机，夹轨钳装设于行走底架的金属结构上，用来夹紧钢轨，一般要求司机离机后必须将其卡牢。

7. 钢丝绳防脱槽装置

钢丝绳防脱槽装置用来防止由于某种原因引起的起重机钢丝绳脱出滑轮轮槽从而造成钢丝绳卡死或损伤的事故。

5.1.3　塔机的安装与拆卸

起重机的拆装必须由取得建设行政主管部门颁发的拆装资质证书的专业单位进行，作业时应由技术和安全人员在场监护。

起重机拆装前应按照出厂说明书的有关规定，编制装拆作业方法、质量要求和安全技术措施，经企业技术负责人审批后，做出装拆作业技术方案，并向全体作业人员交底。编制拆装工艺的主要依据是国家有关塔式起重机的技术标准、规范和规程，包括塔机的使用、拆装说明书，整机、部件的装配图，电气原理及接线图等技术资料。

1. 塔式起重机的基础

固定式塔式起重机的基础是保证塔式起重机安全的必要条件，它承载塔式起重机的自重荷载、运行荷载及风荷载。基础设计及施工时，要考虑：一是基础所在地基的承载力能否达到设计要求，是否需要进行地基处理；二是基础的自重、配筋、混凝土强度等级等是否满足相应型号塔式起重机的技术指标。

塔式起重机基础有钢筋混凝土基础和锚桩基础两种，前者主要用于地基为砂石、黏性土和人工填土的地基条件，后者主要用于岩石地基条件。基础的形式和大小应根据施工现场土质差异而定。基础分整体式和分块式（锚桩）两种，仅在坚岩石地基条件下才允许使用分块地基，土质地基必须采用整体式基础。基础的表面平整度应小于1/750。混凝土基础整体浇筑前，要先把塔式起重机的底盘安装在基础表面，即基础钢筋网片绑扎完成后，在网片上找好基础中心线，按基础节的要求位置摆放底盘并预埋M36地脚螺栓，螺栓强度等级为8.8级，其预紧力矩必须达到1.8kN·m。预埋螺栓固定后，丝头部分用软塑料包扎，以免浇筑混凝土时被污染。浇筑混凝土时，随时检查地脚螺栓位置情况（由于地脚螺栓为特殊材料，禁止用焊接方法固定），螺栓底部圆环内穿直径22mm长1000mm的圆钢加强。底盘上表面水平度误差不大于1mm，同时设置可靠的接地装置，接地电阻不大于4Ω。

2. 安装前的准备工作

1）检查轨道基础是否符合技术要求，混凝土强度等级应不低于C35，基础表面平整度偏差应小于1/1000，埋设件的位置、标高和垂直度及施工工艺应符合出厂说明书要求。还要检查在纵横方向上钢轨顶面的倾斜度是否大于1/1000，钢轨接头间隙是否大于4mm，错开距离是否小于1.5m，接头处是否架在轨枕上，两轨顶高度差是否大于2mm，鱼尾板连接螺栓是否紧固，垫板是否固定牢靠。

2）对所拆装的塔式起重机的各机构、各部位、结构焊缝、重要部位螺栓、销轴、卷扬机构和钢丝绳、吊钩、吊具以及电气设备、线路等进行检查。

3）对自升式塔式起重机的顶升液压系统的液压缸、油管、顶升套架结构、导向轮、挂靴爬爪等进行检查，发现问题及时处理。

4）对拆装人员所使用的工具、安全带、安全帽等进行全面检查，不合格的应立即更换。

5）检查拆装作业中配备的起重机、运输汽车等辅助机械是否性能良好，技术要求是否能保证拆装作业的需要。

6）检查作业现场的供电线路、作业场地、运输道路等是否已具备拆装作业条件。

7）安全监督岗的设置及有关安全技术措施应符合要求。

8）装拆人员在进入工作现场时应正确穿戴安全防护用品，高处作业时应系好安全带，熟悉并认真执行装拆工艺和操作规程。

3. 拆装作业的安全技术

1）塔式起重机的拆装作业应在白天进行，不得在大风、浓雾和雨雪等恶劣天气时作业。

2）在装拆上回转、小车变幅的起重臂时应根据出厂说明书的装拆要求进行，并应保持起重机的平衡。连接螺栓时应采用扭矩扳手，并应按装配技术要求拧紧。

3）采用高强螺栓连接的结构应使用原厂制造的连接螺栓，自制螺栓则应有质量合格的试验证明。

4）在进行部件安装前，必须对部件各部分的完好情况、连接情况和钢丝绳穿绕情况、电气线路等进行全面检查。

5）在拆装作业过程中，如突然发生停电、机械故障、天气剧变等情况且短时间不能继续作业时，必须使起重机已安装、拆卸的部位达到稳定状态并锁固牢靠，经过检查确认后，方可停止作业。

6）拆除因损坏或其他原因而不能用正常方法拆卸的起重机时，必须按照技术部门批准的安全拆卸方案进行。

7）在安装起重机时，必须将大车行走缓冲止档和限位器开关安装得牢固可靠，并将各部位的栏杆、平台、护链、扶杆、护圈等安全防护装置装好。

8）在安装过程中必须分阶段进行技术检验。整机安装完毕后应进行整机技术检验和调整，各机构动作时应正确平稳、无异响，制动应可靠，各安全装置应灵敏有效。

9）塔式起重机回转半径以外6～10m范围内不得有高低压线路。

4. 顶升作业的安全技术

1）顶升作业应在白天进行，遇特殊情况需在夜间作业时应有充分的照明。

2）顶升前应调整好顶升套架滚轮与塔身标准节之间的间隙，使起重臂和平衡臂处于平衡状态，并将回转部分制动住。顶升过程中如发现故障必须立即停止顶升作业并进行检查。液压系统应空载运转，排净系统内的空气，并检查液压顶升系统各部件的连接情况，调整好顶升套架导向滚轮与塔身之间的间隙。

3）顶升作业必须在专人指挥下操作，并由专人照看电源和专人装拆螺栓，非作业人员不得登上顶升套架的操作台，操作室内只准1人操作，且要严格听从信号指挥。

4）风力在四级以上时不得进行顶升作业。如在作业过程中风力突然加大到四级，必须立即停止作业，并使上下塔身连接牢固。

5）顶升完毕后，各连接螺栓应按规定的扭力紧固，液压系统的左右操纵杆要回到中间位置，并应切断液压顶升机构的电源。

6）顶升过程中，严禁旋转起重臂、开动小车或吊钩上下运动。

5. 附着锚固作业的安全技术

1）起重机附着的建筑物，其锚固点的的受力强度必须经过验算，使之能满足塔式起重机在工作状态或非工作状态下的荷载，附着杆系的布置方式、相互间距、附着距离等应按出厂说明书的规定执行，有变动时应另行设计。

2）在装设附着框架和附着杆件时，应采用经纬仪测量塔身垂直度，并用附着杆件进行调整，附着杆件的倾斜角度不得超出10°，以保证塔身的垂直度。

3）附着框架应尽可能设置在塔身标准节的节点连接处以箍紧塔身，塔架对角处还应设斜撑加固。

4）随着塔身的顶升接高到规定的锚固间距时，应及时增设与建筑物的锚固装置。附着装置以上的塔身自由端高度应符合出厂说明书的规定。

5）拆卸塔式起重机时，应随塔身降落的进程拆除相应的附着锚固装置。严禁在落塔之前先拆除所有的锚固装置。

7）遇有六级及以上大风时，禁止安装或拆除附着锚固装置。

8）附着装置的安装、拆卸、检查及调整均应有专人负责，工作时应系安全带和戴安全帽，并遵守高空作业安全操作规程的有关规定。

6. 内爬升作业的安全技术

1）内爬升作业应在白天进行，风力超过五级时应停止作业。

2）爬升作业时，应加强上部楼层与下部楼层之间的联系及机上与机下之间的联系，遇有故障及异常情况应立即停机检查，故障未经排除不得继续爬升。

3）爬升过程中，禁止进行起重机的起升、回转、变幅等各项动作。

4）起重机爬升到指定楼层后，应立即拔出塔身底座的支承梁和支腿，通过爬升框架将其固定在楼板上，同时要顶紧导向装置或用楔块塞紧，使起重机能承受垂直载荷和水平载荷。

5）内爬升塔式起重机的固定间隔一般不得小于3个楼层。

6）对有固定爬升框架的楼层，在楼板下面应增设支柱做临时加固。搁置起重机底座支承梁的楼层下方的两层楼板，也应设置支柱做临时加固。

7）每次爬升完毕后，楼板上遗留下来的开孔必须立即用钢筋混凝土封闭。

8）起重机完成内爬升作业后，应检查爬升框架是否已固定好，底座支承梁是否紧固，楼板临时支撑是否稳固等，确认可靠后方可进行吊装作业。

5.1.4　塔式起重机的安全使用要求

起重作业由于指挥失误或司机操作错误可能会危及起吊物及人身安全，因此必须加强安全管理。

1. 对操作人员的安全要求

塔机司机及指挥人员需经有关部门培训合格，持证上岗。信号指挥人员应持有明显的标志，且不得兼任其他工作。操作人员应按照指挥人员的信号进行作业，当信号不清或错误时，操作人员可拒绝执行。塔机司机要与现场指挥人员配合好，同时司机对任何人发出的紧急停止信号均应服从。作业过程中，操作人员若临时离开操纵室必须切断电源，并锁紧夹轨器。检修人员上塔架、起重臂、平衡臂等高空部位检查或修理时，必须系好安全带。司机要求年满十八周岁，具有初中以上文化程度，身体健康，两眼视力各不低于0.7，无色盲，无听觉障碍，无高血压、心脏病、眩晕等妨碍起重作业的其他疾病和生理缺陷。

2. 日常使用注意事项

塔式起重机的使用应遵照国家和主管部门颁发的安全技术标准、规范和规程进行，同时也要遵守使用说明书中的有关规定。

1）做好日常检查和使用前的检查。

① 每月或连续大雨后应对轨道基础进行全面检查，以判断其是否有弹性沉陷，应检查轨距偏差、钢轨顶面的倾斜度等，还应对混凝土基础进行检查，以判断其是否有不均匀的沉降。

② 检查各安全装置和指示仪表是否齐全有效，发现失灵的安全装置应及时修复或更换。应检查主要部位的连接螺栓是否有松动现象，钢丝绳磨损情况及各滑轮穿绕是否符合规定。

③ 检查金属结构和工作机构的外观情况是否正常，供电电缆有无破损。

2）送电前，各控制手柄应在零位；当接通电源时，应用试电笔检查金属结构部分，确认无漏电现象。

3）起吊重物时，重物和吊具的总重不得超过起重机相应幅度下规定的起重量，严禁斜拉和起吊埋在地下等的不明重量的物件。

4）作业前应进行空载运转，试验各工作机构及其制动器和安全防护装置等是否正常。

5）提升重物时，严禁自由下降。重物就位时，可采用就位机构或利用制动器使之缓慢下降。严禁用吊钩直接挂吊物和用塔机运送人员。

6）6级以上强风、大雾、大雨、大雪天气时，应停止使用。

7）吊运散装物件时，应制作专用的吊笼或容器，并应保障在吊运过程中物料不会脱落。吊笼或容器在使用前应按允许承载能力的2倍荷载进行试验，使用过程中应定期进行检查。吊运多根钢管、钢筋等细长材料时，必须确认吊索绑扎牢靠，以防止吊运过程中吊索滑移而使物料散落。

8）塔式起重机在弯道上不得进行吊装作业或吊物行走。

9）同一施工地点有2台以上塔式起重机时，应保证两机间最小防碰安全距离：

① 移动起重机任何部位（包括起吊的重物）之间的距离不得小于5m。

② 两台水平臂架起重机之间的高差应不小于6m。

③ 任何情况下，处于高位的起重机（吊钩升至最高点）与处于低位的起重机之间，其垂直方向的间距不得小于2m。

10）作业完毕后，起重机应停放在轨道中间位置，起重臂应转到顺风方向，还应松开制动器，将所有工作机构的开关转至零位，切断总电源，打开高空指示灯。

[讨论题5-1]

某工地安装一塔式起重机，项目经理将任务承包给了架子工张某。张某组织了6名工人进行安装，6人均无上岗证。安装前张某发现钢丝绳有严重断丝现象，一个滑轮出现裂纹，但未进行任何处理，至下午5点，平衡臂安装完毕，起重臂尚未安装完好，突然出现了狂风暴雨，几个人立即停止安装作业，结果出现了起重机侧翻的重大事故。试讨论在上述安装过程中有哪些不符合安全使用规定的地方。

课题2　施工升降机安全技术

5.2.1　施工升降机的概念与结构

建筑施工升降机是依附建筑物而稳定直立的垂直运输机械，主要由导轨架、吊笼、驱动装置、控制装置及安全装置等组成。吊笼安装在导轨架的外侧，吊笼（梯笼）是施工升降机运载人和物料的构件。吊笼内有传动机构、限速器及电气箱等，外侧附有驾驶室，并设置了门保险开关与门联锁，只有当吊笼前后两道门均关好后，吊笼才能运行。驱动装置由电动机、减速机、齿轮、齿条组成，齿轮沿着齿条式导轨以爬升方式上下运行。控制装置和操作人员均在吊笼之内。

施工升降机是一种使用工作笼（吊笼）沿导轨架做垂直（或倾斜）运动来运送人员和物料的机械。由于施工升降机结构坚固，拆装方便，不用另设机房，同时具有使用高度大、安全可靠、人货两用等特点，因此，被广泛应用于工业、民用高层建筑的施工和桥梁、矿井、水塔的高层物料和人员的垂直运输施工升降机整机如图5-3所示。

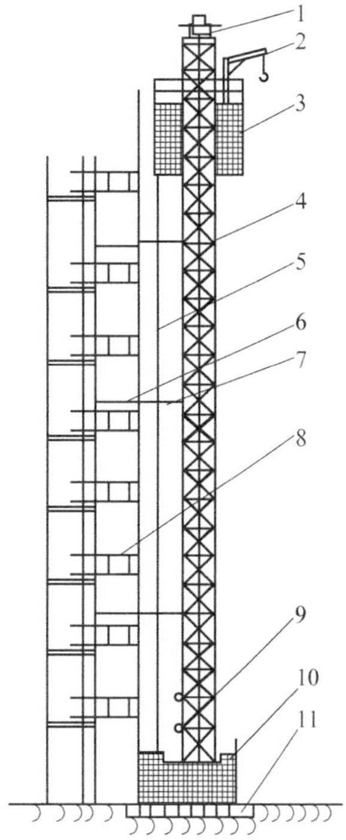

图5-3　施工升降机整机示意图

1—天轮架　2—吊杆　3—吊笼　4—导轨架　5—电缆　6—后附墙架　7—前附墙架　8—护栏　9—配重　10—吊笼　11—基础

5.2.2　施工升降机的安全保护装置

1. 限速器和捕捉器

限速器是施工升降机防止意外坠落的主要安全装置，它可以限制梯笼的运行速度，一般经常选用单向圆锥摩擦式限速器，要求每3个月进行一次试验，每18个月送生产厂家进行一次校核。捕捉器（瞬时式断绳保护装置）仅存在于一些单传动的施工电梯中。捕捉器一侧为圆弧形闸瓦，另一侧为楔铁，当梯笼发生意外而坠落时，捕捉器就会上升，像楔子一样插入梯笼和导轨井架的导柱中间。限速器每动作一次后都要进行复位，同时应确认传动机构的电磁制动作用是否可靠。

2. 缓冲器

在施工升降机的底架上装有缓冲弹簧，它具有吸收运动机构的能量并减少冲击的良好性能，当吊笼发生坠落事故时，可以减轻对吊笼的冲击力。

3. 上、下行程限位器

为防止因司机操作失误或电气故障等原因而导致吊笼上、下运动超过极限位置，使用上、下行程限位器能自动切断电源，从而保证吊笼安全。

4. 安全钩

安全钩是安装在吊笼上部的重要装置。当吊笼上行到导轨架顶部时，安全钩能钩住导轨架，保证吊笼不发生倾翻坠落事故。

5. 吊笼门、底笼门保护联锁装置

施工升降机的吊笼门、底笼门均应装有电气联锁开关，以防止因吊笼门或底笼门未关好就启动运行而造成人员坠落和物料滚落，当门打开时起重机的运行机构不能开动。

6. 急停开关

吊笼在运行过程中因各种原因需紧急制动时，急停开关可以使吊笼立即停止，从而防止事故发生。

7. 楼层通道门

在各层通道口与升降机的结合部位必须设置楼层通道门，当吊笼上下运行时该门处于常闭状态，只有在吊笼停靠时才能由吊笼内的人打开。

5.2.3　施工升降机的安装与拆卸

施工升降机的安装、拆卸和使用应符合《建筑施工升降机安全使用拆卸安全技术规程》（JGJ 215—2010）的规定。

1. 安装前的准备工作

施工升降机在安装和拆卸前必须编制专项施工方案，必须由取得住房城乡建设主管部门颁发的拆装资质证书的专业单位进行施工，并必须由经过专业培训和取得操作证的专业人员进行操作和维修。

1）认真阅读有关技术文件，了解升降机的型号、主要参数尺寸，搞清安装平面布置图、电气安装接线图，备好安装工具及有关设备。

2）检查浇筑混凝土基础的宽度与深度、地基平整度、楼层高度和排水设施等。

3）检查各机构、制动器及附墙架的位置以及预埋件的位置和尺寸等。

4）检查限位开关装置、限速器装置、电缆架、限位开关碰铁的位置。

5）检查开关箱的位置和容量，确定开关箱内短路、过载、断相及接零保护等装置。

6）有下列情况之一的施工升降机不得安装使用：

① 属国家明令淘汰或禁止使用的。

② 超过由安全技术标准或制造厂家规定使用年限的。

③ 经检验达不到安全技术标准规定的。

④ 无完整安全技术档案的。

⑤ 无安全有效的安全保护装置的。

2. 安装与拆卸的安全技术

1）安装过程中必须由专人负责统一指挥，操作人员在安装时应戴好安全帽和系好安全带，并应将安全带系在立柱节上。

2）导轨架安装时，应用经纬仪对升降机在两个方向进行测量校准，其垂直度允许偏差为其高度的1/2000。

3）施工升降机处于安装工况时，应按照现行国家标准《吊笼有垂直导向的人货两用施工升降机》（GB 26557—2011）及说明书的规定，依次进行对不少于两节导轨架标准节的接高试验。

4）施工升降机导轨架接高标准节的同时，必须按说明书的规定进行附墙连接，导轨架顶部的悬臂部分不得超过说明书规定的高度。

5）施工升降机的吊笼与吊杆不得同时使用。吊笼顶部应装设安全开关，当人员在吊笼顶部作业时，安全开关应处于不能起动的断路状态。安装作业时，必须将按钮盒或操作盒移至吊笼顶部进行操作。当导轨架或附墙架上有人员作业时，严禁开动施工升降机。

6）有对重的施工升降机在安装或拆卸过程中，若吊笼处于无对重运行时，应严格控制吊笼内的荷载和避免超速刹车。

7）遇到雨、雪、雾及大风等恶劣天气时不得进行安装或拆卸作业。

8）施工升降机的安装或拆卸导轨架作业不得与铺设或拆除各层通道作业上下同时进行。当搭设或拆除楼层通道时，严禁吊笼运行。

9）升降机安装后，应经企业技术负责人会同有关部门对基础和附壁支架以及升降机架设安装的质量、精度等进行全面检查，并应按规定程序进行技术试验（包括坠落试验），经试验合格验收签证后，方可投入运行。

5.2.4　施工升降机的安全使用

1）作业前应重点检查结构有无变形，连接螺栓有无松动；齿条与齿轮、导向轮与导轨是否均结合正常；钢丝绳是否固定良好，有无异常磨损；运动范围内有无障碍。

2）电源接通后，应检查确认电压是否正常，还应测试有无漏电现象，试验并确认各限位装置、梯笼、围护门等处的电气联锁装置是否良好可靠，电器仪表是否灵敏有效。起动后，应进行空载升降试验，测定各传动机构制动器的效能，确认正常后方可开始作业。

3）每班使用前应对施工升降机的金属结构、导轨接头、吊笼、电源、控制开关、联锁装置等进行检查，并进行空载运行试验和试验制动器的可靠度。

4）施工升降机的额定荷载试验应在每班首次载重运行时进行，应从最低层开始上升，不得自上而下运行。当吊笼升高至距离地面1～2m时，应停机以试验制动器的可靠性。

5）施工升降机的吊笼进门明显处必须标明限载重量和允许乘人数量，司机必须在核定后方可运行，严禁超载运行。

6）施工升降机司机应按指挥信号操作，作业运行前应鸣声示意。司机离机前，必须将吊笼降到底层，并切断电源和锁好电箱。

7）施工升降机的防坠安全器不得任意拆检调整，应按规定的期限由生产厂家或指定的认可单位进行鉴定或检修。严禁施工升降机使用超过有效标定期的防坠安全器。

8）严禁用行程限位开关作为停止运行的控制开关。

9）应按使用说明书的规定对施工升降机进行保养、维修。使用单位应在施工升降机使用期间安排足够的设备保养、维修时间。严禁在施工升降机运行中进行保养、维修作业。

[讨论题5-2]

某SS100型施工升降机，刚刚安装完毕即载人运行，运行过程中司机发现吊笼运行状态不稳定但没有进行停车处理，后来出现了吊笼从高处坠落的事故，造成1人死亡。经现场勘察，发现提升吊笼的钢丝绳直径不足9mm，制动器垫片磨损严重，架体顶部滑轮上钢丝绳防脱装置失灵。试分析该升降机在使用过程中有哪些操作不符合安全使用规定。

课题3　物料提升机安全技术

5.3.1　物料提升机的概念与结构

物料提升机是建筑施工现场常用的一种输送物料的垂直运输设备，一般额定起重量在2t以下，以地面卷扬机为牵引动力，由底架、立柱及天梁组成架体，并使用钢丝绳传动，以吊笼(吊篮)为工作装置，吊笼沿导轨做升降运动，在架体上装设滑轮、导轨、导靴、吊笼、安全装置等，从而构成完整的垂直运输体系即输送物料的起重设备。近年来，起重吊装机械虽有很大的改进和发展，但物料提升机仍被广泛使用，其重要原因就是构造简单、用料品种和数量少、制作容易、安装拆卸和使用方便、价格低、容易维修、受高度和场地的限制不大，从而深受施工企业的欢迎，近几年得到了快速发展。

按结构形式的不同，物料提升机可分为龙门架式物料提升机和井架式物料提升机。龙门架式物料提升机是由桅杆式起重方法发展而产生的，即用一根横梁将两个独立桅杆连接起来构成主体，依靠建筑物及缆风绳使其保持稳定直立，再在两柱之间设上料吊盘，操作人员在地面控制地面卷扬机作为动力，由两根立柱与天梁构成门架式架体，吊篮(吊笼)在两立柱间沿轨道做垂直运动。井架式物料提升机以地面卷扬机为动力，由型钢组成井字架体，通过滑轮与钢丝绳与吊盘相连，吊笼(吊篮)在井孔内或架体外侧沿轨道做垂直运动井架式物料提升机如图5-4所示。

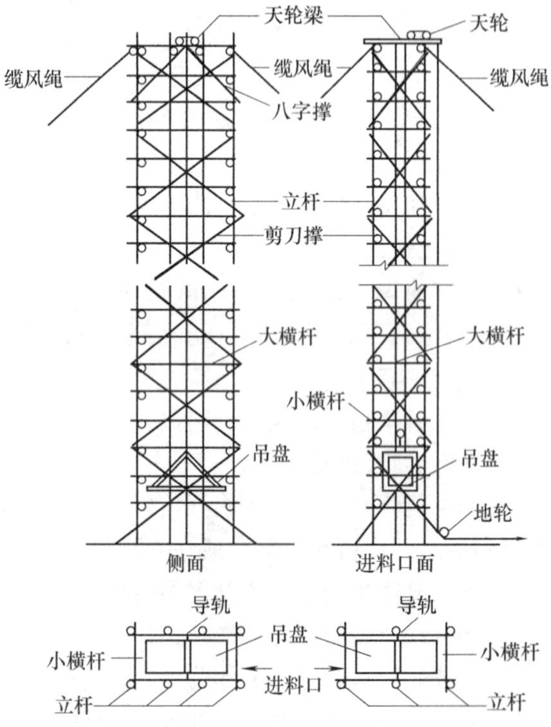

图5-4　井架式物料提升机

5.3.2 物料提升机的稳定装置

物料提升机的主要结构是架体，故对其稳定性要求较高，而其稳定性主要依靠基础、附墙架、缆风绳及地锚来实现。

1. 基础

基础要依据提升机的类型及土质情况来确定。30m 以下的物料提升机的基础一般应满足以下要求：架体基础的地基尺寸不小于 3.5m×4m，或按其出厂说明书的要求来确定；地基应平整夯实，确保其承载力不小于 80kPa，并在其上浇筑厚度为 300mm、强度等级不低于 C20 的混凝土；基础表面水平误差应小于 10mm，基础四周要做好排水；若地势较低，应采用积水坑(池)排水，积水坑(池)与架体基础的距离应不小于 5m。30m 及以上物料提升机的基础应进行设计计算。

2. 附墙架

附墙架是指为增强架体的稳定性而连接在立柱与建筑物结构之间的钢结构。附墙架的设置应满足以下几点要求。

1）提升机附墙架的设置应符合出厂说明书或专项安全施工组织设计的要求，当出厂说明书或专项安全施工组织设计无要求时，其间隔一般不大于 9m，且在建筑物的顶层必须设置一组，提升机顶部的自由高度不得大于 6m。

2）附墙架与建筑结构的连接应进行设计计算。附墙架与架体及建筑物之间均应采用刚性构件连接，并形成稳定结构。附墙架的材质应与架体的材质相同。

3）附墙架不得连接在脚手架上，其材质应达到现行国家标准的要求，不得使用木杆、竹竿等做附墙架与金属架体连接，严禁采用钢丝绑扎。

4）当导轨架的安装高度超过设计的最大独立高度时，必须安装附墙架。

3. 缆风绳

缆风绳是指为保证架体稳定而设置的拉结绳索，所用材料为钢丝绳。缆风绳的设置应满足以下几个条件。

1）架体安装高度在 20m 以下（含 20m）时应设一组缆风绳，其中龙门架每组 4～6 根，井架每组 4～8 根。安装高度在 21～30m 时，缆风绳设置不能少于两组（每组 4 根），在架体顶端设置一组（4 根）。安装高度大于或等于 30m 时，不得使用缆风绳。

2）缆风绳应选用钢丝绳，其直径应经计算确定且不得小于 8mm。按规范要求，缆风绳钢丝绳的安全系数为 3.5。缆风绳与地面之间的夹角宜为 45°～60°，其下端应与地锚连接，不得拴在树、墙、门窗框、脚手架、电杆或堆放的构件等物体上。

3）缆风绳上端应对称设置在架体四角有横向缀件的同一水平面上，最高一组缆风绳应设在架体顶部，缆风绳与架体的连接处应有防止架体使缆风绳剪切破坏的措施。中间设置缆风绳时，应采取增加导轨刚度的措施。

4）缆风绳与地锚之间应采用与钢丝绳拉力相匹配的花篮螺栓拉紧，并加上保险，对连接处的架体焊缝及附件还必须进行设计计算。缆风绳不准在架空线路上方通过，与架空线路必须保持一定的安全距离。

4. 地锚

地锚又称锚碇，用来固定缆风绳、卷扬机等，多由木材、混凝土或钢材制成，常见的有桩锚、坑锚等。在选择锚固位置时，要视土质情况、缆绳受力情况而确定，然后再决定地锚的形式和做法。

30m 以下物料提升机可采用桩式地锚。当采用钢管（48mm×3.5mm）或角钢（75mm×6mm）时，不应少于2根，且应并排设置，间距不应小于0.5m，打入深度不应小于1.7m，顶部应设有防止缆风绳滑脱的装置。

5.3.3　物料提升机的安全保护装置

物料提升机的安全保护装置主要包括安全停靠装置、断绳保护装置、载重质量限制装置（超载限制器）、上极限限位器、下极限限位器、吊笼安全门、缓冲器和通信信号装置等。

1. 安全停靠装置、断绳保护装置

当吊笼停靠在某一层时，安全停靠装置能使吊笼安全定位并稳妥地支靠在架体上，由弹簧控制使支承杆伸到架体的承托架上，且其荷载全部由承托架负担，而钢丝绳不受力，从而防止因钢丝绳断裂使吊篮坠落。断绳保护装置能够可靠地把吊笼刹制在导轨上，其最大制动滑落距离应不超过1m，并且不应对结构件造成永久性损坏。

2. 吊笼安全门

安全门一般采用联锁开启装置。通常采用电气联锁，当安全门未关时，可造成断电，从而使提升机不能工作；也可采用机械联锁。吊笼运行时安全门会自动关闭。

3. 上、下极限限位器

上极限限位器安装在吊笼允许提升的最高工作位置。当吊笼上升至限定高度时，限位器即行动作切断电源。当吊笼下降至下限位置时，下限限位器也会自动切断电源，使吊笼停止下降。

4. 超载限制器

当吊笼内荷载达到额定载重质量的90%时，超载限制器可以发出报警信号；当吊笼内荷载达到额定载重质量的100%~110%时，超载限制器将自动切断提升机工作电源。

5. 缓冲器

缓冲器一般设在架体的底坑里，当吊笼以额定荷载和速度运动到缓冲器上时，缓冲器可以承受相应的冲击力。缓冲器一般采用弹簧或弹性实体。

6. 通信信号装置

信号装置是由司机控制的一种音响装置，可以使各楼层使用提升机装卸物料的人员清晰听到。通信装置是一个闭路的双向电气通信系统，通过它司机和作业人员能够相互联系。

5.3.4　物料提升机的安装、拆除与验收

物料提升机的安装、拆除与验收应满足《龙门架及井架物料提升机安全技术规范》（JGJ 88—2010）及其他相关规定。

1. 安装与拆除的安全技术

1）安装、拆除物料提升机的单位应具备下列条件：

① 安装、拆除单位应具有起重机械安拆资质及安全生产许可证。

② 安装、拆除作业人员必须经专门培训，取得特种作业资格证。

2）物料提升机安装、拆除前，应根据工程实际情况编制专项安装、拆除方案，且应经

安装、拆除单位技术负责人审批后实施。

专项安装、拆除方案应具有针对性、可操作性，并应包括：工程概况；编制依据；安装位置及示意图；专业安装、拆除技术人员的分工及职责；辅助安装、拆除起重设备的型号、性能、参数及位置；安装、拆除的工艺程序和安全技术措施；主要安全装置的调试及试验程序。

3）安装作业前的准备，应符合下列规定：

① 物料提升机安装前，安装负责人应依据专项安装方案对安装作业人员进行安全技术交底。

② 应确认物料提升机的结构、零部件和安全装置经出厂检验，并符合要求。

③ 应确认物料提升机的基础已验收，并符合要求。

④ 应确认辅助安装起重设备及工具经检验检测，并符合要求。

⑤ 应明确作业警戒区，并设专人监护。

4）基础的位置应保证视线良好，物料提升机任意部位与建筑物或其他施工设备间的安全距离不应小于0.6m；与外电线路的安全距离应符合现行行业标准《施工现场临时用电安全技术规范》（JGJ 46—2005）的规定。

5）卷扬机（曳引机）的安装，应符合下列规定：

① 卷扬机安装位置宜远离危险作业区，且视线良好；操作棚应符合规范规定。

② 卷扬机卷筒的轴线应与导轨架底部导向轮的中线垂直，垂直度偏差不宜大于2°，其垂直距离不宜小于20倍卷筒宽度；当不能满足条件时，应设排绳器。

③ 卷扬机（曳引机）宜采用地脚螺栓与基础固定牢固。当采用地锚固定时，卷扬机前端应设置固定止挡。

6）导轨架的安装程序应按专项方案要求执行。紧固件的紧固力矩应符合使用说明书要求。安装精度应符合规范规定。

7）钢丝绳宜设防护槽，槽内应设滚动托架，且应采用钢板网将槽口封盖。钢丝绳不得拖地或浸泡在水中。

8）拆除作业前，应对物料提升机的导轨架、附墙架等部位进行检查，确认无误后方能进行拆除作业。

9）拆除作业应先拆吊具、后拆除附墙架或缆风绳及地脚螺栓。拆除作业中，不得抛掷构件。

10）拆除作业宜在白天进行，夜间作业应有良好的照明。

2. 验收

物料提升机安装完毕后，应由工程负责人组织安装单位、使用单位、租赁单位和监理单位等对物料提升机安装质量进行验收，并应按规定填写验收记录。

物料提升机验收合格后，应在导轨架明显处悬挂验收合格标志牌。

5.3.5 物料提升机的安全使用

1）使用单位应建立设备档案，档案内容应包括：安装检测及验收记录；大修及更换主要零部件记录；设备安全事故记录；累计运转记录。

2）物料提升机必须由取得特种作业操作证的人员操作。

3）物料提升机严禁载人。

4）物料应在吊笼内均匀分布，不应过度偏载。

5）不得装载超出吊笼空间的超长物料，不得超载运行。

6）在任何情况下，不得使用限位开关代替控制开关运行。

7）物料提升机每班作业前司机应进行作业前检查，确认无误后方可作业。应检查确认下列内容：制动器可靠有效；限位器灵敏完好；停层装置动作可靠；钢丝绳磨损在允许范围内；吊笼及对重导向装置无异常；滑轮、卷筒防钢丝绳脱槽装置可靠有效；吊笼运行通道内无障碍物。

8）当发生防坠安全器制停吊笼的情况时，应查明制停原因，排除故障，并应检查吊笼、导轨架及钢丝绳，应确认无误并重新调整防坠安全器后运行。

9）物料提升机夜间施工应有足够照明，照明用电应符合现行行业标准《施工现场临时用电安全技术规范》（JGJ 46—2005）的规定。

10）物料提升机在大雨、大雾、大风等恶劣天气时，必须停止运行。

11）作业结束后，应将吊笼返回最底层停放，控制开关应扳至零位，并应切断电源，锁好开关。

[讨论题5-3]

某工地利用物料提升机输送建筑材料，操作人员张某在班前检查中发现缆风绳与地锚的连接松动，但未进行任何处理，当吊笼停在2层时，工人李某进入笼内进行卸料作业，操作人员张某有事临时离开，卸料完毕后，李某欲乘吊笼由2层降至1层，便喊叫路经此处的油漆工王某开动提升机。试分析上述操作中有哪些不符合安全使用规定的地方。

单元小结

在施工过程中，垂直运输机械是一类重要的设备或设施，主要用于解决建筑材料垂直运输和施工人员上下的问题，塔式起重机、施工升降机和物料提升机是施工现场最为常见的垂直运输机械设备。

1. 塔式起重机的安全装置通常包括起重力矩限制器、起重量限制器、高度限位器、幅度限位器、钢丝绳防脱装置等。起重机的拆装必须由取得住房城乡建设主管部门颁发的拆装资质证书的专业单位进行，按照出厂说明书的有关规定，编制装拆作业技术方案。

2. 建筑施工升降机是依附于建筑物而直立稳定的垂直运输机械。主要由导轨架、梯笼、驱动装置、控制装置及安全装置等组成。在安装和拆卸前，必须编制专项施工方案，由经过专业培训并取得操作证的专业人员进行操作和维修，使用前应做好检查工作，使用中应注意维修保养。

3. 物料提升机是建筑施工现场常用的一种输送物料的垂直运输设备，按结构形式的不同，通常分为龙门架式和井架式两种。提升机的安装和拆卸工作必须按照施工方案进行，并设专人统一指挥，搭、拆人员必须具有相应的资质和资格，使用过程中要进行定期检修。

复习思考题

5-1 塔式起重机安装前的准备工作有哪些?

5-2 塔式起重机的安全装置有哪些?

5-3 简述塔式起重机内爬升作业的安全技术要求。

5-4 使用施工升降机作业前应进行哪些检查?

5-5 物料提升机的稳定性装置有哪些? 什么是附墙架? 附墙架的设置有哪些要求?

案例题

5-1 某工地安装一台塔式起重机，李某等6人负责安装作业，其中4人有上岗证并曾经参与过塔式起重机安装。安装之前没有检查路基和轨道铺设情况。在安装起重臂时，按照要求应设置6倍率吊索，李某等人设置了2个吊点，使用4根钢丝绳，在吊索未拴牢的情况下，将起重臂拉起。在安装吊杆时，吊点处的钢丝绳在冲击力的作用下，将起重臂两根侧向斜腹杆拉断，起重臂立即下沉，造成钢丝绳断裂，起重臂上3名操作人员随即坠落，1人受伤。经事故调查发现安装前作业人员没有认真阅读随机的拆装说明书，安装作业方案未经企业技术负责人审批，工作人员安装过程中未系安全带。试分析上述安装操作存在哪些错误。

5-2 某宿舍楼主体工程和外装修工程已基本完成，6名工人正在拆卸施工升降机架体，突然吊笼从20m高处坠落，造成4人死亡。经现场勘查，当天风力达到6级，该班组已经拆除了架体顶部的附墙杆使架体自由度超过10m，而升降机使用说明中明确规定架体自由度不得超过6m，此外还拆除了架体顶部的钢丝绳防脱装置，使吊笼的防坠安全器失灵，断裂钢丝绳上发现多处断丝现象且断裂处断口不齐。经调查又发现该作业班组没有编制拆卸专项施工方案。试分析该拆卸作业过程中有哪些操作不符合安全使用规定。

单元6

起重吊装安全技术

单元概述

本单元主要介绍了钢丝绳、链条、吊钩等常用索具、吊具的安全技术；千斤顶、倒链(手拉葫芦)、桅杆、卷扬机、地锚等常用起重机具的安全技术；行走式起重机及其构件的吊装方法和安全技术。重点介绍了钢丝绳、吊钩、千斤顶、手拉葫芦、卷扬机等常用机具的规格及安全技术。

学习目标

了解钢丝绳、链条、吊钩等常用索具、吊具的安全技术；千斤顶、倒链(手拉葫芦)、桅杆、卷扬机、地锚等常用起重机具的安全技术；行走式起重机及其构件的吊装方法和安全技术。重点掌握钢丝绳、吊钩、千斤顶、手拉葫芦、卷扬机等常用机具的规格及安全技术。

课题1　钢丝绳安全技术

钢丝绳具有断面相同、强度高、弹性大、韧性好、耐磨、高速运行平稳并能承受冲击荷载等特点，是吊装作业使用的主要绳索，可用来起吊、牵引、捆扎等。

6.1.1　钢丝绳的种类及应用

结构吊装中常用的钢丝绳由六束绳股和一根绳芯(一般为麻芯)捻成。绳股由许多根直径为0.4~4.0mm、强度为1400~2000Pa的高强钢丝捻成。

钢丝绳按捻制方法分为右交互捻、左交互捻、右同向捻、左同向捻，如图6-1所示，另有多层股(不旋转)钢丝绳。

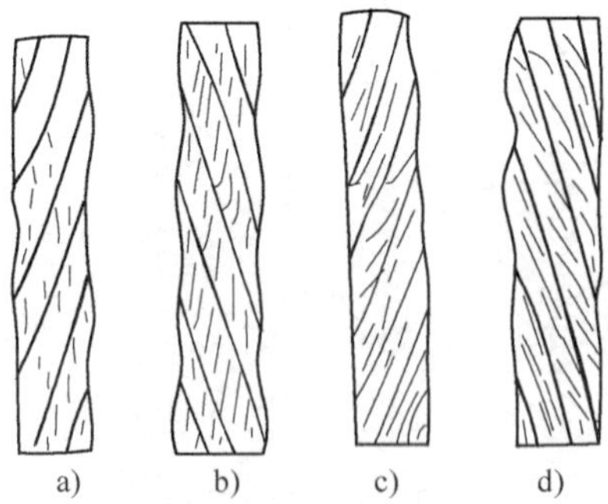

图6-1　钢丝绳的捻法

a) 右交互捻(股向右捻丝向左捻)

b) 左交互捻(股向左捻丝向右捻)

c) 右同向捻(股和丝均向右捻)

d) 左同向捻(股和丝均向左捻)

同向捻钢丝绳中钢丝捻的方向和绳股捻的方向一致；交互捻钢丝绳中钢丝捻的方向和绳股捻的方向相反。多层股(不旋转)钢丝绳，由两层及两层以上的绳股组成，其相邻股的捻向相反。

钢丝绳按麻芯不同分为麻芯(棉芯)、石棉芯和金属芯三种。用浸油的麻或棉纱做绳芯的钢丝绳比较柔软，容易弯曲，同时浸过油的绳芯可以润滑钢丝，防止钢丝生锈，又能减少钢丝间的摩擦，但不能在重压和较高温度下工作。石棉芯的钢丝绳可以在较高温度下工作，但不能重压。金属芯的钢丝绳可以在较高温度下工作，能耐重压，但钢丝绳太硬不易弯曲，只在个别的起重工具中应用。

钢丝绳按绳股数及一股中的钢丝数区分，有6股7丝、7股7丝、6股19丝、6股37丝和

6股61丝等几种。在吊装中常用的有6×19+1、6×37+1和6×61+1三种。在绳直径相同的情况下，6×19钢丝绳的钢丝较粗，比较耐磨，但较硬，不易弯曲，可做缆风绳和吊索；6×37钢丝绳比较柔软，常用来穿滑车组和做吊索用；6×61钢丝绳主要用于重型机械中。

6.1.2 钢丝绳的安全负荷

1. 钢丝绳的破断拉力

钢丝绳的破断拉力是指将整根钢丝绳拉断所需要的拉力，也称为整条钢丝绳的破断拉力，用 S_p 表示，单位为千牛(kN)。

要求整条钢丝绳的破断拉力 S_p 值，应先根据钢丝绳的规格型号，从《金属材料手册》中的钢丝绳规格性能表中查出钢丝绳破断拉力总和 $\sum S$ 值。由于钢丝绳在使用时搓捻得不均匀，钢丝之间存在互相挤压和摩擦的现象，每根钢丝受力大小不一，因此要拉断整根钢丝绳，其破断拉力要小于钢丝破断拉力的总和，因此要乘一个小于1的系数，即换算系数 φ。钢丝绳破断拉力按下式计算：

$$S_p = \varphi \sum S$$

破断拉力换算系数为：当钢丝绳为6×19+1时，$\varphi=0.85$；当钢丝绳为6×37+1时，$\varphi=0.82$；当钢丝绳为6×61+1时，$\varphi=0.80$。

2. 钢丝绳的允许拉力和安全系数

为了保证吊装的安全，根据钢丝绳使用时的受力情况规定其所能允许承受的拉力，称为钢丝绳的允许拉力，用 p 表示，单位一般用kN。钢丝绳的允许拉力与其使用情况有关，可通过计算求得，即

$$p = \frac{S_p}{K}$$

式中 K——钢丝绳安全系数；

S_p——钢丝绳的破断拉力。

钢丝绳的安全系数与荷载性质、牵引方式和挠曲大小等因素有关。钢丝绳的安全系数见表6-1。

表6-1 钢丝绳安全系数 K 值表

钢丝绳用途	安全系数	钢丝绳用途	安全系数
作缆风绳	3.5	作吊索时弯曲	6~7
缆索起重机承重绳	3.75	作捆绑吊索	8~10
手动起重设备	4.5	用于载人的升降机	14
机动起重设备	5~6		

6.1.3 钢丝绳的破坏

钢丝绳在使用过程中由于经常受到拉伸、弯曲作用，故容易产生“金属疲劳”现象，多次弯曲造成的弯曲疲劳是钢丝绳破坏的主要原因之一。

钢丝绳损伤及破坏的形式大致有以下四个方面：

1）截面积减小：因钢丝绳内外部磨损、损耗及腐蚀造成截面积减小。

2）质量发生变化：由于表面疲劳、硬化及腐蚀而引起钢丝绳质量变化。

3）变形：因松捻、压扁或操作中产生各种特殊形变而引起钢丝绳变形。

4）突然损坏。

6.1.4　钢丝绳的报废

钢丝绳在使用过程中会不断地磨损、弯曲、变形、锈蚀和断丝等，当不能满足安全使用要求时应予报废，以免发生危险。

1）钢丝绳在一个节距内断丝达到表6-2所列断丝数时应报废。

表6-2　钢丝绳报废标准

采用的安全系数	钢丝绳种类					
	6×19+1		6×37+1		6×61+1	
	交互捻	同向捻	交互捻	同向捻	交互捻	同向捻
6以下	12	6	22	11	36	18
6~7	14	7	26	13	38	19
7以上	16	8	30	15	40	20

2）钢丝绳直径的磨损和腐蚀大于钢丝绳直径的7%，或外层钢丝磨损达钢丝的40%时应报废。

3）钢丝绳弹性减少，失去正常状态，产生下述变形时应报废：

① 波浪形：在长度大于$25d$范围内，$d_1>\frac{4}{3}d$时（d为钢丝绳公称直径，d_1为钢丝绳变形后包络的直径）。

② 笼形变形。

③ 绳股挤出。

④ 绳径局部增大严重。

⑤ 绳径局部减小严重。

⑥ 已被压偏。

⑦ 严重扭结。

⑧ 明显不易弯曲。

6.1.5　钢丝绳使用的安全技术

1）钢丝绳的结构形式、规格、强度等要符合机型要求。钢丝绳在卷筒上要连接牢固并按顺序整齐排列，当钢丝绳全部放出时，筒上要留上3圈以上。起重钢丝绳的磨损、断丝按《起重机械安全规程　第1部分：总则》（GB 6067.1—2010）的要求，定期检查、报废。

2）钢丝绳的连接强度不得小于其破断拉力的80%。当采用绳卡连接时，应按照钢丝绳直径选用绳卡的规格及数量。当采用编结连接时，编结长度不应小于钢丝绳直径的15倍，且不应小于300mm。

3）解开成卷或木卷筒上的钢丝绳时，不得造成绳环或扭结，否则形成扭结的地方钢丝绳会变形。

4）切断钢丝绳时，切断前应在切口处用细铁丝进行捆扎，以防切断后绳头松散。切断钢丝时要防止钢丝碎屑飞起伤眼睛。

5）应经常保持钢丝绳清洁，定期涂抹无水防锈油或油脂。钢丝绳使用完毕后，应用钢丝刷将上面的铁锈、脏垢刷去，不用的钢丝绳应进行维护保养，并按规格分类存放在干净的地方。

6）存放在仓库里的钢丝绳，应成卷排放，避免重叠堆置，库中应保持干燥，以防钢丝绳生锈。在露天存放的钢丝绳，应将其下面垫高，上面还应加盖防雨布罩。

7）钢丝绳在卷筒上缠绕时，要逐圈紧密地排列整齐，不应错叠或离缝。

8）钢丝绳禁止与带电金属(电焊线、电线)接触，以免烧断或变形后降低抗拉强度。

课题2 常用起重机具安全技术

6.2.1 千斤顶

千斤顶是一种用比较小的力就能把重物升高、降低或移动的简单机具，它结构简单，使用方便。千斤顶按其构造形式可分为三种，即螺旋千斤顶、液压千斤顶和齿条千斤顶，前两种千斤顶应用比较广泛。

千斤顶使用的安全技术如下：

1）使用前，应通过顶杆起落检查内部机构装配情况和传动的灵活性，检查油路是否畅通，还要检查油箱是否有足够的油量和符合要求的油质。

2）使用时千斤顶必须垂直安放在平整坚实可靠的地面上，并要在其下面垫枕木、木板或钢板来扩大受压面积，以防设备滑动。

3）千斤顶不得超负荷使用，顶升的高度不准超过活塞上的标志线。如无标志，每次顶升量不得超过螺杆螺纹或活塞总高的3/4，以免将螺杆或活塞全部顶起。不准任意加长手柄，强迫液压千斤顶超负荷工作。

4）顶升过程中应随构件的升高及时用枕木垫牢，其短木块与构件间的距离应随时保持在50mm以内，以防止千斤顶顶斜或回油引起活塞突然下降。

5）在起升设备中途停止作业时，为防止大活塞突然下降，要用一半圆环衬垫，垫在大活塞顶端边沿与油缸上口的间隙中间。

6）保持贮油池的清洁，防止砂、灰尘等进入贮油池内堵塞油路。千斤顶应放在干燥无尘土的地方，不可日晒雨淋，使用时应擦干净。

7）油压千斤顶在落顶时，要微开油门，使其缓慢下降，应防止下降过快，以免损坏千斤顶。使用齿条式千斤顶时，在落顶时要用手握着摇把，缓慢地下落，防止摇把自转伤人或落顶过快造成事故。

8）几个千斤顶联合使用时，各千斤顶应同步升降，每个千斤顶的起重能力不得小于其计算荷载的1.2倍。

6.2.2 倒链(手拉葫芦)

图 6-2 倒链

倒链又称手拉葫芦、神仙葫芦，如图 6-2 所示，可用来起吊轻型物件、拉紧桅杆的缆风绳等。它适用于小型设备和重物的短距离吊装及机械设备的检修拆装。倒链具有结构紧凑、拉力小、携带方便、使用方法比其他的起重机械容易掌握等优点。

倒链(手拉葫芦)使用的安全技术如下：

1）倒链使用前需检查传动部分是否灵活，链子和吊钩及轮轴是否有裂纹损伤，手拉小链是否有跑链或掉链等现象。

2）使用时挂上重物后，要慢慢拉动链条。当起重链条受力后再检查链条部分有无变化，自销装置是否起作用。经检查确认各部分情况良好后，方可继续工作。

3）倒链在起重时，不能超出起重能力。在任何方向起动时，拉链方向应与链轮方向相同。要注意防止手拉链脱槽。拉链子的力量要均匀，不能过快过猛。

4）要根据倒链的起重能力大小决定拉链的人数。如手拉链拉不动时，应查明原因，不能增加人数猛拉，以免发生事故。

5）转动部分要经常上油，保证润滑，减少磨损。但不准将润滑油渗进摩擦片内，以防自销装置失灵。

6）在 -10℃以下时，起重量不得超过其额定起重值的一半，其他情况下，不得超过其额定起重值。

6.2.3 电动卷扬机

电动卷扬机由于起重能力大、速度变换容易、操作方便安全，因此在起重作业中是经常使用的一种牵引设备。电动卷扬机主要由卷筒、减速器、电动机和控制器等部件组成，如图 6-3 所示。

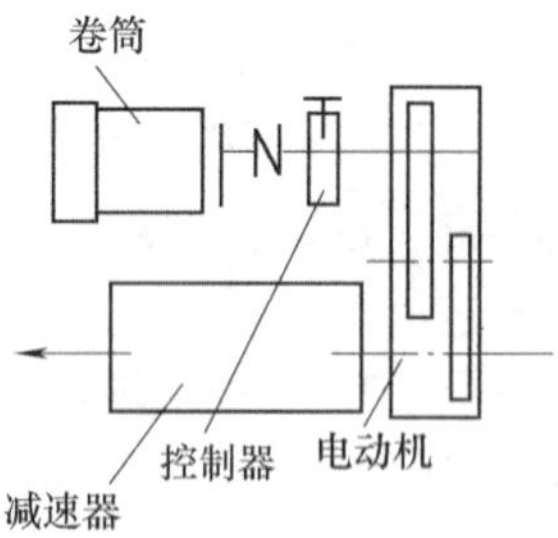

图 6-3 电动卷扬机

电动卷扬机的固定方法有固定基础法、地锚法。

电动卷扬机使用的安全技术如下：

1）电气线路要勤加检查，电动机要运转良好，电磁抱闸要有效，全机接地应无漏电现象。

2）传动机构要啮合正确、无杂声，还要勤加油润滑。

3）卷筒上的钢丝绳必须排列整齐，且至少要保留 3 圈。

4）大型构件的吊装采用电动卷扬机时，钢丝绳的牵引速度应为 7～13m/min，并严禁超过其额定牵引力。

5）起重机用钢丝绳应与卷扬机卷筒轴线方向垂直，钢丝绳的最大偏离角不得超过 6°，导向滑轮到卷筒的距离不得小于 18m，也不得小于卷筒宽度的 15 倍。

6.2.4 地锚

地锚又称锚桩、锚点、锚锭、拖拉坑，起重作业中常用地锚来固定拖拉绳、缆风绳、卷扬机、导向滑轮等，地锚一般用钢丝绳、地龙木(采用钢管、钢筋混凝土预制件、圆木等制作)埋入地下做成，如图6-4所示。

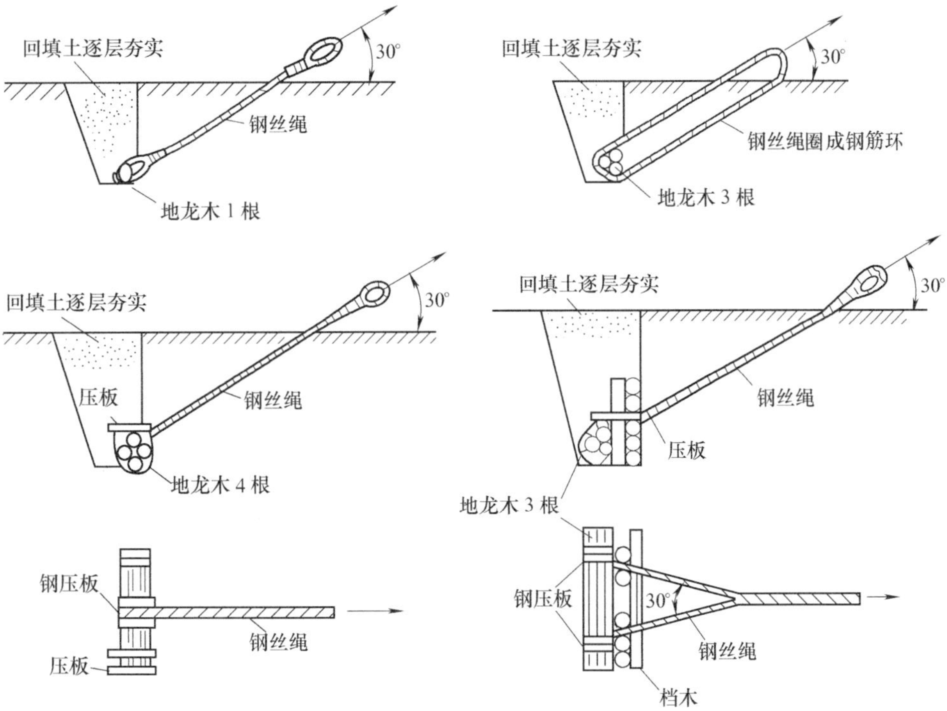

图6-4 地锚

地锚是固定卷扬机必需的装置，常用的形式有桩式地锚、坑式地锚。

使用地锚的安全技术如下：

1）木质地锚应选用落叶松、杉木等坚实木料，严禁使用质脆或腐朽木料。埋设前应涂刷防腐油并在钢丝绳捆绑处加钢管和角钢保护。

2）根据土质情况可按经验做法，亦可经设计确定，开挖的基槽要求规整。

3）地锚的埋设应平整不积水，因为雨水渗入坑内会泡软回填土，降低土壤的摩擦力。坑的四周要有排水沟。

4）拉杆或拉绳与地锚木的连接处，一定要用薄铁板填好，防止由于应力过度集中而损伤地锚木。

5）地锚只允许在规定的方向受力，其他方向不允许受力，不能超载使用。

6）主要地锚需经过试验后才能正式使用，可采用地面压铁的方法增加安全系数，使用时应指定专人检查，如发生变形应采取措施修整，以免发生事故。

7）地锚附近(特别是前面)不允许取土，地锚拉绳与地面的水平夹角应保持在30°左右，否则会使地锚受过大的竖向拉力。

8）固定的建筑物和构筑物，可以利用作地锚，但必须经过核算，确认其安全可靠。

6.2.5 滑轮及滑轮组

在起重安装工程中，使用滑轮与滑轮组配合卷扬机、桅杆、吊具、索具等进行设备的运输与吊装工作十分广泛。

滑轮及滑轮组使用的安全技术如下：

1）滑轮应按其标定的允许荷载值使用。

2）滑轮组的上下定、动滑轮之间应保持1.5m的最小距离。

3）暂不使用的滑轮，应存放在干燥少尘的库房内，下面垫以木板，并应每三个月检查保养一次。

课题3 常用行走式起重机械安全技术

在起重作业中，常用的行走式起重机械主要有履带式起重机、轮胎式起重机、汽车式起重机。

6.3.1 履带式起重机

履带式起重机因其行走部分为履带而得名，如图6-5所示。履带式起重机操作灵活，使用方便，车身能360°回转，越野性能好，并且可以载荷行驶；但是机动性差，长距离转移时要用拖车或火车运输，对道路破坏性较大，且起重臂拆接繁琐，工人劳动强度高。

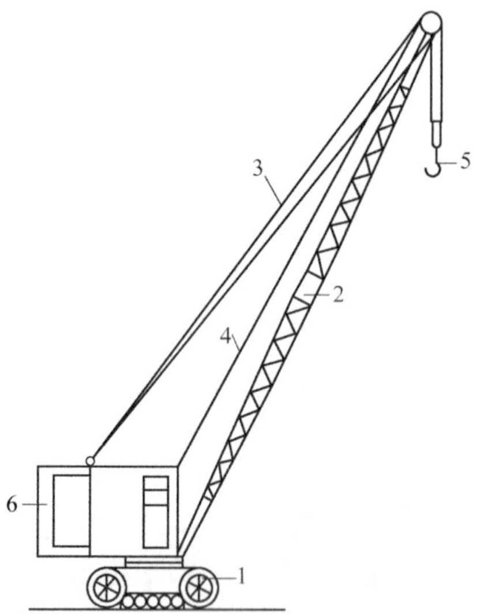

图6-5 履带式起重机

1—履带 2—起重臂 3—起落起重臂钢丝绳 4—起落吊钩钢丝绳 5—吊钩 6—机身

履带式起重机适用于一般工业厂房的吊装。

履带式起重机使用的安全技术如下：

1）起重机运到现场组装起重臂杆时，必须将臂杆放置在枕木架上进行螺栓连接和钢丝绳穿绕作业。

2）起重机应按照现行国家标准《起重机械安全规程 第1部分：总则》（GB 6067.1—2010）和该机说明书的规定来安装幅度指示器、超高限位器、力矩限制器等安全装置。

3）起重机工作前，应先空载运行，并检查各安全装置的灵敏可靠性。起吊重物时应在距离地面200～300mm处停机进行试吊检验，确认符合要求后，方可继续作业。

4）当起重机接近满负荷作业时，应避免起重臂杆与履带成垂直角度；当起重机吊物并短距离行走时，吊重不得超过额定起重量的70%，且吊物必须位于行车的正前方，并用拉绳保持吊物的相对稳定。

5）当采用双机抬吊作业时，应选用起重性能相似的2台起重机进行，且单机的起吊荷载不得超过额定荷载的80%。两机吊索在作业中均应保持竖直，且必须同步起吊荷载和同步落位。

6）履带式起重机的行走道路必须坚实平整，周围环境必须宽阔，且不得有障碍物。

7）禁止斜拉、斜吊和起吊地下埋设或凝结在地面上的重物。

6.3.2　汽车式、轮胎式起重机

汽车式起重机在专用汽车底盘的基础上，再增加起重机构以及支腿、电气系统、液压系统等机构组成，如图6-6所示。

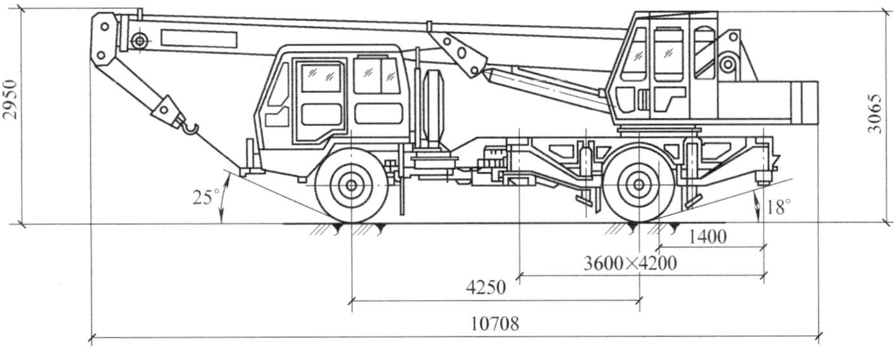

图6-6　汽车式起重机

汽车式起重机最大的特点是机动性好，故转移方便，又由于支腿及起重臂都采用液压式，故可大大减轻工人的劳动强度。但是汽车式起重机超载性能差，且越野性能也不如履带式起重机，故对道路的要求比履带式起重机更严格，所以在使用时应特别注意安全。

轮胎式起重机的动力装置是采用柴油发动机带动直流发电机，再由直流发电机发出直流电传输到各个工作装置的电动机。行驶和起重操作都在一室进行，行走装置为轮胎，起重臂为格构式，如图6-7所示。

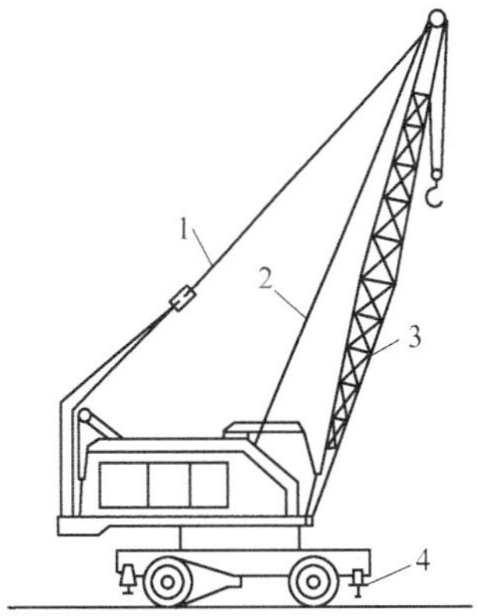

图6-7　轮胎式起重机

1—变幅索　2—起重索　3—起重杆　4—支腿

汽车式、轮胎式起重机使用的安全技术如下：

1）必须按照额定的起重量工作，不能超载和违反该车使用说明书所规定的要求条款。

2）作业前应伸出全部支腿，并采用方木或铁板垫实，调整水平度，锁牢定位销；支腿处必须坚实，铺垫道木以加大承压面积；还应对支腿进行检查，查看有无陷落现象，以保证使用安全。

3）起重机吊装作业时，汽车驾驶室内不得有人，重物不得超越驾驶室上方且不得在车前区吊装。

4）起重机作业时，重物应垂直起吊且不得侧拉，臂杆吊物回转时其动作应缓慢。

5）起重机吊物下降时必须采用动力控制，下降停止前应减速，不得紧急制动。

6）当采用起重臂杆的副杆作业时，副杆由原来叠放位置转向调直后，必须在确认副杆与主杆之间的连接定位销锁牢后，再进行作业。

7）起重机的安全装置除应按规定装设力矩限制器、超高限位器等安全装置外，还应装设偏斜调整和显示装置。

8）起重机行驶时，严禁人员在底盘上站立或蹲坐，且不得在其上堆放物件。

课题4 大型构件和设备的吊装安全技术

大型构件和设备的安装是建设工程的重要组成部分，而吊装是大型构件和设备安装的主要内容。大型构件和设备的起重吊装作业中，保证安全、可靠是非常重要的，既要保证无人身事故，也要保证无工程事故。

6.4.1 起重吊装的要求

一般起重吊装工作按起重量分为三级：大型设备的起重吊装为40t以上；中型设备的起重吊装为15～40t；一般小型设备的起重吊装为15t以下。

如果起重吊装的设备形状复杂、刚度小、长细比大、精密贵重、施工条件特殊，应提升一级。

起重吊装大型设备时，必须编制施工方案，中型设备的起重吊装要有技术措施。在用定型起重机械、履带式起重机、汽车式起重机等进行吊装作业时，必须遵守起重机械的操作规程。

在吊装作业中使用的起重机具必须有出厂合格证，而且不准超载使用。如果使用旧的起重机具，必须详细检查有无损伤，必要时由工程技术人员进行验算或试验决定。

1. 编制施工方案

施工方案主要包括如下内容：

1）施工方案设计说明书，包括设备的重量、重心、几何尺寸、精密度等。

2）在吊装过程中机具最大受力时的强度和稳定性的核算。

3）平面布置图，包括设备的运输、拼装、吊装位置，桅杆竖立、移动或拆除的位置，或其他定型起重机的吊装位置，地锚和卷扬机的布置以及警戒区域等。

4）施工机具一览表。

5）劳动组织和岗位责任制。

6）施工指挥的命令下达程序，指挥信号的确定等。

2. 施工前的准备工作

1）施工机具、地锚等应进行自检，并有自检记录。

2）设备基础、地脚螺栓的位置应符合工程质量要求。

3）基础周围的土方应已回填夯实。

4）施工现场应坚实平整。

5）待安装的设备已符合施工的要求，并已具备吊装条件。

6）人员分工明确。

7）施工电源能保证在整个施工过程中正常供电。

8）掌握天气预报情况。

9）吊装前一般均应进行试吊，即要求设备抬头离地，以便检查机具、缆风绳、地锚等受力情况及施工人员操作、指挥的熟练程度，确定无问题后才能正式吊装。

10）其他准备工作均已完成。

3. 起重吊装作业中的安全技术

1）凡参加吊装的施工人员都必须坚守工作岗位，并听从指挥，统一行动，确保设备吊装的安全可靠。

2）开始吊装前，吊装人员必须详细检查被吊设备捆绑是否牢固，是否找准重心。

3）设备及构件吊升时应平稳，避免振动或摆动。在设备构件就位前，严禁解开索具。

4）任何人不准随同吊装设备或吊装机具升降。

5）吊装设备或构件时，在作业范围内应设警戒线并树立明显的标志，严禁非工作人员通行。在吊装时，施工人员不准在设备或构件下面及受力索具附近停留。

6）严禁在风速6级以上时进行吊装工作，大型设备吊装时风速不能超过5级。

7）不得在雾天及雨天吊装设备或拆移桅杆。夜晚进行吊装工作，必须有充足的照明，并经有关单位同意。

8）拖拉绳跨公路时，绳距路面不得低于7m，以免阻碍车辆通行，与带电线路距离应保持2m以上或设置保护架，严禁与电线接触，以防止发生事故。

9）在吊装过程中，如因故中断时，必须采取安全措施，不得使设备或构件悬空过夜。

4. 使用起重机械的安全技术

1）每台起重设备必须由经过培训且考核合格，并持有操作证的司机操作。

2）司机接班时，应对制动器、吊钩、钢丝绳和安全装置进行检查。发现性能不正常时，应在操作前排除。开车前，必须鸣铃或报警。操作中接近人时，应给以断续铃声或报警。

3）操作应按指挥信号进行。对紧急停车信号，不论何人发出，都应立即执行。

4）当起重机上或其周围确认无人时，才可以闭合主电源。闭合主电源前，应使所有的控制器手柄置于零的位置。

5）工作中突然断电时，应将所有的控制手柄扳回零位；在重新工作前，应检查起重机动作是否正常。

6）在轨道上露天作业的起重机，当工作结束时，应将起重机锚定住。当风力大于6级时，一般应停止工作，并将起重机锚定住。对于在沿海工作的起重机，当风力大于7级时，应停止工作，并将起重机锚定住。

7）司机进行维护保养时，应切断主电源并挂上标志牌或加锁。必须带电修理时，应戴绝缘手套、穿绝缘鞋、使用带绝缘手柄的工具，并有人监护。起重工作时，不得进行检查和维修。

8）吊装作业必须遵守“十不吊”的原则，即遇有被吊物重量超过机械的性能允许范围、信号不清、吊物下方有人、吊物上站人、埋在地下物、斜拉斜牵物、散物捆绑不牢、立式构件和大模板等不用卡环、零碎物无容器、吊装物重量不明等情况均不进行吊装作业。

9）起重机运行时，不得利用限位开关停车；对无反接制动性能的起重机，除特殊紧急情况外，不得打反车制动。不得在有荷载情况下调整起升、变幅机构的制动器。

10）吊运时，重物不得从人头顶通过，吊臂下严禁站人。

11）在厂房内吊运货物应走指定通道。在没有障碍物的线路上运行时，吊物(吊具)底面应吊离地面2m以上；有障碍物需要穿越时，吊物(吊具)底面应高出障碍物顶面0.5m以上。

12）起重机工作时，臂架、吊具、钢丝绳、缆风绳及重物等，与输电线路的最小距离不应小于表6-3的规定。

表6-3　臂架及重物等与输电线路的最小距离

输电线路电压/kV	<1	1~35	≥60
最小距离/m	1.5	3	0.01(V-50)+3

13）重物不得在空中悬停时间过长。重物起落速度要均匀，非特殊情况不能紧急制动和急速下降。

14）流动式起重机，工作前应按说明书的要求平整停机场地，牢固可靠地打好支腿。

15）吊臂仰角很大时，不准将起吊的重物骤然落下，以防止起重机向另一侧翻倒。吊运重物时不准落臂，必须落臂时，应先把重物放在地上再落臂。

16）起重机回转时，动作要平稳，不得突然制动。

17）两台或多台起重机吊运同一重物时，钢丝绳应保持垂直，各台起重机的升降、运行应保持同步；各台起重机所承受的荷载均不得超过各自的额定起重能力。

18）有主、副两套起重机构的起重机，主、副起重机构不应同时开动(设计允许同时使用的专用起重机除外)。

19）禁止在起重机上存放易燃易爆物品，司机室应备灭火器。

20）起重指挥发出的指挥信号必须准确，符合标准。动作信号必须在所有人员退到安全位置后发出。

6.4.2　起重桅杆

桅杆又叫“把杆”“桅子”，是安装工地最常用最简单的起重设备。常用的起重桅杆有独脚桅杆、人字桅杆和悬臂桅杆等几种。一般是由起重系统(包括桅杆、动力设备、索具、滑轮组等)和稳定系统(包括缆风绳、地锚等)两部分组成的。

1. 独脚桅杆

独脚桅杆构造简单，使用较广泛，适用于预制的柱、梁和屋架等构件的吊装。独脚桅杆主要由桅杆、缆风绳、起重索具、导向轮和动力设备等几部分组成，如图6-8所示。

桅杆的粗细和长短决定于起重量和起重高度。钢管制独立桅杆具有制造方便、自重轻、架设搬运都较容易等特点。钢管独脚桅杆一般采用无缝钢管制作，它的起重量可达30t，桅杆高度可达30m，桅杆接长时，可用对焊的方法，并加焊角钢，角钢长度应为500~600mm。

桅杆竖直后应有一定的倾角(一般为5°~10°)，倾角过大时，桅杆容易滑动。保持一定的倾角，主要是利于吊装，不致使构件撞击桅杆。为了便于移动，可在桅杆的支座下装上滑橇或走板。

桅杆的稳定主要依靠缆风绳保持，绳的一端固定在桅杆顶端，另一端固定在锚碇上。缆风绳的多少应根据起重量和起重高度以及缆风绳的强度等决定，一般不少于3根。缆风绳与水平面的夹角不得超过45°，只有在特殊情况下，可增至60°。起重的滑轮应固定在桅杆与缆风绳的交点处。

2. 人字桅杆

人字桅杆，又称人字扒杆或两木搭，可用钢管或圆木搭成，如图 6-9 所示。

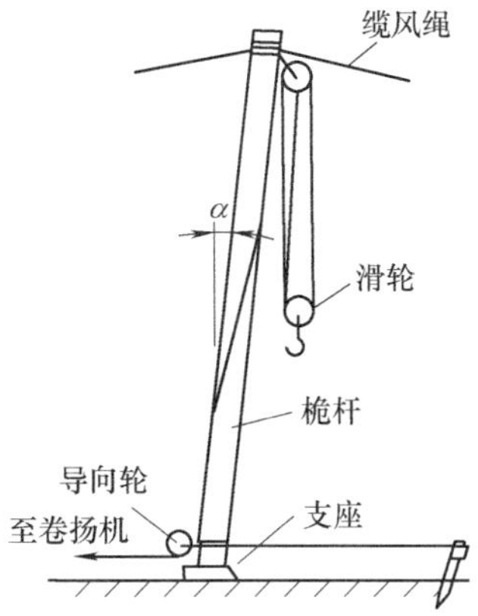

图 6-8　独脚桅杆

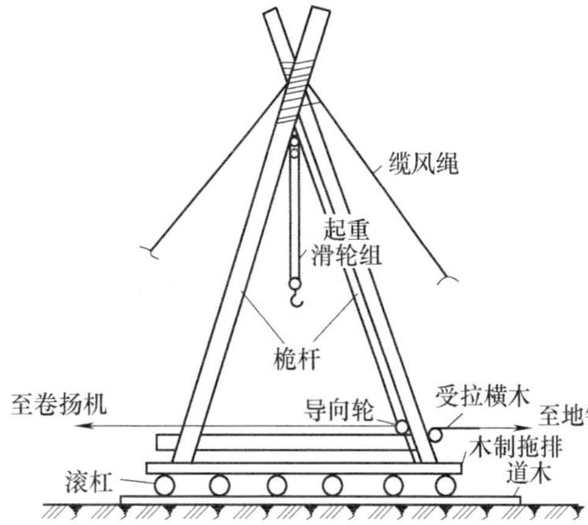

图 6-9　人字桅杆

3. 悬臂桅杆

悬臂桅杆在建筑施工中应用较广泛。悬臂桅杆不仅能垂直起吊重物，还能在悬臂活动范围内将重物水平移动。根据悬臂安装位置的不同悬臂桅杆分为两种类型：一种是悬臂位于桅杆上端，如图 6-10 所示；另一种是悬臂位于桅杆的下端，如图 6-11 所示。

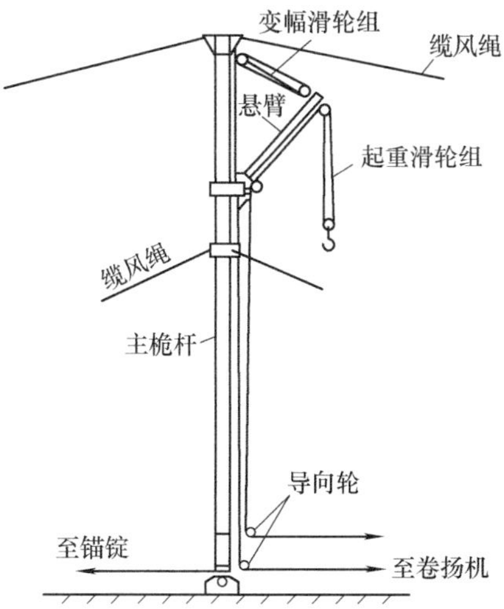

图 6-10　悬臂位于桅杆上端

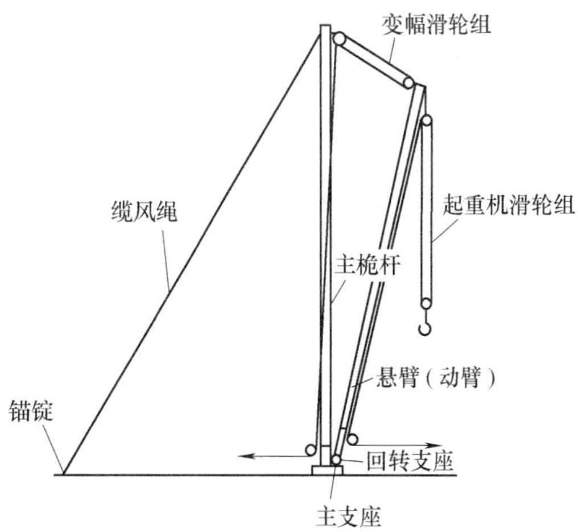

图 6-11　悬臂位于桅杆下端

悬臂桅杆主要由主桅杆、悬臂（动臂）、起重滑轮组、缆风绳和回转底座等组成。按桅杆所用的材料不同，可分为木制、钢管制和金属格构式。

4. 使用桅杆的安全技术

1）桅杆使用前，必须经过全面检查并进行力的分析和核算。

2）桅杆的高度要计算好，以防止由于高度不够，使设备吊不到位而造成返工。

3）卷扬机至桅杆底座处导向轮的距离应大于桅杆高度，受吊装场地限制时，其距离也不能小于8m，以使钢丝绳跑头引入卷筒时接近水平。

4）桅杆柱脚与地面或支座应垫牢，如有缝隙，须用木楔塞紧。

5）起吊设备不得与桅杆碰撞，作业时必须服从统一指挥。

6）设备起吊刚离开支撑面时，应仔细检查，确认各部件良好后，才能继续起吊。地锚应有专人看管。

单元小结

1. 钢丝绳是吊装中的主要绳索，具有强度高、弹性大、韧性好、耐磨性好、高速运行平稳并能承受冲击荷载等优点。

2. 千斤顶是一种用比较小的力就能把重物升高、降低或移动的机具，结构简单，使用方便。

3. 倒链又称手拉葫芦、神仙葫芦，可用来起吊轻型物件、拉紧桅杆的缆风绳等。它适用于小型设备和重物的短距离吊装及机械设备的检修拆装。倒链具有结构紧凑、拉力小、携带方便、使用稳当等优点。

4. 电动卷扬机由于起重能力大，操作方便和安全，速度变换容易，是起重作业中经常使用的一种牵引设备。

5. 地锚又称锚桩、锚点、锚锭、拖拉坑，起重作业中常用地锚来固定拖拉绳、缆风绳、卷扬机、导向滑轮等。地锚一般用钢丝绳、钢管、钢筋混凝土预制件、圆木等作埋件埋入地下做成。

6. 履带式起重机操作灵活，使用方便，车身能360°回转，并且可以载荷行驶，越野性能好。但是机动性差，长距离转移时要用拖车或用火车运输，对道路破坏性较大，起重臂拆接繁琐，工人劳动强度高。

7. 汽车式起重机最大的特点是机动性好，转移方便，支腿及起重臂都采用液压式，可大大减轻工人的劳动强度。但是超载性能差，越野性能也不如履带式起重机，对道路的要求比履带式起重机更严格。

8. 桅杆俗称把杆、桅子，是安装工地最常用最简单的起重设备。常用的起重桅杆有独脚桅杆、人字桅杆和悬臂桅杆等几种。

复习思考题

6-1　钢丝绳的种类有哪些？

6-2　钢丝绳破坏的原因有哪些？

6-3　钢丝绳报废的条件是什么？

6-4　使用钢丝绳的安全技术有哪些？

6-5　简述倒链的应用及特点。

6-6　使用倒链的安全技术有哪些？

6-7 使用电动卷扬机的安全技术有哪些?

6-8 简述地锚的作用及形式。

6-9 使用地锚的安全技术有哪些?

6-10 使用千斤顶的安全技术有哪些?

6-11 使用滑轮及滑轮组的安全技术有哪些?

6-12 常用行走式起重机的种类有哪些?

6-13 使用履带式起重机的安全技术有哪些?

6-14 使用汽车式、轮胎式起重机的安全技术有哪些?

6-15 起重吊装作业中的安全技术有哪些?

6-16 使用起重机械的安全技术有哪些?

6-17 起重桅杆的种类及应用如何?

6-18 使用起重桅杆的安全技术有哪些?

案例题

天津某公司机械站承担某工厂15m跨屋面梁及大型板吊装工作，当板(板重1.1t)吊起约4m高度时，由于绳索断裂导致板材掉落，将正在现场作业的起重工刘某和吊车司机李某当场砸死。后查所使用钢丝绳早就达到报废标准，施工人员施工前未进行安全教育和安全技术交底。

请判断下列事故原因的对错：

1）违章使用了已经达到报废标准的钢丝绳吊装大型屋面板，是造成这起事故的直接原因。

2）机械站管理混乱，缺乏相应的管理制度，已经达到报废标准的钢丝绳还继续使用。

3）在吊装作业前，没有对各项准备工作做认真检查。

4）对管理和操作人员缺乏应有的安全教育和安全技术交底。

单元 7

特殊工程安全技术

单元概述

本单元主要介绍了焊接作业存在的不安全因素、焊接设备安全要点、对焊接作业人员的管理、对焊接作业环境的管理；建筑拆除工程(包括人工拆除、机械拆除、爆破拆除)的施工准备、施工管理；高处作业的定义、分级及安全防护措施；用于临边、洞口、攀登、悬空及交叉作业等的防护措施及规定；安全帽、安全带、安全网特别是密目式安全网的种类、性能和使用规则；季节性施工的一般知识以及应注意的安全问题，主要包括冬期施工、雨期施工的概念和季节性施工的安全技术措施。

学习目标

了解焊接作业存在的不安全因素、对焊接作业人员的管理、对焊接作业环境的管理、焊接作业常见事故及预防措施。掌握建筑拆除工程、高处作业的安全防护措施，了解冬期施工、雨期施工的概念，了解雨雪、严寒、酷暑、雷暴、大风对安全工作的影响，掌握季节性施工的安全技术措施。

课题1 焊接工程安全技术

焊接是一种先进且生产率高的金属加工工艺，具有节约材料及工时、焊接性能好和使用寿命长等优点。

在焊接作业中存在污染和不安全因素：会产生弧光辐射、有害粉尘、有毒气体、高频电磁场、射线和噪声等污染；操作人员需要与各种易燃易爆气体、压力容器及电气设备等接触；另外高处焊接作业及水下焊接作业等可能会引起火灾、爆炸、触电、烫伤、急性中毒和高处坠落等事故。

由于焊接场地不符合安全要求而造成火灾、爆炸、触电等事故时有发生，其破坏性和危害性很大，因此必须对焊接场地进行检查。

焊接场地检查的内容为：焊接与切割作业场地的设备、工具、材料是否排列整齐；焊接场地是否留有必要的通道；所有气焊胶管、焊接电缆线是否互相缠绕；气瓶用后是否已移出工作场地；焊工作业面积是否足够，工作场地是否有良好的自然采光或局部照明；焊割场地周围10m范围内各类可燃易燃物品是否已清除干净。对焊接切割场地检查时要仔细观察环境，针对各类情况认真加强防护。

7.1.1 电焊机安全要点

1）电焊机露天放置时应有防雨设施。每台电焊机应有专用开关箱，并使用断路器控制，一次侧应装设漏电保护器，二次侧应装设空载降压装置。焊机外壳应与PE线连接。

2）电焊机二次侧进行接地(接零)时，应将二次绕组与工件相接的一端接地(接零)，不得将二次绕组与焊钳相接的一端接地(接零)。

3）一次侧电源线的长度不应超过5m，且不应拖地，与焊机接线柱应连接牢固，接线柱上部还应有防护罩。

4）焊接电缆时应使用防水橡皮护套多股铜芯软电缆，且不应有接头，电缆经过通道和易受损伤的场所时必须采取保护措施。严禁使用脚手架、金属栏杆、钢筋等金属物代替导线搭接。

5）焊钳必须采用合格产品，手柄要有良好的绝缘和隔热性能，并与电缆连接牢靠。严禁使用自制的简易焊钳。

6）焊工必须经培训合格后持证操作，并按规定穿工作服、绝缘鞋和戴手套及面罩。

7）焊接场所应通风良好，不得有易燃、易爆物，否则应予清除或采取防护措施。

8）焊修其他机电设备时必须首先切断该机电设备的电源，并暂时拆除该机电设备的PE线，之后方可进行焊修。

9）遇下列作业情况时应先切断电源：改变焊机接头；更换焊件、改接二次回路；焊机转移作业地点；焊机检修；暂停工作或下班。

7.1.2 气焊设备安全要点

1. 氧气瓶

1）氧气瓶应有防护圈和安全帽，瓶阀不得粘有油脂。场内搬运氧气瓶时应采用专门的抬架或小推车，不得采用肩扛、高处滑下、地面滚动等方法。

2）严禁氧气瓶和其他可燃气体(如乙炔、液化石油等)的瓶体同车运输和在一起存放。

3）氧气瓶与明火的距离应大于10m，瓶内气体不得全部用尽，应留有0.1MPa以上的余压。

4）氧气瓶夏季应防止曝晒，冬季当瓶阀、减压器、回火防止器发生冻结时，可用热水解冻，严禁用火焰烘烤。

2. 乙炔瓶

1）气焊作业应使用乙炔瓶，不得使用浮筒式乙炔罐。

2）乙炔瓶存放和使用时必须立放，严禁卧放。

3）存放和使用乙炔瓶的环境温度不得超过40℃，夏季应防止曝晒，冬季发生冻结时应采用温水解冻。

3. 胶管

1）气焊、气割作业应使用专用胶管，不得通入其他气体和液体，两根胶管不得混用(氧气胶管为红色,乙炔胶管为黑色)。

2）胶管两端应卡紧，不得有漏气现象，出现折裂应及时更换，胶管应避免接触油脂。

3）操作过程中如胶管发生燃烧时，应首先确定是哪根胶管，然后折叠胶管、断气通路、关闭阀门。

4. 气焊设备安全装置

1）氧气瓶和乙炔瓶必须装有减压器，使用前应进行检查，不得有松动、漏气现象和油污等。工作结束时应先关闭瓶阀，放掉余气，将表针回零位，卸表并妥善保管。

2）乙炔瓶必须安装回火防止器。当使用水封式回火防止器时，必须经常检查水位，每天更换清水，并检查泄压装置是否保持灵活完好；当使用干式回火防止器时，应经常检查灭火管具，防止堵塞气孔。当遇回火爆破后应检查装置，属于开启式应进行复位；属于泄压模式应更换膜片。

5. 对容器、管道进行焊补工作应符合的规定

1）凡可以拆卸的应进行拆卸，之后移到安全区域进行作业。

2）设备管道停工后，应用盲板截断与其连接的其他出入管道。

3）动火前，容器、管道必须彻底置换清洗。

4）置换清洗时，应不断从设备管道内外的不同地点采取空气样品进行检验，置换后的结果必须以化学分析报告为准。

5）动火焊补时，应打开设备管道中所有人孔、清扫孔等的孔盖。

6）进入设备管道内进行气焊作业时，点燃和熄灭焊枪均应在设备外部进行。

7.1.3　焊接安全管理要点

1）焊接操作人员属特殊工种人员，必须经主管部门培训、考核合格，以掌握操作技能和有关的安全知识，持证上岗作业。未经培训、考核不合格者，不准上岗作业。

2）电焊作业人员必须戴绝缘手套、穿绝缘鞋和白色工作服，并使用护目镜和面罩，高空危险处作业时还必须挂安全带。施焊前应检查焊把及线路是否绝缘良好，焊接完毕后要拉闸断电。

3）焊接作业时必须配置灭火器材，并应有专人监护。作业完毕后要留有充分的时间观察，确认无引火点后，作业人员方可离去。

4）焊工在金属容器内、地下、地沟或狭窄、潮湿等处施焊时，要设监护人员。监护人员必须认真负责，坚守工作岗位，且应熟知焊接操作规程和应急抢救方法。需要照明时其电源电压应不高于12V。

5）夜间工作或在黑暗处施焊时应有足够的照明；在车间或容器内操作时要有通风换气或消烟设备。

6）焊接压力容器和管道时，作业人员必须持有压力容器焊接操作合格证。

7）施工现场焊、割作业必须执行“用火证制度”，并要切实做到用火有措施、灭火有准备。施焊时应有专人监护；施焊完毕后要留有充分的时间观察，确认无复燃的危险后，作业人员方可离去。

8）为了防止在电焊操作过程中人体触及带电体而发生触电事故，可采取绝缘、屏护、间隔、空载自动断电、个人防护、保护接地或保护接零等安全措施。

9）为了防止中毒事故，应加强焊割工作场地(尤其是狭小密闭的空间)的通风措施。在封闭的容器、罐、桶、舱室中进行焊接、切割作业时，应先打开施焊工作物的孔、洞，使内部空气流通，以防焊工中毒，必要时应由专人监护。

课题2　拆除工程安全技术

随着国民经济的发展，国内的新建、扩建、改建项目不断增加，从而导致旧建筑的拆除工程大量出现。拆除工程与建筑施工相比，其施工程序相反，且由于旧建筑原有结构的有关技术参数难以精确算定，使相关因素错综复杂，因此施工过程不易控制，从而极易造成伤亡事故。

7.2.1 施工准备

根据《建设工程安全生产管理条例》的规定，建设单位、监理单位应对拆除工程的施工安全负检查监督责任；施工单位应对拆除工程的安全技术管理负直接责任。

建设单位应负责做好影响拆除工程安全施工的各种管线的切断、迁移工作。当待拆建筑外侧有架空线路或电缆线路时，应与有关部门取得联系，采取相应措施且确认安全后方可施工。

施工单位必须全面了解拆除工程的图纸和资料，根据工程特点进行实地勘察，并编制有针对性、安全性及可行性的施工组织设计或方案以及各项安全技术措施，严禁将建筑拆除工程转包。

7.2.2 施工管理

建筑拆除工程一般可分为人工拆除、机械拆除和爆破拆除三大类。根据被拆除建筑的高度、面积、结构形式采用不同的拆除方法。

1. 人工拆除

人工拆除是指人工采用非动力性工具进行的作业。采用手动工具进行人工拆除的建筑一般为砖木结构，其高度不超过6m(2层)，面积不大于1000m^2。

拆除程序应从上至下，根据先非承重结构后承重结构的原则，按板、非承重墙、梁、承重墙、柱的顺序依次进行。分层拆除时，作业人员应在脚手架或稳固的结构上操作，被拆除的构件应有安全的放置场所。

人工拆除建筑物墙体时，不得采用掏掘或推倒的方法；拆除门、窗框前应先检查过梁、砖墙是否牢固；拆除建筑的栏杆、楼梯、楼板等构件时，应与建筑结构整体拆除的进度相配合，不得先行拆除；楼板上严禁多人聚集或集中堆放材料；建筑的承重梁、柱，应在其所承载的全部构件拆除后再进行拆除；拆除施工应分段进行，不得垂直交叉作业。

拆除原用于有毒有害、可燃气体的管道及容器时，必须查清其残留物的种类、化学性质及残留量，采取相应措施后方可进行拆除施工。

拆除的垃圾严禁向下抛掷。

2. 机械拆除

机械拆除是指以机械为主、人工为辅的拆除施工方法。机械拆除的建筑一般为砖混结构，其高度不超过20m(6层)，面积不大于5000m^2。

拆除程序应从上至下，并逐层、逐段进行；应先拆除非承重结构，再拆除承重结构。对只进行部分拆除的建筑，必须先将保留部分加固，再进行分离拆除，当发现有不稳定的趋势时，应立即停止作业。

机械拆除建筑时，严禁机械超载作业或任意扩大机械的使用范围；作业过程中机械设备不得同时做回转、行走两个动作；机械不得带故障运转。

当进行高处拆除作业时，对于较大尺寸的构件或沉重的材料(楼板、屋架、梁、柱、混凝土构件等)，必须使用起重机具及时将其吊下。拆卸下来的各种材料应及时清理，并分类堆放在指定场所，严禁向下抛掷。

进行拆除吊装作业的起重机司机必须严格执行操作规程和“十不吊”原则；信号指挥

人员必须按照现行国家标准《起重吊运指挥信号》(GB 5082—1985)的规定作业。

3. 爆破拆除

爆破拆除是利用炸药爆炸瞬间产生的巨大能量进行建筑拆除的施工方法。采用爆破拆除的建筑一般为混凝土结构，其高度超过20m(6层)，面积大于5000m^2。

爆破作业是一项特种施工方法，施工单位必须持有所在地有关部门核发的“爆炸物品使用许可证”，方可承担相应等级及以下级别的爆破拆除工程。从事爆破拆除施工的作业人员应持证上岗。

运输爆破器材时，必须向所在地有关部门申请领取“爆破物品运输证”，按照规定路线运输，并派专人押送。爆破器材的临时保管地点必须经当地有关部门批准。严禁爆破器材与无关的物品同室保管。在爆破现场周边应按规定设置相关的安全标志，并设专人巡查。

爆破实施前，应对部分结构(非承重的墙体或不影响结构稳定的构件)进行预拆除，以减少钻孔和爆破装药量；还应对爆破部位进行覆盖和遮挡防护，覆盖材料和遮挡设施应选用不易抛散和折断且能防止碎块穿透的材料。爆破时要严格控制飞石、噪声、振动和建筑物的破坏范围，并应使不允许破坏的部分能够完整无损地保留下来。

7.2.3 安全防护措施

拆除施工采用的脚手架、安全网必须由专业人员搭设，并由项目经理组织技术、安全部门的有关人员验收合格后，方可投入使用。安全防护设施验收时，应按类别逐项查验，并应有验收记录。

拆除施工严禁立体交叉作业。水平作业时，各工位间应有一定的安全距离。作业人员必须配备相应的劳动保护用品(如安全帽、安全带、防护眼镜、防护手套、防护工作服等)，并应正确使用。

安全技术管理的内容如下所述：

1）拆除工程开工前，应根据工程特点、构造情况、工程量及有关资料编制安全施工组织设计或方案。

爆破拆除和被拆除建筑面积大于1000m^2 的拆除工程，应编制安全施工组织设计；被拆除建筑面积小于或等于1000m^2 的拆除工程，应编制安全技术方案。

拆除工程的安全施工组织设计或方案应由专业的工程技术人员编制，并经施工单位技术负责人、总监理工程师审核批准后，方可实施。施工过程中如需变更安全施工组织设计或方案，应经原审批人批准后，方可实施。

2）施工现场的安全管理由施工单位负责。

项目负责人是安全生产第一责任人，项目经理部应设专职安全员检查落实各项安全技术措施。从业人员应进行安全培训，考试合格后方可上岗作业。拆除工程施工前，必须由工程技术人员对施工作业人员进行书面安全技术交底，并履行签字手续。特种作业人员必须持有效证件上岗作业。

进入施工现场的人员必须佩戴安全帽，凡在2m及以上高处作业且无可靠防护设施时，必须正确使用安全带。遇大雨、大雪、浓雾、6级(含)以上大风等恶劣天气而影响施工安全时，严禁进行拆除作业。

拆除工程施工过程中，当发生险情或异常情况时，应立即停止施工，查明原因并及时排除险情；当发生生产安全事故时，要立即组织抢救和保护事故现场，并向有关部门报告。

3）施工单位必须依据拆除工程的安全施工组织设计或方案来划定危险区域，施工前还应通报施工注意事项。当拆除工程有可能影响公共安全和周围居民的正常生活的情况时，应在施工前发出告示，做好宣传工作，并采取可靠的安全防护措施。

7.2.4　拆除工程安全技术交底

1）拆除工程在施工前要组织技术人员和工人学习施工组织设计（方案）和安全操作规程，在施工中必须严格执行。

2）作业前，必须将要拆除的建筑物的电线、上下水管道、煤气管道、电话线等先切断或迁移。

3）工人从事拆除工作的时候，必须戴安全帽、防护眼镜、穿工作鞋，站在脚手架或其他稳固的结构部位上操作。

4）拆除施工严禁立体交叉作业，应按自上而下、板→非承重墙→梁→承重墙→柱顺序进行，禁止数层楼同时拆除。当拆除某一部分的时候，应防止其他部分发生坍塌。作业下方10m范围内应设警戒和告示，不准行人通过或站立，夜间红灯示警。采取可靠措施，保护公共安全和周边居民、行人安全。

5）拆除工程应设置信号，有专人监护。在高处进行拆除工作时，要设置溜放槽，较大的或沉重材料，要用吊绳或起重机械吊下，禁止向下抛掷。

6）拆除建筑物的栏杆、楼梯和楼板等，应和整体拆除程度相配合，不准先行拆除。建筑物的承重支柱和横梁，要等待它所承担的全部结构拆除后，才可以拆除。

7）每班开工前，均应检查所用工具是否牢靠，以及被拆建筑物的危险状况。发现险情，应先排除险情后，才可作业。

8）拆除建筑物的时候，楼板上不许多人聚集，严禁超载堆放材料，以免发生危险。

9）采用爆破方法拆毁建筑物的时候，必须制定爆破安全施工方案，经当地公安部门批准，并持爆破特种作业证上岗。

10）装饰工程需要拆除或砌筑墙体时，必须经原设计单位验算和批准后，并采取有效的安全技术措施，确保住户和作业人员的安全。

11）不得采用挖墙洞、掏掘或推倒的野蛮拆除方式。

12）在拆除施工时，应向拆除部位洒水降尘，做好文明施工。

课题3　高处作业安全技术

7.3.1　高处作业概述

1. 高处作业的定义及其分类

凡在坠落高度基准面2m以上(含2m)有可能坠落的高处进行的作业均称为高处作业。

高处作业的级别可分为四级：当作业高度在2～5m时，为一级高处作业；当作业高度在5~15m时，为二级高处作业；当作业高度在15~30m时，为三级高处作业；当作业高度大于30m时，为特级高处作业。

高处作业的种类分为一般高处作业和特殊高处作业（如强风高处作业、异温高处作业、雪天高处作业等）。

2. 高处安全作业基本要求

1）在实际施工中针对本项目的实际情况，高处作业的安全技术措施及其所需料具，必须列入工程的施工组织设计。

2）单位工程施工负责人应对工程的高处作业安全技术负责，并建立相应的分级责任制。

3）施工前，应逐级进行安全技术教育及交底，落实所有安全技术措施和人身防护用品，未经落实时不得进行施工。

4）高处作业中的安全标志、工具、仪表、电气设施和各种设备，必须在施工前加以检查，确认其完好，方能投入使用。

5）攀登和悬空高处作业人员以及搭设高处作业安全设施的人员，必须经过专业技术培训及专业考试，合格后持证上岗。

6）参加高处作业人员应按规定要求戴好安全帽、系好安全带，衣着符合高处作业要求，穿软底鞋，不穿带钉易滑鞋，并按规定从事作业。

7）吊装施工危险区域，应设围栏和警告标志，禁止行人通过和在起吊物件下逗留。

8）高处作业必须有可靠的防护措施。悬空高处作业所用的索具、吊笼、吊篮、平台等设备设施均需经过技术鉴定或检验，合格后方可使用。无可靠的防护措施绝不能施工。

9）施工中对高处作业的安全技术设施，发现有缺陷和隐患时必须及时解决，危及人身安全时，必须停止作业。实现现场交接班制度。

10）施工现场高处作业中所用的物料，均应堆放平稳，不妨碍通行和装卸，必要时要捆好，不可置放在临边或洞口附近。工具应随手放入工具袋，较大的工具应放好、放牢。作业中的走道、通道板和登高用具，应随时清扫干净。拆卸下的物件及余料和废料均应及时清理运走，不得任意乱置或向下丢弃。传递物件禁止抛掷。

11）在高处作业范围以及高处落物的伤害范围内，须设置安全警示标志，并设专人进行安全监护，防止无关人员进入作业范围和落物伤人。

12）雨天和雪天进行高处作业时，必须采取可靠的防滑、防寒和防冻措施，凡水、冰、霜、雪均应及时清除。对进行高处作业的高耸建筑物，应事先设置避雪设施。夜间高处作业必须配备充足的照明。

遇有6级以上强风、浓雾等恶劣气候，停止进行露天攀登与悬空高处作业，并做好吊装构件、机械等稳固工作。

7.3.2　临边作业与洞口作业

在建筑工程施工中，施工人员大部分时间处在未完成的建筑物的各层各部位或构件的边缘或洞口处作业。

1. 临边作业

1）对临边高处作业，必须设置防护措施，并符合下列规定：

① 基坑周边，尚未安装栏杆或栏板的阳台、料台与挑平台周边，雨篷与挑檐边，无外脚手的屋面与楼层周边及水箱与水塔周边等处，都必须设置防护栏杆。

② 头层墙高度超过3.2m的二层楼面周边，以及无外脚手的高度超过3.2m的楼层周边，必须在外围架设安全平网一道。

③ 分层施工的楼梯口和梯段边，必须安装临时护栏。顶层楼梯口应随工程结构进度安装正式防护栏杆。

④ 井架与施工用电梯和脚手架等与建筑物通道的两侧边，必须设防护栏杆。地面通道上部应装设安全防护棚。双笼井架通道中间，应予分隔封闭。

⑤ 各种垂直运输接料平台，除两侧设防护栏杆外，平台口还应设置安全门或活动防护栏杆。

2）临边防护栏杆杆件的规格及连接要求，应符合下列规定：

① 毛竹横杆小头有效直径不应小于72mm，栏杆柱小头直径不应小于80mm，须用不小于16号的镀锌钢丝绑扎，且不应少于3圈，并无泻滑。

② 原木横杆上杆梢径不应小于70mm，下杆梢径不应小于60mm，栏杆柱梢径不应小于75mm。并须用相应长度的圆钉钉紧，或用不小于12号的镀锌钢丝绑扎，要求表面平顺和稳固无动摇。

③ 钢筋横杆上杆直径不应小于16mm，下杆直径不应小于14mm，栏杆柱直径不应小于18mm，采用电焊或镀锌钢丝绑扎固定。

④ 钢管横杆及栏杆柱均采用直径48mm、壁厚2.75～3.5mm的管材，以扣件或电焊固定。

⑤ 以其他钢材如角钢等作防护栏杆杆件时，应选用强度相当的规格，以电焊固定。

3）搭设临边防护栏杆时，必须符合下列要求：

① 防护栏杆应由上、下两道横杆及栏杆柱组成，上杆离地高度为1.0～1.2m，下杆离地高度为0.5～0.6m。坡度大于1∶22的屋面，防护栏杆应高1.5m，并加挂安全立网。除经设计计算外，横杆长度大于2m时，必须加设栏杆柱。

② 栏杆柱的固定应符合下列要求：

当在基坑四周固定时，可采用钢管并打入地面50～70cm深。钢管离边口的距离，不应小于50cm。当基坑周边采用板桩时，钢管可打在板桩外侧。

当在混凝土楼面、屋面或墙面固定时，可用预埋件与钢管或钢筋焊牢。采用竹、木栏杆时，可在预埋件上焊接30cm长的∟50×5角钢，其上下各钻一孔，然后用1mm螺栓与竹、木杆件拴牢。

当在砖或砌块等砌体上固定时，可预先砌入规格相适应的━80×6弯转扁钢作预埋铁的混凝土块，然后用上项方法固定。

③ 栏杆柱的固定及其与横杆的连接，其整体构造应使防护栏杆在杆上任何处，能经受任何方向的1000N外力。当栏杆所处位置有发生人群拥挤、车辆冲击或物件碰撞等可能时，应加大横杆截面或加密柱距。

④ 防护栏杆必须自上而下用安全立网封闭，或在栏杆下边设置严密固定的高度不低于18cm的挡脚板或40cm的挡脚笆。挡脚板与挡脚笆上如有孔眼，不应大于25mm。板与笆下边距离底面的空隙不应大于10mm。卸料平台两侧的栏杆，必须自上而下加挂安全立网或满

扎竹笆。

⑤ 当临边的外侧面临街道时，除防护栏杆外，敞口立面必须采取满挂安全网或其他可靠措施作全封闭处理。

2. 洞口作业

1）进行洞口作业时，以及在因工程和工序需要而产生的，使人与物有坠落危险或危及人身安全的其他洞口进行高处作业时，必须按下列规定设置防护设施：

① 板与墙的洞口，必须设置牢固的盖板、防护栏杆、安全网或其他防坠落的防护设施。

② 电梯井口必须设防护栏杆或固定栅门；电梯井内应每隔两层并最多隔 10m 设一道安全网。

③ 钢管桩、钻孔桩等桩孔上口，杯形、条形基础上口，未填土的坑槽，以及人孔、天窗、地板门等处，均应按洞口防护设置稳固的盖件。

④ 施工现场通道附近的各类洞口与坑槽等处，除设置防护设施与安全标志外，夜间还应设红灯示警。

2）洞口根据具体情况采取设防护栏杆、加盖件、张挂安全网与装栅门等措施时，必须符合下列要求：

① 楼板、屋面和平台等面上短边尺寸小于 25cm 但大于 2.5cm 的孔口，必须用坚实的盖板盖没。盖板应能防止挪动移位。

② 楼板面等处边长为 25～50cm 的洞口、安装预制构件时的洞口以及缺件临时形成的洞口，可用竹、木等制作盖板，盖住洞口。盖板须能保持四周搁置均衡，并有固定其位置的措施。

③ 边长为 50～150cm 的洞口，必须设置以扣件扣接钢管而成的网格，并在其上满铺竹笆或脚手板。也可采用贯穿于混凝土板内的钢筋构成防护网，钢筋网格间距不得大于 20cm。

④ 边长在 150cm 以上的洞口，四周设防护栏杆，洞口下张设安全平网。

⑤ 垃圾井道和烟道，应随楼层的砌筑或安装而消除洞口，或参照预留洞口做防护。管道井施工时，除按上款办理外，还应加设明显的标志。如有临时性拆移，需经施工负责人核准，工作完毕后必须恢复防护设施。

⑥ 位于车辆行驶道旁的洞口、深沟与管道坑、槽，所加盖板应能承受不小于当地额定卡车后轮有效承载力 2 倍的荷载。

⑦ 墙面等处的竖向洞口，凡落地的洞口应加装开关式、工具式或固定式的防护门，门栅网格的间距不应大于 15cm，也可采用防护栏杆，下设挡脚板（笆）。

⑧ 下边沿至楼板或底面低于 80cm 的窗台等竖向洞口，如侧边落差大于 2m 时，应加设 1.2m 高的临时护栏。

⑨ 对邻近的人与物有坠落危险性的其他竖向的孔、洞口，均应予以盖没或加以防护，并有固定其位置的措施。

7.3.3　攀登作业与悬空作业

1. 攀登作业

凡借助登高用具或登高设施在攀登条件下进行的高处作业均称为攀登作业。登高时应借助建筑结构或脚手架上的登高设施，也可采用载人的垂直运输设施，还可使用梯子或采用其他攀登设施。

对不同类型的梯子有不同的规定和要求，如下所述。

（1）移动式梯子　移动式梯子均应按现行的国家标准验收其质量。

1）梯脚底部除必须坚固外，还必须采取包紧、钉胶皮、锚固或夹牢等措施，且不得垫高使用；梯子的上端应有固定措施。

2）立梯的工作角度以75°±5°为宜，踏板的上下间距以30cm为宜，梯子不得有缺档。

3）梯子如需接长使用，必须有可靠的连接措施，且接头不得超过一处。

4）折梯使用时其上部夹角以35°~45°为宜，铰链必须牢固，并应有可靠的拉撑措施。

（2）固定式直爬梯

1）应用金属材料制成。

2）梯宽不应大于50cm，支撑应采用规格不小于∟70×6的角钢，其埋设与焊接均必须牢固，梯子顶端的踏棍应与攀登的顶面齐平，并加设1~1.5m高的扶手。

3）高度以5m为宜，超过2m时宜加设护笼，超过8m时必须设置梯间平台。

（3）挂梯

1）挂梯不宜过长，高度不应超过1.8m，挂钩处应焊接牢固。

2）踏板的使用荷载为1100N；上下梯子时必须面向梯子且不得手持器物；新梯使用前必须进行质量验收，使用过程中还必须经常检查和检修等。

2. 悬空作业

凡在周边临空状态下且无立足点或无牢固可靠立足点的条件下进行的高处作业均称为悬空作业。这里的悬空作业主要指从事建筑物和构筑物结构主体和相关装修施工的悬空操作。

（1）构件吊装与管道安装　钢结构的吊装应尽量避免或减少在悬空状态下进行作业。构件应尽可能先在地面上组装，并应搭设进行临时固定、电焊、高强螺栓连接等工序的高空安全设施，将其随构件同时起吊就位。拆卸时的安全措施也应一并考虑和予以落实。

高空吊装预应力钢筋混凝土屋架、钢架等大型构件之前，也要搭设悬空作业中所需的安全设施。

安装管道时必须用已完成的结构或操作平台作为立足点，严禁在进行安装中的管道上行走、站立或停靠。

（2）模板支撑和拆卸　模板未固定前不得进行下一道工序。严禁在连接件和支撑上攀登上下，并严禁在上下同一垂直面上装、拆模板。拆模高处作业应配置登高用具或搭设支架。

（3）钢筋绑扎　进行钢筋绑扎和安装钢筋骨架的高处作业时，都要搭设操作平台和挂安全网。为悬空的混凝土梁进行钢筋绑扎时，作业人员等应站在脚手架或操作平台上进行操作。绑扎柱和墙的钢筋时，不能在钢筋骨架上站立或攀登上下。

（4）混凝土浇筑　浇筑距地面高度2m以上的框架、过梁、雨篷和小平台时，必须搭设操作平台，且操作人员不能站在模板上或支撑杆件上操作。

（5）悬空门窗安装作业　安装门窗、油漆及安装玻璃时，操作人员不得站在樘子或阳台栏板上作业。当门、窗临时固定、封填材料尚未达到其应有强度时，不准手拉门、窗进行攀登。

7.3.4　操作平台与交叉作业

1. 操作平台

凡在一定工期内用于承载物料，并在其上进行各种操作的构架式平台称为操作平台。要求操作人员和物料的总重量不得超过平台设计的容许荷载，且要配备专人监护。操作平台应有必要的强度、刚度和稳定性，且在使用过程中不得晃动。

（1）移动式操作平台　移动式操作平台具有独立的机构，可以搬移，常用于构件施工、装修工程和水电安装等作业。

操作平台的面积不应超过10m^2，高度不应超过5m，还应进行稳定验算。操作平台四周必须按临边作业要求设置防护栏杆，还要配置登高扶梯，不允许攀登杆件上下。对于装设轮子的移动式操作平台，轮子与平台的接合处应牢固可靠，立柱底端距地面不得超过80mm。

（2）悬挑式操作平台　悬挑式操作平台能整体搬运，使用时一边搁置于楼层边沿、另一头吊挂在结构上。悬挑式操作平台可用于接送物料和转运模板等构件，但其制作极为严格，通常为钢制构架。

悬挑式操作平台的设计应符合相应的结构设计规范，并应装拆方便，人员和物料的总重量不能超过设计的容许荷载，要在显著位置悬挂限载标志。

悬挑式钢平台的构造大多采用梁板式，两侧应按规定设置固定的防护栏杆，且钢平台外口应略高于内口，不可向外下倾。

2. 交叉作业

凡在施工现场的上下不同层次于空间贯通状态下同时进行的高处作业称为交叉作业。上下立体交叉作业时极易造成坠物伤人事故，因此交叉作业应做好安全防护措施。

1）交叉施工不宜上下在同一垂直方向上作业。下层作业的位置宜处于上层作业可能坠落的半径范围以外，当不能满足要求时应设置安全防护层。

2）拆除钢模板、脚手架等时，下方不得有其他操作人员。钢模板部件拆除后，其临时堆放处距楼层边沿不应小于1m，堆放高度不得超过1m；楼层边口、通道口、脚手架边缘等处，严禁堆放任何拆下来的物件。

3）结构施工自二层起，凡人员进出的通道口(包括井架、施工用电梯的进出通道口)都应搭设安全隔离棚(或称防护棚)，高度超过24m的交叉作业应设双层防护棚。

4）通道口和上料口由于可能有物件坠落或者其位置恰处于起重机回转半径之内，故应在其受影响的范围内搭设顶部能防止穿透的保护棚。

7.3.5　安全帽、安全带、安全网

进入施工现场必须戴安全帽，登高作业还必须系安全带。安全帽、安全带、安全网通常被建筑工人称为救命“三宝”。这“三宝”是防止物体打击、高处坠落等安全防护的有力武器。

1. 安全帽

正确使用安全帽才能起到应有的防护作用，否则其防护性能会降低。

1）安全帽必须购买有产品检验合格证的产品，购入的安全帽必须经过验收后方准使用。

2）安全帽不应储存在酸、碱、高温、日晒、潮湿、有化学试剂的场所，以免老化或变质，更不可和硬物放在一起。

3）应注意使用在有效期内的安全帽。

4）企业安技部门根据规定对到期的安全帽进行抽查测试，合格后方可继续使用，以后每年抽检一次，抽检不合格则该批安全帽即报废。

5）安全帽须经有关部门按国家标准检验，合格后方可使用，不得使用缺衬、缺带及破损的安全帽。

6）正确使用，扣好帽带。必须系紧下颌带，防止安全帽坠落失去防护作用。

7）不能随意在安全帽上拆卸或添加附件，以免影响其原有的防护性能。

8）不能随意调节帽衬的尺寸。安全帽的内部尺寸，如垂直间距、佩戴高度、水平间距，标准中有严格规定。

9）不能私自在安全帽上打孔，不要随意碰撞安全帽，不要将安全帽当板凳坐，以免影响其强度。

10）受过一次强冲击或做过试验的安全帽不能继续使用，应予以报废。

2. 安全带

施工中当进行攀登作业、独立悬空作业时，操作人员都应系安全带。目前常用的是带单边护胸的安全带。安全带在使用时有以下要求：

1）安全带应高挂低用，防止摆动和碰撞。安全带上的各种部件不得任意拆除。

2）不准将绳打结使用，以免绳结受力后断开。不准将钩直接挂在安全绳上使用，应接在连接环上用。不应将钩直接挂在不牢固物和直接挂在非金属绳上，防止绳被割断。

3）使用频繁的绳，要经常做外观检查，发现异常时应立即更换新绳。带子使用期为3～5年，发现异常应提前报废。

4）运输过程中要防止日晒、雨淋，搬运时不准使用有钩刺的工具。

5）安全带应储藏在干燥、通风的仓库内。不准接触高湿、明火、强酸和尖锐的坚硬物体，不准长期暴晒。

6）安全带使用两年后，按批量购入情况，抽检一次（80kg重量自由落体试验，不破为合格）。一般使用5年应报废。

7）可卷式安全带的速差式自控器在1.5m距离以内，为自控合格。自控器固定悬挂在作业点上方。

3. 安全网

目前建筑工地所使用的安全网，按形式及其作用可分为平网和立网。安装平面平行于水平面的网称为平网，它主要用来承接人和物的坠落。安装平面垂直于水平面的网称为立网，它主要用来阻止人和物的坠落。

安全网所用的材料要求比重小、强度高、耐磨性好、延伸率大和耐久性较强，还要有一定的耐候性，受潮受湿后强度下降不应太大。

《建筑施工安全检查标准》（JGJ 59—2011）规定：在建工程外围及外脚手架的外侧应用密目式安全网进行全封闭。

同一张安全网上对同种构件的材料、规格和制作方法必须一致，外观应平整。在储存、运输中，必须通风、避光、隔热，同时避免化学物品的侵袭。袋装安全网在搬运时禁止使用钩子。

结构吊装工程中，为防止坠落事故，除要求高处作业人员佩戴安全带外，还应该采用防护栏杆及架设平网等措施。

课题4　季节性施工安全技术

一般来讲，季节性施工主要指雨期施工和冬期施工。雨期施工，应采取措施防雨、防雷击，并组织好排水工作，同时注意做好防止触电和坑槽坍塌事故的措施，沿河流域的工地要做好防洪准备，傍山的施工现场要做好防止滑坡塌方的措施，对脚手架、塔机等还应做好防强风措施。冬期施工，气温低，易结露结冰，天气干燥，作业人员操作不灵活，作业场所应采取防滑、防冻措施，生活办公场所还应采取防火和防煤气中毒的措施。

7.4.1　雨期施工

雨期施工是指在降雨量超过年降雨量50%以上的降雨集中季节进行的施工。雨期多集中在夏季，此时降雨量增加，降雨日数增多，降雨强度增强，经常出现暴雨或雷暴。

降雨量是指一定时段内一次或多次降落到地面上的雨水未经蒸发、渗透和流失等作用在水平面上累积的水深，一般以毫米计。降雨强度是指单位时间内的降雨量。雷暴是大气中伴有雷声的闪电现象。雷暴对建筑工程安全施工的危害性很大，必须注意防范。

1. 雨期施工的准备

由于雨期施工的持续时间较长，而且大雨、大风等恶劣天气具有突然性，因此应认真编制好雨期施工的安全技术措施，做好雨期施工的各项准备工作。

（1）施工项目安排　根据雨期施工的特点，将不宜在雨期施工的工程提早或延后安排，对必须在雨期施工的工程制定有效的措施。晴天抓紧室外作业，雨天安排室内工作。注意收听天气预报，做好防汛准备。遇有大雨、大雾、雷击和6级以上大风等恶劣天气时，应停止进行露天高处、起重吊装和打桩等作业。暑期作业时还应调整作息时间，从事高温作业的场所还应采取通风和降温措施。

（2）施工场地排水

1）根据施工总平面图、排水总平面图和利用自然地形来确定排水方向，并按规定坡度挖好排水沟，以确保施工工地排水畅通。

2）应严格按照防汛要求设置连续、通畅的排水设施和其他应急设施，以防止泥浆、污水、废水外流或堵塞下水道和排水河沟。

3）若施工现场临近高地，应在高地的边缘（现场的上侧）挖好截水沟，以防止洪水冲入现场。

4）雨期前应做好傍山的施工现场边缘的危石处理，以防止滑坡、塌方事故对工地造成危害。

5）雨期应设专人负责，及时疏浚排水系统，确保施工现场排水畅通。

（3）运输道路铺设及临时设施检修

1）临时道路应起拱0.5%，两侧应做宽300mm、深200mm的排水沟。

2）对路基易受冲刷的部分应铺石块、焦渣、砾石等渗水防滑材料或者设涵管排水，以保证路基的稳固。

3）施工现场的大型临时设施在雨期前应整修加固完毕，且应保证不漏、不塌、不倒，周围不能积水，严防水冲入设施内。选址要合理，应避开滑坡、泥石流、山洪、坍塌等灾害地段。大风和大雨后，应检查临时设施的地基和主体结构的损害情况，发现问题应及时处理。

4）场区内主要道路应当硬化

（4）施工材料及机电设备防护

1）怕雨淋的材料应采取有效措施防止受潮，还应防止混凝土、砂浆受雨淋后含水过多而影响工程质量。

2）雨期前应检查照明和动力线有无混线、漏电现象，电杆有无腐蚀且埋设是否牢靠等。机电设备的电闸要采取防雨、防潮等措施，并应安装接地保护装置，以防漏电、触电。

3）雨期施工时要检查现场电气设备的接零、接地保护措施是否牢靠，漏电保护装置是否灵敏，电线接头是否绝缘良好。

4）施工现场中高出建筑物的塔式起重机、外用电梯、井字架、龙门架以及较高金属脚手架等高架设施，如果在相邻建筑物、构筑物的防雷装置保护范围以外，且符合表7-1的要求，则应按照规定设置防雷装置，并经常进行检查。

表7-1　施工现场内机械设备需要安装防雷装置的规定

地区平均雷暴日/d	机械设备高度/m	地区平均雷暴日/d	机械设备高度/m
≤15	≥50	>40且≤90	≥20
>15且≤40	≥32	>90及雷灾特别严重的地区	≥12

注：运用此表可参见《施工现场临时用电安全技术规范》(JGJ 46—2005)附录A(全国年平均雷暴日数)。

2. 雨期施工的技术措施

1）雨期前应清除沟边多余的弃土，减轻坡顶压力。

2）落地式钢管脚手架底地面应高于自然地坪50mm，并夯实整平，留有一定的散水坡度，在周围还要设置排水措施，以防止雨水浸泡脚手架。

3）遇有大雨、大雾、高温、雷击和6级以上大风等恶劣天气时，应停止脚手架的搭设和拆除作业。

4）雨期施工时若遇天气突变，从而发生暴雨、水位暴涨、山洪暴发或因雨发生坡道打滑等情况时，应停止土石方机械作业。

5）雷雨天气不得露天采用电力爆破土石方，如作业中途遇到雷电时，应迅速将雷管的脚线、电线主线两端连成短路。

6）雨后应及时对坑槽沟边坡和固壁支撑结构进行检查，深基坑应当派专人认真进行测量、观察边坡情况，如果发现边坡有裂缝、疏松、支撑结构折断、走动等危险征兆，应立即采取相应措施。

7）大风大雨后，应检查起重机械设备的基础、塔身的垂直度、缆风绳、附着结构和安全保险装置，通过试吊并经确认无异常后方可作业；还应检查脚手架是否牢固，如有倾斜、下沉、松扣和安全网脱落、开绳等现象，要及时进行处理。

8）雷雨时，工人不要在高墙旁或大树下避雨，不要走近电杆、铁塔、架空电线和避雷针的接地导线周围10m以内的区域。人若遭受雷击触电后，应立即对其采用人工呼吸急救，同时呼叫救护车以采取抢救措施。

7.4.2　冬期施工

冬期施工，是指室外日平均气温连续5d稳定低于5℃时，用一般的施工方法难以达到预期目的，而必须采取特殊措施进行的施工。根据现行国家相关标准的规定：当室外日平均气温连续5d稳定低于5℃即进入冬期施工；当室外日平均气温连续5d高于5℃时即解除冬期施工。

冬期由于施工条件及环境条件均不利于施工，故是各种安全事故的多发期。冬期施工具有一定的隐蔽性和滞后性，虽然工程是冬天进行的，但问题大多数要到春季才暴露出来，从而给事故处理带来很大的难度。因此，冬期施工前应做好各项准备工作。

1. 冬期施工的准备

（1）编制冬期施工组织设计　冬期施工组织设计一般在入冬前应编审完毕，主要包括以下内容：确定冬期施工的方法、工程进度计划、技术供应计划；冬期施工的总平面布置图、防火安全措施；冬期施工的安全措施。

（2）组织好冬期施工安全教育培训　根据冬期施工的特点，应重新调整机构和人员，制定岗位责任制，加强安全生产管理。对测温人员、保温人员、能源工（锅炉和电热运行人员）、管理人员应组织专门的技术业务培训，考核合格后方可上岗。

（3）物资准备　准备物资包括下列内容：外加剂、保温材料；测温表计及工器具、劳保用品；现场管理和技术管理的表格、记录本；燃料及防冻油料；电热物资等。

（4）施工现场的准备

1）场地要在土方冻结前平整完工，道路应畅通，并要有防止路面结冰的具体措施。

2）应提前组织有关机具、外加剂、保温材料等实物进场。

3）生产给水系统应采取防冻措施，并设专人管理，生产排水系统应畅通。

4）应搭设加热用的锅炉房、搅拌站，并敷设管道。

5）应按照规划落实职工宿舍、办公室等临时设施的取暖措施。

2. 冬期施工的技术措施

1）砌体工程的冬期施工，其技术措施如下几条所述。

① 应优先选用掺盐砂浆法。

② 严格按照一铲灰、一块砖、一揉压的“三一”砖砌法，平铺压槎，以保证砌块良好粘结。不得大面积铺灰砌筑。砂浆要随拌随用，不要在灰槽中存灰过多，以防冻结。砖缝宽度应控制在8~10mm之间，禁止用灌注法砌筑。

③ 基础砌筑时，应随砌随用未冻土在其两侧回填一定高度；砌完后应用未冻土及时回填，以防止砌体和地基冻结。

④ 每天砌筑后均应在砖（石）砌体上覆盖保温材料，砌体表面不得留有砂浆，以防止表面冻结。

2）混凝土工程的冬期施工，其技术措施如下几条所述。

① 改用高活性的水泥，如高强度等级水泥、快硬水泥等。

② 降低水胶比，使用低流动性混凝土或干硬性混凝土。

③ 在灌筑前，应将混凝土或其组成材料温度升高，从而使混凝土既能早强，又不易冻结。

④ 在灌筑后，应对混凝土进行保温或加热，人为地造成一个温湿条件，以对混凝土进行养护。

⑤ 搅拌时应加入一定的外加剂，以加速混凝土硬化，从而提早达到临界强度；或降低水的冰点，以使混凝土中的水在负温环境下不冻结。

3）机械挖掘时应在行进和移动过程中采取防滑措施，在坡道和冰雪路面上应当缓慢行驶，上坡时不得换档，下坡时不得空档滑行，在冰雪路面上行驶还不得急刹车。发动机应有防冻措施，还要防止水箱冻裂。在边坡附近使用、移动机械时，应注意不能超过边坡可承受的荷载，以防止边坡坍塌。

4）脚手架、马道要有防滑措施，及时清理积雪，外脚手架要经常检查和加固。

5）遇有大雪、轨道电缆结冰和6级以上大风等恶劣天气时，应停止垂直运输作业，并将吊笼降到底层(或地面)，切断电源。

6）风雪过后作业时，应先检查安全保险装置并进行试吊，确认无异常后方可作业。

7）现场使用的锅炉、火炕等用焦炭作燃料时，应有通风条件，以防止煤气中毒。

8）防止亚硝酸钠中毒。亚硝酸钠是冬期施工常用的防冻剂、阻锈剂，人体若摄入10mg亚硝酸钠即可导致死亡。由于外观、味道、溶解性等许多特征与食盐极为相似，亚硝酸钠很容易误作为食盐被人食用，从而导致中毒事故。因此要采取措施，加强亚硝酸钠的使用管理，以防误食。

3. 冬期施工的防火要求

冬期施工时因现场使用明火处较多，若管理不善很容易发生火灾，故必须加强用火管理。

1）施工现场临时用火要建立用火证制度，由工地安全负责人审批。用火证当日有效，用后即收回。

2）供暖锅炉房宜建造在施工现场的下风方向，并要远离在建工程和易燃、可燃的建筑、料库等，锅炉开火后，司炉人员不准离开工作岗位。

3）易燃、可燃材料的使用及管理要求如下几条所述：

① 合理安排施工工序及网络图，一般将用火作业安排在前，保温材料安排在后。

② 保温材料定位后，要禁止一切用火、用电作业，特别禁止下层进行保温作业而上层进行用火、用电作业。

③ 照明线路、照明灯具应远离可燃的保温材料。

④ 保温材料使用完后要随时进行清理，并应集中存放保管。

单元小结

1. 焊接是一种先进的金属加工工艺，具有节约材料和工时、焊接性能好、使用寿命长等优点。

在焊接作业中，存在污染和不安全的因素，因此应对焊接场地、电焊机、气焊设备等进行检查。为保证焊接工作的顺利进行，应掌握焊接作业的安全管理要点。

2. 建筑拆除工程一般可分为人工拆除、机械拆除和爆破拆除三大类。人工拆除是指人工采用非动力性工具进行的作业；机械拆除是指以机械为主、人工为辅相配合的拆除施工方法；爆破拆除是利用炸药爆炸瞬间产生的巨大能量进行建筑拆除的施工方法。根据被拆除建筑的高度、面积、结构形式可采用不同的拆除方法。

拆除施工时应采取适当的安全防护措施，例如由专业人员搭设脚手架、安全网，工作时佩戴安全帽、安全带等，同时施工单位应进行安全技术管理工作。

3. 高处作业是指在坠落高度基准面2m以上(含2m)有可能坠落的高处进行的作业，它包括临边作业、洞口作业、攀登作业和悬空作业。

4. 季节性施工主要指雨期施工和冬期施工。雨期施工是指在降雨量超过年降雨量50%以上的降雨集中季节进行的施工；冬期施工是指室外日平均气温连续5d稳定低于5℃时，用一般的施工方法难以达到预期目的，而必须采取特殊措施进行施工。

复习思考题

7-1　焊接场地检查包括哪些内容？

7-2　施工单位在焊接作业时应进行哪些安全管理？

7-3　拆除工程可分为几类？分别适用于什么工程？它们的施工程序是怎样的？

7-4　施工单位在拆除作业时应进行哪些方面的安全技术管理？

7-5　高处作业时应采取哪些安全防护措施？

7-6　在什么情况下设置防护栏杆？

7-7　洞口作业时应采取哪些防护措施？

7-8　建筑工人俗称的救命“三宝”是什么？如何正确使用这“三宝”？

7-9　雨期施工应采取哪些技术措施？

7-10　砌体工程应如何进行冬期施工？

7-11　混凝土工程应如何进行冬期施工？

案例题

7-1　某工地焊接一膨胀水箱，焊工在完成了4/5的工作量下班后，工地负责人又安排了油漆工将焊好的部分刷上防锈漆，因场地通风不良到第二天油漆未干。焊工上班后未采取相应措施继续施焊，造成水箱内油漆挥发，气体爆炸燃烧，焊工被烧伤。请分析一下该安全事故发生的原因。

7-2　2002年某业主将一座商业建筑的拆除任务发包给李某(具有一般建设资质的劳务公司)，由于不了解拆除作业的危险性，操作人员施工时先拆混凝土梁，后拆混凝土板，且施工时现场没有安全人员，没有采取安全措施。当梁拆至一半时全部楼板倒塌，造成多人死亡。事后检查该拆除工程无拆除方案、无技术交底工作，公司也没有施工方案管理制度。请分析一下该事故发生的原因。

7-3　某建筑装饰公司油漆工王×、梁×二人将一架无防滑包脚的竹梯放置在3米多高的大铁门上，王×爬上竹梯用喷枪向大铁门喷油漆，梁×在下面扶梯子。工作一段时间油漆不够，王×叫梁×去取油漆，王×在梯子上继续工作。突然竹梯失重向左侧滑倒，导致王×(未戴安全帽)坠地后死亡。请分析一下该事故发生的原因。

单元 8

施工现场临时用电安全技术

单元概述

本单元主要介绍了施工现场临时用电组织设计，配电室与自备电源，配电装置，配电线路，外电线路及电气设备防护，接地、接零与防雷，施工照明，安全用电等内容。其中临时用电的组织设计、供电线路的架设、电气设备的安装以及施工照明应符合《施工现场临时用电安全技术规范》(JGJ 46—2005)的要求。

学习目标

了解施工现场临时用电组织设计的内容、配电室位置的选择与布置；掌握施工用电实行的三级配电系统、TN-S接零保护系统、二级漏电保护系统；掌握施工现场临时用电的配电线路的三种方式；了解《施工现场临时用电安全技术规范》(JGJ 46—2005)对外电线路及电气设备的防护要求，了解电气接地、接零与防雷，掌握电气照明的设置以及安全用电的知识。

课题1 施工现场临时用电组织设计

根据《施工现场临时用电安全技术规范》(JGJ 46—2005)的规定，施工现场临时用电设备在5台以上或设备总容量在50kW及以上者，应编制用电组织设计。

临时用电组织设计编制及变更时，必须履行“编制、审核、批准”程序，有电气工程技术人员组织编制，经相关部门审核及具有法人资格企业的技术负责人批准后实施。变更用电施工组织设计应补充有关图纸资料。

8.1.1 施工现场临时用电组织设计的内容

1. 现场勘测

了解施工场地的地形、地貌和建筑项目的位置及环境，现场上下水管网的布置情况；建筑材料的堆放场所，生产、生活用临时建筑物的位置，各用电设备的位置和容量等。

2. 确定电源进线、变电所或配电室、配电装置、用电设备位置及线路走向

电源进线、变电所或配电室、配电装置、用电设备位置及线路走向应满足以下几个要求：

1）各种设备应尽量靠近负荷中心或临时线路中心，使配电系统运行经济。

2）便于变压器等电气设备的安装、拆除和搬运。

3）远离火源、水源，并保持一定的安全距离，以保证配电系统安全运行。

4）尽量减少配电线路的负荷矩，线路敷设应简单整齐，以便于管理。

3. 进行负荷计算

根据施工现场临时用电设备的容量(包括电流和功率)和用电特点，采用需要系数法或二项式法计算施工现场临时用电的最大负荷，并以此作为选择电器、导线、电缆以及供电变压器和发电机的主要依据。

4. 选择变压器

选择施工现场临时配电变压器的容量及型号。

5. 设计配电系统

配电系统主要由配电线路、配电装置、接地装置三部分组成。配电装置是整个系统的枢纽，通过配电线路和接地装置将其连接，形成一个层次分明的现场临时配电网络。

绘制临时用电工程总平面图、配电装置布置图、配电系统接线图、接地装置设计图，作为临时用电工程施工的依据。

6. 设计防雷装置

防雷装置是一种能够对雷电的破坏性作用进行防护的电气装置。设计防雷装置主要是确定防雷装置设置的位置、防雷装置的形式、防雷接地的方式和防雷接地电阻值。

施工现场内所有防雷装置的冲击接地电阻值不得大于30Ω。

7. 确定防护措施

在施工现场内，确定施工设备与外电线路的安全距离和隔离防护设施，防护设施应坚固、稳定，且应达到IP30级；确定电气设备对易燃易爆物、污染和腐蚀介子、机械损伤和电磁感应等危险环境因素的防护措施。

8. 制定措施和电气防火措施

凡是易发生触电危险的部位，应制定具体的电气安全措施。对于电气设备周围易引发火灾的场所应制定具体的电气防火措施。

临时用电组织设计变更时，应补充有关图样资料。临时用电设备使用期限一般为六个月，安装时必须符合规定要求，并定期检查，以保证安全运行。

8.1.2 临时用电安全技术档案

施工现场临时用电必须建立安全技术档案，由主管该现场的电气技术人员负责建立和管理，其内容包括以下几个方面：

1）用电组织设计的全部资料。

2）修改用电组织设计的资料。

3）用电技术交底资料。

4）用电工程检查验收表。

5）电气设备的试验、检验凭单和调试记录。

6）接地电阻、绝缘电阻和漏电动作参数测定记录表。

7）定期检(复)查表。

8）电工安全、巡检、维修、拆除工作记录。

课题2 配电室与自备电源安全技术

8.2.1 配电室

1. 配电室的位置选择

施工现场中配电室位置的选择应根据现场负荷类型、大小、分布特点和环境特征等进行全面考虑。配电室中的电源应尽量接近负荷中心的位置，以减少线路长度。进、出线应方便，周边道路应畅通，还应尽量避免多尘、振动、高温、潮湿的影响。配电室应能自然通风，并应采取防止雨雪和动物出入的措施。配电室的建筑物或构筑物的耐火等级不应低于三级，室内还应配有“1211”等型号的绝缘灭火器和灭火砂箱。

2. 配电室的布置

配电室一般是独立式建筑物，其布置主要指室内配电柜的空间排列。

1）配电柜正面的操作通道宽度，单列布置或双列背对背布置时应不小于1.5m，双列面对面布置时应不小于2m。

2）配电柜后面的维护通道宽度，单列布置或双列面对面布置时应不小于0.8m，双列背对背布置时应不小于1.5m，侧面维护通道宽度应不小于1m。

3）配电室内设值班室或检修室时，该室边缘距电屏的水平距离应大于1m，并应采取屏障隔离措施。

4）配电室内的裸母线与地面通道的垂直距离应不小于2.5m，小于2.5m时应采用遮栏隔离，遮栏下面的通道高度应不小于1.9m。

5）配电室围栏上端与其正上方带电部分的净距应不小于0.075m。

6）配电装置上端距天棚应不小于0.5m。

7）配电屏(盘)应可靠接地。

8）配电室应经常保持整洁，不得在其内堆放杂物。

8.2.2 自备电源

建筑工地常常由于电力不足造成停电，从而影响施工进度，因此较大的工地一般设置双电源，一路由电力线路供电，另一路由自备电源供电。按照《施工现场临时用电安全技术规范》（JGJ 46—2005）的规定，施工现场设置的自备电源即是指自行设置的230V/400V发电机组。正常用电时，由外电线路电源供电，自备电源仅作为备用供电电源。

自备发电机组电源的供配电系统设置应遵守以下几条规定：

1）自备发电机组的装设位置应尽量靠近配电室，其排烟管道必须伸出室外，发电机组的控制配电室内严禁存放储油桶。

2）自备发电机组的电源应与外电线路的电源实行联锁，严禁并列运行。

3）自备发电机组应采用三相四线制中性点直接接地系统，并必须独立设置。

4）自备发电机组应设置短路保护和过负荷保护装置，并应装设相应的检测仪表。

课题3 配电装置安全技术

配电装置是配电系统中电源与用电设备之间分配、传输电力的电气装置。施工用电实行三级配电，即设置总配电箱或室内总配电柜、分配电箱、开关箱三级配电装置。开关箱以下应为用电设备。

配电系统宜使三相负荷平衡，220V或380V单相用电设备宜接入220V/380V三相四线系统。当单相照明线路中的电流大于30A时，宜采用220V/380V三相四线制供电。

8.3.1 配电箱及开关箱的设置

1）总配电箱是施工现场配电系统的中心，应设在靠近电源的地方，分配电箱应装设在用电设备或负荷相对集中的地区。动力分配电箱和照明配电箱宜分别设置，当合置在同一箱内时，动力与照明配电应分路设置。开关箱应由末级分配电箱配电。

2）配电箱、开关箱装设环境一般宜选在干燥、通风及常温场所，不得装设在有严重损伤作用的瓦斯、烟气、蒸汽、液体及其他有害介质环境中，且不得装设在易受外来固体物撞击、强烈振动、液体侵溅及热源烘烤的场所。否则，必须做特殊防护处理。

3）配电箱、开关箱周围应有足够供2人同时工作的空间和通道，不得堆放任何妨碍操作、维修的物品，不得有灌木、杂草。

4）配电箱、开关箱应采用铁板或优质绝缘材料制作，钢板厚度应为1.2~2.0mm。不得使用木质配电箱、开关箱及木质电器安装板。

5）配电箱、开关箱应装设得端正、牢固，移动式配电箱、开关箱应装设在坚固的支架上，严禁在地面上拖拉。

6）配电箱、开关箱内的工作零线应通过接线端子板连接，并应与保护零线接线端子板分开装设。

7）配电箱的电器安装板上必须分设N线端子板和PE线端子板。N线端子板必须与金属电器安装板绝缘；PE线端子板必须与金属电器安装板做电气连接。

8）施工用电开关箱应实行“一机一闸”制，不得设置分路开关。

9）施工用电配电箱、开关箱中应装设电源隔离开关、短路保护器、过载保护器，其额定值和动作整定值均应与其负荷相适应。总配电箱、开关柜中还应装设漏电保护器。

8.3.2 电器装置的选择

1. 施工临时用电对电器的配置要求

配电箱、开关箱内的电器必须可靠、完整，严禁使用破损、不合格的电器。

总配电箱的电器应具备电源隔离、正常接通与分断电路以及短路、过载、漏电保护等功能。

2. 配电装置的电器配置

1）总配电箱内应装设电压表、总电流表、电度表及其他需要的仪表。装设电流互感器时，其二次回路必须与保护零线有一个连接点，且严禁断开电路。

2）分配电箱内应装设总隔离开关、分路隔离开关以及总断路器、分路断路器或总熔断器、分路熔断器。

3）开关箱内必须装设隔离开关、断路器或熔断器以及漏电保护器。

3. 漏电保护

1）在开关箱(末级)内的漏电保护器，其额定漏电动作电流应不大于30mA，其额定漏电动作时间应不大于0.1s；在潮湿场所使用时，其额定漏电动作电流应不大于15mA，额定漏电动作时间应不大于0.1s。

2）总配电箱内的漏电保护器，其额定漏电动作电流应大于30mA，其额定漏电动作时间应大于0.1s，但其额定漏电动作电流(I)与额定漏电动作时间(t)的乘积应不大于

30mA · s($It \leqslant$30mA · s)。

3）漏电保护器的选择必须符合现行国家标准《剩余电流动作保护电器的一般要求》(GB/Z 6829—2008)和《剩余电流动作保护装置安装和运行》(GB 13955—2005)的规定。

4）漏电保护器的接线方法如图8-1所示。

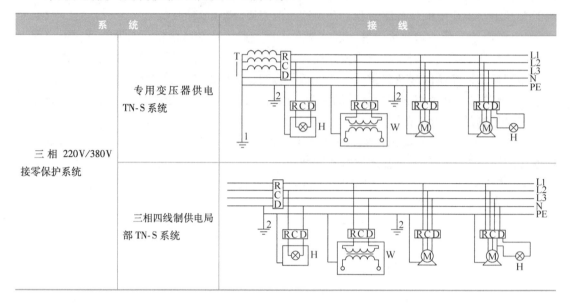

系统		接线
三相 220V/380V 接零保护系统	专用变压器供电 TN-S 系统	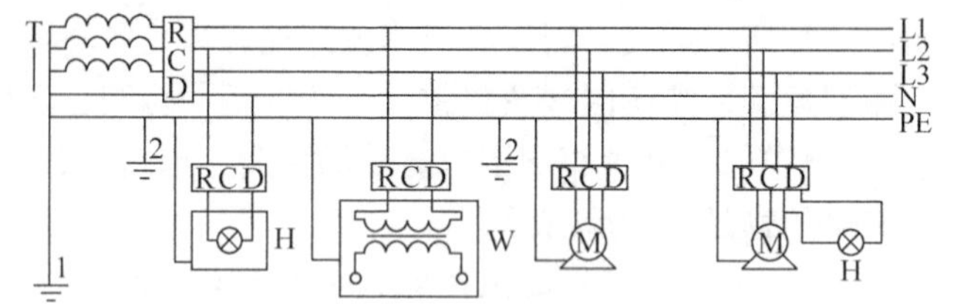
	三相四线制供电局部 TN-S 系统	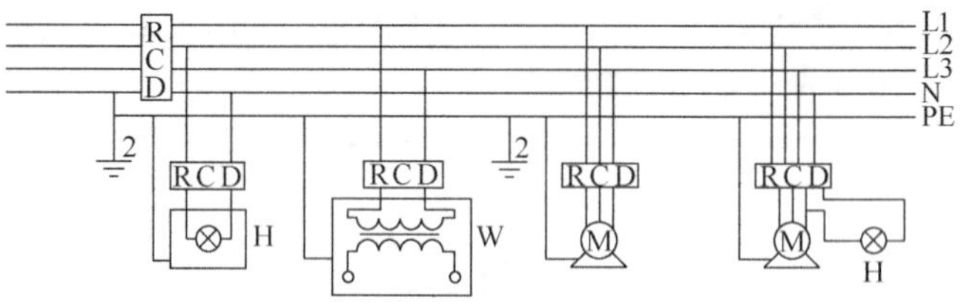

图8-1　漏电保护器的连接

L1、L2、L3—相线　N—工作零线　PE—保护零线、保护线　1—工作接地　2—重复接地

T—变压器　RCD—漏电保护器　H—照明器　W—电焊机　M—电动机

8.3.3　配电装置的使用和维护

1）所有配电箱均应标明其名称、用途，并引分路标记，所有配电箱门应配锁，配电箱、开关箱应由专人负责。所有配电箱、开关箱应每月进行一次检查和维修。

2）所有配电箱、开关箱在使用过程中必须按照下述顺序操作：

① 送电操作顺序为：总配电箱→分配电箱→开关箱。

② 停电操作顺序为：开关箱→分配电箱→总配电箱(出现电气故障的紧急情况除外)。

3）施工现场停止作业1h以上时，应将动力开关箱断电上锁。

4）熔断器的熔体更换时，严禁用不符合原规格的熔体代替。

课题4　配电线路安全技术

配电线路是连接配电装置和用电设备以承担分配和传输电能任务的电力线路。施工现场临时用电的配电线路主要有架空线路、电缆线路和室内配线三种。

8.4.1　架空线路

1. 架空线路的选择要求

架空线路必须选用绝缘导线，并经横担和绝缘子架设在专用电杆上。导线截面应符合下列几个方面的要求：

1）导线中的计算负荷电流应不大于其长期连续负荷允许载流量。

2）线路末端电压偏移应不大于其额定电压的5%。

3）三相四线制线路的N线和PE线的截面面积应不小于相线截面面积的50%，单相线路的零线截面面积与相线截面面积应相同。

4）按机械强度要求，绝缘铜线的截面面积应不小于10mm^2，绝缘铝线的截面面积应不小于16mm^2。

5）在跨越铁路、公路、河流、电力线路档距内，绝缘铜线的截面面积应不小于16mm^2，绝缘铝线的截面面积应不小于25mm^2。

2. 架空线路的敷设

1）架空线路一般由电杆、横担、绝缘子和导线四部分组成。

2）工地上的电气线路要按正式架设进行，并应设在专用电杆上，不准将电线绑在脚手架、树木上，且接头要用绝缘布包好。

3）架空线的相序排列顺序如下几点所述：

① 动力、照明线在同一横担上架设时，导线的相序排列顺序为：面向负荷从左侧起依次为L1、N、L2、L3、PE。

② 动力、照明线在二层横担上分别架设时，导线的相序排列顺序为：上层横担面向负荷从左侧起依次为L1、L2、L3，下层横担面向负荷从左侧起依次为L1、（L2、L3）、N、PE。

4）架空线的敷设高度应满足下列几点要求：

① 距施工现场地面应不小于4m。

② 距机动车道应不小于6m。

③ 距铁路轨道应不小于7.5m。

④ 距暂设工程和地面堆放物的顶端应不小于2.5m。

⑤ 距交叉电力线路：0.4kV线路应不小于1.2m；10kV线路应不小于2.5m。

5）架空线路的档距不得大于35m，线间距离不得小于0.3m。架空线路必须有短路保护和过载保护装置。线路与邻近线路或设施的防护距离应符合相关规范的规定。

8.4.2 电缆线路

1. 电缆线路的选择要求

电缆线路中必须包含全部工作芯线和用作保护零线或保护线的芯线。需要三相四线制配电的电缆线路必须采用五芯电缆。五芯电缆必须包括含淡蓝、绿/黄二种颜色绝缘芯线。淡蓝色芯线必须用作N线，绿/黄两种颜色绝缘芯线必须用作PE线，严禁混用。

电缆截面的选择应根据长期负荷允许载流量和允许电压偏移来确定。

2. 电缆线路的敷设

1）电缆线路应埋地或架空敷设，不得沿地面明设，以防机械损伤和介质腐蚀。

2）电缆在室外直接埋地敷设的深度不应小于0.6m，并应在其上覆盖硬质保护层；穿越建筑物、道路等易受损伤的场所时，应另加设防护套管。

3）架空敷设时，应沿墙或电杆做绝缘固定，电缆最大弧垂处距地面不得小于2.5m。

4）在建工程内的电缆线路应用电缆埋地穿管引入，沿工程竖井、垂直孔洞逐层固定，电缆的水平敷设高度不应小于 1.8m。

5）电缆接线盒应能防水、防尘、防机械损伤，并应远离易燃、易爆、易腐蚀场所。

课题 5　外电线路及电气设备防护

8.5.1　外电线路防护

外电线路是指不属于施工现场的外界电力线路。施工现场周围往往存在一些外界高低电压线路，给现场施工安全带来许多不利影响，如果不加重视可能会发生触电伤亡事故。

与外电架空线路的安全距离应符合下列几条规定：

1）在建工程不得在高、低压线路下方施工、搭设作业棚、生活设施和堆放构件、材料等。

2）在架空线路一侧施工时，在建工程周边应与架空线路边线保持一定的安全操作距离，其安全操作距离不得小于表 8-1 所列的数值。

表 8-1　在建工程(含脚手架)周边与外电架空线路边线的最小安全操作距离

架空线路电压	1kV 以下	1～10kV	35～110kV	220kV	330～500kV
最小安全操作距离	4m	6m	8m	10m	15m

注：上、下脚手架的斜道不宜设在有外电线路的一侧。

施工现场的机动车道与起重机械与外电架空线路的最小安全距离可根据相关规范的要求而确定。

为防止外电线路对现场施工构成潜在的危害，当在建工程无法保持规定的安全距离时，必须采取防护措施，即增设屏障、遮栏、围栏或保护网，并悬挂醒目的警告标志牌。

8.5.2　电气设备防护

电气设备周围应无可能导致电气火灾的易燃、易爆物和导致绝缘损坏的腐蚀介质，否则应予清除或做防护处理，其防护等级必须与环境条件相适应。电气设备的设置场所应能避免物体打击和机械损伤，否则也应做防护处理。

课题 6　接地、接零与防雷

接地与接零是施工现场防止触电的基本保护措施。

8.6.1　电气设备的接地

1. 接地概念

接地是指电气设备与大地做电气连接或金属连接。

2. 接地装置

接地装置是由接地体与接地线组合在一起所构成的装置。埋入地下直接与地接触的金属物体称为接地体，而连接设备与接地体的金属导体称为接地线。接地体与接地线必须是导体，接地体与接地线之间必须做电气连接，接地体与大地之间必须直接接触。

3. 接地类型

电气设备的接地主要包括工作接地、重复接地和保护接地三种类型。

（1）工作接地　工作接地是指为了电路或设备达到运行要求的接地，如变压器、发电机中性点的接地。

（2）重复接地　重复接地是指零线上的一处或多处通过接地装置与大地再次连接。

（3）保护接地　因漏电保护需要，为防止电气设备的金属外壳因绝缘损坏带电而危及人、畜安全和设备安全，将电气设备的金属外壳或其他金属结构通过接地装置与大地连接。

8.6.2 电气设备的接零

电气设备的接零包括工作接零和保护接零两种类型。

1. 工作接零

工作接零是指电气设备因运行需要而与工作零线连接。

2. 保护接零

保护接零是指电气设备中正常情况下不带电的导体部分与保护零线连接。导电部分是指能导电而不一定能承载工作电流的部分。

8.6.3 施工现场的防雷

1. 雷电现象及其作用

天空中带电的云层叫作雷云。当正、负雷云互相靠近或雷云接近地面时，正、负雷云之间或雷云与地面之间的强电场就会使其间的空气的绝缘性能被破坏，从而发生强烈的放电现象，这种雷云的放电现象就叫作雷电现象。

雷击电流具有瞬时、高压、强流的特点。因此，雷电的作用是破坏性的，尤以雷云对地放电（称为直接雷击或直击雷）的破坏性最大。

2. 避雷装置

避雷装置是一种能够对雷电的破坏性作用进行防护的电气装置，所以又称防雷装置。

避雷装置有避雷针、避雷线、阀型避雷器等。建筑施工现场使用的避雷装置主要有避雷针和阀型避雷器等。

避雷装置由接闪器、引下线和接地装置三部分组成。

3. 防雷设施的一般要求

1）施工现场内的起重机、井字架及龙门架等机械设备，若在相邻建筑物、构筑物的防雷装置的保护范围以外，且符合表7-1的要求，则应按规定安装防护直击雷的避雷针。

2）施工现场机械设备上装设的避雷针应采用具有一定截面面积的镀锌或镀铬铁棒、钢管或圆钢制作（如Φ20钢筋），其长度应为1～2m。导雷引下线应采用截面面积不小于$35mm^2$的镀锌钢索或扁钢，也可采用机械设备的金属结构体，但应保证其具有良好的电气连接。防雷接地装置的冲击接地电阻值不得大于30Ω；也可利用机械设备的重复接地装置而不另设防雷接地装置，但该重复接地装置的接地电阻值必须符合《施工现场临时用电安全技术规范》（JGJ 46—2005）的规定。

3）安装避雷针的机械设备所用的动力、控制、照明、信号及通信等线路应采用钢管敷设，且钢管与机械设备的金属结构体应做电气连接。

4）在低压配电室的室外进线和出线处，应将其支持绝缘子的铁脚做防雷接地，从而可直接与配电室的接地装置连接。

5）在土的电阻率低于200Ω · m处的混凝土电杆可不另设防雷接地装置。

6）做防雷接地的机械上的电气设备所连接的PE线必须同时做重复接地，同一台机械电气设备的重复接地和防雷接地可共用同一接地体，但其接地电阻值应满足重复接地电阻值的要求。

课题7　施工照明安全技术

施工现场合理的电气照明设置是保证正常施工和施工安全的重要条件。

8.7.1　照明供电电源

照明供电电源必须可靠，并应与动力电源分别装设，其电压偏移值不准超过下列2条规定的数值。

1）一般工作场所(室内或室外)的电压偏移值允许为额定电压的 -5%~5%；远离电源的小面积工作场所，其电压偏移值允许为额定电压的 -10%~5%。

2）道路照明、警卫照明或额定电压为12~36V的照明供电电源，其电压偏移值允许为额定电压值的 -10%~5%。

8.7.2　照明器

施工现场应采用高光效、长寿命的照明光源。对需要大面积照明的场所，应采用高压汞灯、高压钠灯、卤钨灯，这样既可以节约能源，也可以提高现场的照明质量。

照明器具的质量必须符合标准，不准使用绝缘老化或破损的器具和器材。

1. 照明器的选择

照明器的选择应根据使用环境条件考虑：

1）正常温度的一般环境可选用开启式照明器。

2）在潮湿或特别潮湿的场所，应选用密闭型防水防尘照明器。

3）含有大量尘埃但无爆炸或火灾危险的场所可采用防尘型照明器。

4）对有爆炸和火灾危险的场所，必须按危险场所等级选择相应的照明器。

5）在振动较大的场所，应选用防振型照明器。

6）对有酸碱等强腐蚀的场所，应采用耐酸碱的照明器。

2. 照明器额定电压的选择

照明器的额定电压应按使用场所来选择，一般场所选用额定电压220V的照明器。但对下列几条所列的场所应使用安全电压照明。

1）隧道、人防工程、高温、有导电尘埃或灯具离地面高度低于2.4m等场所的照明，其电源电压应不大于36V。

2）在潮湿和易触及带电体场所的照明，其电源电压不得大于24V。

3）在特别潮湿的场所、导电良好的地面、锅炉或金属容器内工作的照明，其电源电压不得大于12V。

8.7.3 照明线路

照明线路是指安装在施工现场的导线以及它们的支持物、固定配件。

施工现场的配电线路必须选用绝缘导线，导线的截面面积应根据用电设备的计算负荷来确定。

照明线路的敷设可采用明敷或暗敷，明敷时导线距地面的高度不得小于2.5m。潮湿场所或埋地非电缆配线必须穿管敷设，且管口应密封。当采用金属管穿线敷设时，金属管必须与PE线连接或可靠接地。采用钢索配线时，应保证钢索及其配线安装稳固，并应拉紧且不准承受过大荷重，吊架间距不宜超过12m。采用瓷夹板固定导线时，导线间距不应小于35mm，瓷夹板间距不应大于800mm；采用瓷绝缘子(俗称瓷瓶)固定导线时，导线间距不应小于100mm，瓷绝缘子间距不应大于1.5m。

8.7.4 照明装置

施工现场的照明装置要确保现场工作人员的人身安全。施工用电照明器具的形式和防护等级应与环境条件相适应，其安装应符合下列几项要求。

1）照明灯具的金属外壳都必须与专用保护零线连接；单相回路的照明开关箱(板)内必须装设漏电保护器。

2）室内灯具距地面不得低于2.5m，室外灯具不得低于3m。

3）路灯的每个灯具应单独装设熔断器保护，灯头应有防水弯。

4）荧光灯管应用管座或吊链固定。悬挂镇流器不得安装在易燃的结构物上。

5）投光灯的底座应安装牢固，并按需要的光轴方向将轴拧紧固定。

6）螺口灯头的中心触头应与相线连接，零线应连接在与螺纹口相连的一端；灯头的绝缘外壳不得有损伤和漏电现象。

7）钠、铊、铟等金属卤化物灯具的安装高度应在5m以上，灯线应在接线柱上固定，不得靠近灯具表面。

8）电器、灯具的相线必须由开关控制，不得将相线直接引入灯具。

对于夜间影响飞机飞行或车辆通行的在建工程或机械设备，必须设置醒目的红色信号灯，其电源应设在施工现场电源总开关的前侧，并应设置外电线路停止供电时的应急自备电源。

课题8 安全用电

电气设备在运行过程中由于绝缘损坏等原因会使设备外壳带电，当人体触及设备外壳时，漏电电流将流过人体，从而产生危害人的机体乃至生命的医学效应，这种现象称为触电现象。

8.8.1 电流对人体的伤害

电流对人体的伤害可分为电击和电伤(包括电灼伤、电烙印和皮肤金属化)两大类。

一般认为在低压电网上触电时若电流超过30mA，数秒时间内就可对人造成生命危险。

因此，我国现行国家标准《施工现场临时用电安全技术规范》(JGJ 46—2005)规定漏电保护器的漏电动作电流不应大于15mA，漏电动作时间不应大于0.1s，以确保安全。

正常状态下人体的电阻值为1000Ω，但如果人体皮肤有损伤且所处环境潮湿，人体电阻值将大幅下降。我国根据不同的环境制定了安全电压值，一般情况下为36V，较潮湿环境下为24V，潮湿恶劣环境下为12V或更低。

8.8.2 人体触电形式

人体触电形式一般有直接接触触电、跨步电压触电、接触电压触电等几种类型。

1. 直接接触触电

人体直接碰到带电导体造成的触电，称为直接接触触电。

如果人体直接碰到电气设备或电力线路中的一相带电导体，或者与高压系统中的一相带电导体的距离小于该电压的放电距离而造成对人体放电，这时电流将通过人体流入大地，这种触电称为单相触电。

如果人体同时接触电气设备或电力线路中的两相带电导体，或者在高压系统中人体同时过分靠近两相带电导体而发生电弧放电，则电流将从一相导体通过人体流入另一相导体，这种触电称为两相触电。显然，发生两相触电危害更严重。

2. 跨步电压触电

当电气设备或线路发生接地故障时，接地电流从接地点向大地四周流散，这时在地面上形成分布电位，要在20m以外大地电位才等于零，离接地点越近，大地电位越高。人假如在接地点周围(20m以内)行走，其两脚之间就有电位差，这就是跨步电压。由跨步电压引起的人体触电，称为跨步电压触电。

3. 接触电压触电

电气设备的金属外壳本不应该带电，但由于设备使用时间长久，使内部绝缘老化造成击穿碰壳使电气设备带电；或由于安装不良造成设备的带电部分碰到金属外壳使电气设备带电；或其他原因造成电气设备金属外壳带电。人若碰到带电外壳，就会发生触电事故，这种触电称为接触电压触电。

8.8.3 防止触电的措施

防止人身触电要时刻具有“安全第一”的思想，只有掌握好电气专业技术基础和电气安全技术，且严格遵守规程规范和各种规章制度，才能在工作中避免发生触电事故。

1. 防止人身触电的技术措施

技术措施有保护接地和保护接零、采用安全电压、装设漏电保护器等。

2. 防止人身触电的安全措施

1）若需在电气设备上工作时，一般情况下应在停电以后进行操作。为保证人身安全，停电作业必须在执行断电、验电、装设接地线、悬挂标示牌和装设遮档等安全措施后进行。

2）因特殊原因必须在电气设备或线路上带电工作时，应按照带电工作的安全规定进行操作，并应满足下列几点要求：

① 带电作业时，应派有经验的电工专人监护，并由经过训练、考试合格、能熟练掌握带电检修技术的电工操作。

② 应使用合格的有绝缘手柄的工具和穿绝缘鞋，并应站在干燥的绝缘物上。

③ 应将可能碰触的其他带电体及接地体用绝缘物隔开，以防止相间短路及接地短路。

④ 高、低压线同杆架设时，检修人员与高压线的距离应符合表8-2的规定。

表8-2 检修人员与高压线的安全距离

电压等级/kV	安全距离/m	电压等级/kV	安全距离/m
15以下	0.70	44	1.20
20~35	1.00	60~110	1.50

⑤ 带电作业工作时间不宜过长，以免因注意力不集中而发生事故。

单元小结

1. 临时用电的组织设计，供电线路的架设，电气设备的安装以及施工照明应符合《施工现场临时用电安全技术规范》(JGJ 46—2005)的要求。

2. 施工现场临时用电组织设计的内容包括现场勘测，确定电源进线、变电所或配电室、配电装置、用电设备位置及线路走向，进行负荷计算，选择变压器，设计配电系统，设计防雷装置，确定防护措施，制定电气防火措施等。

3. 配电装置是配电系统中电源与用电设备之间分配、传输电力的电气装置。施工用电实行的三级配电系统、TN-S接零保护系统、二级漏电保护系统。

4. 施工现场临时用电的配电线路主要有架空线路，电缆线路和室内配线三种。

5. 接地与接零是施工现场防止触电的基本保护措施。

6. 施工现场合理的电气照明设置是保证正常施工和施工安全的重要条件。施工现场应采用高光效、长寿命的照明光源。施工现场配电线路必须选用绝缘导线，导线截面应根据用电设备的计算负荷确定。

7. 电流对人体的伤害可分为电击和电伤(包括电灼伤、电烙印和皮肤金属化)两大类。我国现行规范规定漏电保护器的漏电动作电流不应大于15mA，漏电动作时间不应大于0.1s，以确保安全。

复习思考题

8-1 施工现场临时用电组织设计的内容是什么？

8-2 临时用电安全技术档案包括哪些内容？

8-3 配电室的位置确定应考虑哪些因素？

8-4 配电室的布置有哪些要求？

8-5 自备发电机组电源供配电系统设置应遵守哪些规定？

8-6 什么是配电装置？配电箱及开关箱的设置有什么要求？

8-7 什么是配电线路？施工现场临时用电的配电线路主要有哪几种？

8-8 架空线路的选择要求是什么？

8-9　电缆线路的选择要求是什么？

8-10　什么是接地？接地类型有哪些？

8-11　什么是接零？

8-12　何谓工作接零？何谓保护接零？

8-13　施工现场如何防雷？

8-14　什么是触电现象？人体触电的形式有哪些？

8-15　防止人身触电的安全措施是什么？

案 例 题

某工厂二期扩建工程，加夜班浇筑混凝土。安排电工将混凝土搅拌机棚的三个照明灯接亮，当电工将照明灯接完线推闸试灯时，听见有人喊“电人了！”立即将闸拉掉，可是手扶搅拌机位外倒混凝土的杨×已倒地，经医院抢救无效死亡。经查工地使用的是四芯电缆，在线路上的工作零线已断掉，这个开关箱照明和动力混设。

请判断事故原因的对错：

1）事故的直接原因是搅拌机与照明共用一个电源线，当三个照明灯用380V两根相线供电时，因工作零线断掉，使搅拌机外壳带电，当开灯时，杨×触电。

2）施工现场应按规定将照明与动力两条线路分设。

3）搅拌机开关箱中，没有设置漏电保护器，因此当外壳漏电时，使操作者触电死亡。

4）这段线路没按临时用电TN-S系统的要求使用五芯线，而是使用了四芯线，因此线路上没设保护零线PE，当零线断掉时，使设备外壳带电。

参考文献

[1] 建设部工程质量安全监督与行业发展司. 建设工程安全生产技术[M]. 北京：中国建筑工业出版社，2004.
[2] 蔡禄全. 安全员[M]. 2版. 太原：山西科学技术出版社，2005.
[3] 文德云. 公路施工安全技术[M]，北京：人民交通出版社，2003.
[4] 秦春芳. 安全生产技术与管理[M]. 修订版. 北京：中国环境科学出版社，2005.
[5] 刘军. 安全员必读[M]. 2版. 北京：中国建筑工业出版社，2004.
[6] 罗凯. 建筑工程安全技术交底手册[M]. 北京：中国市场出版社，2004.
[7] 栾启亭，王东升. 建筑工程安全生产技术[M]. 青岛：中国海洋大学出版社，2012.
[8] 胡戈，王贵宝. 建筑工程安全管理[M]. 北京：北京理工大学出版社，2013.
[9] 高向阳. 建筑施工安全管理与技术[M]. 北京：化学工业出版社，2012.

建筑工程安全管理　第2版

习　题　册

姓名______________________

学号______________________

班级______________________

机械工业出版社

目　　录

单元1　建筑工程安全管理概述

一、判断题（判断下列各题是否正确）

1. 安全生产责任制是一项最基本的安全生产管理制度。(　　)

A. 正确　　B. 错误

2. 建筑施工企业如果经济状况不好，可以暂停给从事危险作业的职工办理意外伤害保险，等经济条件好转后再恢复。(　　)

A. 正确　　B. 错误

3. 建设单位因建设工程需要，向有关部门或者单位查询规定的资料时，有关部门或者单位有权拒绝提供。(　　)

A. 正确　　B. 错误

4. 建设单位不得明示或者暗示施工单位购买、租赁、使用不符合安全施工要求的安全防护用具、机械设备、施工机具及配件、消防设施和器材。(　　)

A. 正确　　B. 错误

5. 建设工程施工前，施工单位负责项目管理的技术人员应当对有关安全施工的技术要求向施工作业班组、作业人员做出详细说明，并由技术人员签字确认。(　　)

A. 正确　　B. 错误

6. 施工现场集体宿舍未经许可，一律禁止使用电炉及其他用电加热器具。(　　)

A. 正确　　B. 错误

7. 易燃易爆物品可以与其他材料混放保管。(　　)

A. 正确　　B. 错误

8. 任何单位和个人不得伪造、转让、冒用建筑施工企业管理人员安全生产考核合格证书。(　　)

A. 正确　　B. 错误

二、单选题（每小题有4个备选答案，在4个选项中，只有1个是正确答案）

1. 《中华人民共和国建筑法》于（　　）施行。

A. 1998年　　B. 1999年　　C. 2000年　　D. 2001年

2. 我国安全生产的方针是（　　）。

A. 安全第一、预防为主　　B. 质量第一、兼顾安全

C. 安全至上　　D. 安全责任重于泰山

3. 施工企业应当设立安全生产管理机构，配备（　　）安全生产管理人员。

A. 兼职　　B. 专职　　C. 业余　　D. 代理

4. 根据《建设工程安全生产管理条例》规定，在城市市区内的建设工程，施工单位应当对施工现场（　　）。

A. 划分明显界限　　B. 实行封闭围挡　　C. 设置围栏　　D. 加强人员巡视

5. 施工现场的安全防护用具、机械设备、施工机具及配件必须由（　　）管理，定期进行检查、维修和保养，建立相应的资料档案，并按照国家有关规定及时报废。

A. 项目部　　B. 作业班组　　C. 操作人员　　D. 专人

6. 安全生产许可证的有效期为（　　）年。

A. 一　　B. 二　　C. 三　　D. 五

7. 根据《中华人民共和国建筑法》，建筑施工企业负责安全生产全面责任的人是企业（　　）。

A. 负责生产工作的副经理　　B. 法定代表人

C. 项目经理　　D. 现场工长

8. 离开特种作业岗位达（　　）以上的特种作业人员，应当重新进行实际操作考核，经确认合格后方可上岗作业。

A. 半年　　B. 1年　　C. 2年　　D. 3年

9. 三级安全教育是指（　　）这三级。

A. 企业法定代表人、项目负责人、班组长

B. 公司、项目、班组

C. 公司、总包单位、分包单位

D. 建设单位、施工单位、监理单位

10. 对（　　），必须按规定进行三级安全教育，经考核合格，方准上岗。

A. 企业管理人员

B. 新工人、变换工种的工人或休假一周以上的工人

C. 新工人或调换工种的工人

D. 建设单位、施工单位、监理单位

三、多选题（每小题有5个备选答案，在5个选项中，正确答案有2个或者2个以上）

1. 安全管理的基本原理包括以下哪几个基本要素（　　）。

A. 政策　　B. 组织　　C. 评审

D. 调查　　E. 业绩测量

2. 根据《建设工程安全生产管理条例》规定，建设单位在编制工程概算时，应当确定建设工程有关安全的（　　）所需费用。

A. 安全作业环境　　B. 技术改造措施　　C. 安全施工措施

D. 质量保障措施　　E. 返工材料变更情况

3. 根据《建设工程安全生产管理条例》规定，勘察单位应当按照法律、法规和工程建设强制性标准进行勘察，提供的勘察文件应当（　　），满足建设工程安全生产的需要。

A. 举例说明　　B. 真实　　C. 准确

D. 有计算依据　　E. 有计算公式

4. 根据《建设工程安全生产管理条例》规定，安装、拆卸施工起重机械和整体提升脚手架、模板等自升式架设设施，应当（　　），并由专业技术人员现场监督。

A. 编制用工计划　　B. 编制拆装方案　　C. 制定安全施工措施

D. 制定卫生防疫　　E. 制定用水用电计划

5. 总承包单位依法将建设工程分包给其他单位的，分包合同中应当明确各自的安全生产方面的（　　）。

A. 范围　　B. 区域　　C. 任务

D. 权利　　E. 义务

6. 施工单位应当在施工组织设计中编制有关安全的（　　）。

A. 安全技术措施

B. 施工现场临时用电方案

C. 售楼方案

D. 施工经济技术措施

E. 作业材料选购方案

7. 施工单位应当将施工现场的（　　）分开设置，并保持安全距离。

A. 办公区　　B. 生活区　　C. 作业区

D. 道路区　　E. 消防区

8. （　　）等特种作业人员，必须按照国家有关规定经过专门的安全技术培训，取得特种作业操作资格证书后，方可上岗作业。

A. 垂直运输机械作业人员

B. 质量检查人员

C. 爆破作业人员

D. 起重信号工

E. 登高架设作业人员

四、问答题

1. 建筑工程安全生产的特点是什么？

2. 简述我国安全生产的要求和任务。

3. 工程施工前建设单位应当为施工单位提供哪些资料？

4. 申请领取安全生产许可证应具备哪些条件？

5. 简述安全事故报告程序。

6. 施工现场消防器材的配备要求有哪些？

7. 建筑施工安全技术方案的制订应符合哪些规定？

8. 建筑施工安全技术措施按危险等级分级控制应符合哪些规定?

五、案例题

1. 某建设工程已委托某施工单位作为总承包单位。该施工单位提出由另一家施工单位作为分包，承担主体施工。所有安全责任由分包单位负责，如果有了事故也由分包单位上报，并已签订了分包合同。

判断题:

(1) 主体工程可以由分包单位自主承担。(　　)

A. 正确　　B. 错误

(2) 国家有规定，总包单位对工程建设项目施工的安全生产负总责。(　　)

A. 正确　　B. 错误

(3) 此事故应由分包单位上报。(　　)

A. 正确　　B. 错误

(4) 国家有规定，事故统一由建设单位上报。(　　)

A. 正确　　B. 错误

2. 某小区十号楼地下室有一电气设备，该设备一次电源线长度为 10.5m；接头处没有用橡皮包布包扎，绝缘处磨损，电源线裸露；安装在该设备上的漏电开关内的拉杆脱落，漏电开关失灵。某工程公司在该地下室施工中，付某等 3 名抹灰工将该电气设备移至新操作点，移动过程中付某触电死亡。

判断题:

(1) 本事故的主要原因之一是违章操作，移动电器设备未切断电源。(　　)

A. 正确　　B. 错误

(2) 特种作业人员必须按照国家有关规定经过专门的安全作业培训，取得特种作业操作资格证书后，方可上岗作业。

A. 正确　　B. 错误

单选题:

(3) 下列属于特种作业人员的是 (　　)。

A. 电工　　B. 木工　　C. 水暖工　　D. 瓦工

单元2　土方工程安全技术

一、判断题（判断下列各题是否正确）

1. 管片堆场要平整，道路要畅通就可以了。（　　）

A. 正确　　B. 错误

2. 土石方工程应编制专项施工方案，并应严格按照方案实施。（　　）

A. 正确　　B. 错误

3. 施工前应针对安全风险进行安全教育及安全技术交底。（　　）

A. 正确　　B. 错误

4. 特种作业人员必须持证上岗，机械操作人员应经过专业技术培训。（　　）

A. 正确　　B. 错误

5. 土石方施工机械设备应有出厂合格证。（　　）

A. 正确　　B. 错误

6. 在进行基坑作业时，作业人员上下坑沟应先挖好阶梯或设木梯，不应踩踏土壁及其支撑上下。（　　）

A. 正确　　B. 错误

7. 永久性的挖、填方和排水沟的边坡加固修整，不宜在解冻后进行。（　　）

A. 正确　　B. 错误

8. 开挖过程中如发现滑坡迹象（如裂缝、滑动等）时，应暂停施工，必要时，所有人员和机械要撤至安全地点。（　　）

A. 正确　　B. 错误

二、单选题（每小题有4个备选答案，在4个选项中，只有1个是正确答案）

1. 土石根据其坚硬程度和开挖方法及使用工具可分为（　　）类。

A. 5　　B. 6　　C. 7　　D. 8

2. 人工开挖土方时，两个人的操作间距应保持（　　）。

A. 1m　　B. 1～2m　　C. 2～3m　　D. 3.5～4m

3. 工作坑点内应设符合规定的和固定牢固的（　　）。

A. 安全带　　B. 安全网　　C. 脚手架　　D. 安全梯

4. 对开挖工作坑的所有作业人员都应严格执行施工管理人员的（　　）。

A. 安全技术交底　　B. 安全教育　　C. 现场示范　　D. 逐级布置工作

5. 基坑排水的方法有（　　）。

A. 强制排水　　B. 人工排水

C. 自然排水　　D. 明排水、人工降低水位

6. 支撑的安装必须按（　　）的顺序施工。

A. 先开挖再支撑　　B. 开槽支撑先撑后挖

C. 边开挖边支撑　　D. 挖到槽底再支撑

7. 基坑开挖深度超过（　　）时，周边必须安装防护栏杆。

A. 1m　　B. 2m　　C. 3m　　D. 4m

三、多选题（每小题有5个备选答案，在5个选项中，正确答案有2个或者2个以上）

1. 土石的分类是按照（　　）原因来分类。

A. 坚硬程度　　B. 开挖方法　　C. 使用工具

D. 坚硬系数　　E. 质量密度

2. 土层锚杆的组成包括（　　）。

A. 锚头　　B. 拉杆　　C. 锚固体

D. 管件　　E. 螺栓

3. 土方开挖的顺序、方法必须与设计工况相一致并遵循（　　）原则。

A. 先挖后撑　　B. 先撑开挖　　C. 分层开挖

D. 严禁超挖　　E. 边撑边挖

4. 土方石工程的主要内容包括（　　）。

A 挖掘、运输　　B. 填筑、压实　　C. 排水降水

D. 土壁支撑设计　　E. 施工准备

四、问答题

1. 土方工程的安全措施有哪些？

2. 基坑（槽）土方开挖安全技术有哪些？

3. 浅基础（挖深5m以内）的土壁支撑形式有哪些？

4. 土层锚杆的安全技术有哪些？

5. 基坑支护安全检查的具体内容是什么？

6. 土方工程安全技术交底有哪些内容？

7. 挖土施工安全技术交底有哪些内容？

8. 回填土工程安全技术交底有哪些内容？

五、案例题：

1. 有一项工程，需挖一条长10m、宽2m、深3m的管沟，拟采用间断式水平支撑作土壁支撑。开工前没有进行安全技术交底和安全教育，对规范标准理解不深，故没有按要求作支撑而最终发生坍塌事故。

分析事故原因，判断下列操作正误：

（1）两侧放水平挡土板，用撑木加木楔顶紧，挖一层土，支顶一层。（ ）

A. 正确 B. 错误

（2）两侧放水平挡土板，用撑木加木楔顶紧，待土全部挖完后，一次支顶。（ ）

A. 正确 B. 错误

（3）安全教育不到位。（ ）

A. 正确 B. 错误

（4）没有进行安全技术交底。（ ）

A. 正确 B. 错误

2. 某建筑工地将挖基坑的土堆放在离基坑 10m 以外的一道砖砌围墙，围墙的外侧是一所小学校操场，土堆高于围墙。一场大雨过后，一天，小学生课余在操场活动中，突然围墙倒塌，将正在墙边玩耍的 4 名小学生压死在围墙底下。

分析事故原因，并判断以下说法是否正确：

（1）挖基坑的堆土不应堆在围墙边。（ ）

A. 正确 B. 错误

（2）小学生不应在围墙下边玩耍。（ ）

A. 正确 B. 错误

（3）挖土单位违反操作规程。（ ）

A. 正确 B. 错误

（4）挖基坑（槽）应按规定堆土。（ ）

A. 正确 B. 错误

单元3 主体工程安全技术

一、单选题（每小题有4个备选答案，在4个选项中，只有1个是正确答案）

1. 脚手架拆除时必须是（　　）。

A. 由上而下逐层进行，严禁上下同时作业

B. 可以上下同时拆除

C. 由下部往上逐层拆除

D. 对于不需要的部分，可以随意拆除

2. 脚手架上各构配件拆除时（　　）。

A. 严禁抛掷至地面

B. 可将配件一个个的抛掷地面

C. 应在高处将构配件捆绑在一起，一次抛掷到地面

D. 待下班后，工地上没有人时，再将构配件抛掷地面

3. 在预应力钢筋混凝土工程中，张拉设备的测定期限是（　　）年。

A. 0.5　　B. 1　　C. 2　　D. 3

二、多选题（每小题有5个备选答案，在5个选项中，正确答案有2个或者2个以上）

1. 模板按其材料分类，常用的模板主要有（　　）。

A. 木模板　　B. 胶合板模板　　C. 竹胶板模板

D. 钢模板　　E. 铝合金模板

2. 脚手架上作业应按规范或设计规定的荷载控制，严禁超载，以下几点说法正确的是（　　）。

A. 作业面上的荷载，应按规范的规定值控制。

B. 脚手架的铺脚手板层和同时作业层的数量不得超过规定要求的数量。

C. 架面荷载应力求均匀分布，避免荷载集中于一侧。

D. 过梁等墙体构件要随运随装，不得存放在脚手架上。

E. 较重的施工设备不得放置在脚手架上。

三、问答题

1. 脚手架有几种类型？

2. 附着升降式脚手架架体如何做防护？

3. 搭设和拆除脚手架时的安全防护要求有哪些？

4. 模板由哪三部分组成？

5. 模板分为哪几类？

6. 试述钢筋加工时的安全要求。

7. 建筑工程用钢筋国内常规供货直径有哪几种？

8. 试述混凝土浇筑、振捣及养护时的安全技术要求。

9. 在什么情况下应对张拉设备重新测定?

10. 砌体工程安全技术交底的内容有哪些?

四、案例题

1. 某工程因抢工期，模板提前拆除。该楼四层楼模板在拆除时，没有审批和拆除安全措施，在接近拆完时，突然一大片混凝土楼板掉了下来，将4个拆模工人压在下边，经抢救无效全部死亡。

请判断事故原因:

(1) 提前拆模时未审批。(　　)

A. 正确　　B. 错误

(2) 违反拆模前必须制定安全措施。(　　)

A. 正确　　B. 错误

(3) 没有进行拆除前安全交底。(　　)

A. 正确　　B. 错误

(4) 工人未系安全带。(　　)

A. 正确　　B. 错误

2. 某工地工人在拆现浇楼板钢模时，审批手续还未办好，由于面积大，一时拆不完，中午吃饭时，工人吴某从未拆完的钢模板下经过，突然上边已活动的几块钢模板掉了下来，刚好击中吴某头部，经抢救无效死亡。

请判断事故原因。

(1) 拆钢模没有审批手续。(　　)

A. 正确　　B. 错误

（2）作业场地没有设警戒线。（　　）

A. 正确　　B. 错误

（3）未按规定连续拆完，而中途停歇。（　　）

A. 正确　　B. 错误

（4）未戴安全帽进入施工现场。（　　）

A. 正确　　B. 错误

单元4　建筑机械安全技术

一、判断题（判断下列各题是否正确）

1. 在行驶或作业中，除驾驶室外，装载机任何地方均严禁乘坐或站立人员。(　　)

A. 正确　　B. 错误

2. 搅拌机作业中，当料斗升起时，严禁任何人在料斗下停留或通过。(　　)

A. 正确　　B. 错误

3. 推土机转移工地时，距离超过5km以上时，应用平板拖车装运。(　　)

A. 正确　　B. 错误

4. 铲运机上、下坡道时，应低速行驶，不得中途换档，下坡时不得空档滑行。(　　)

A. 正确　　B. 错误

5. 搅拌机在作业期较长的地区使用时，可用支腿将支架支起。(　　)

A. 正确　　B. 错误

二、单选题（每小题有4个备选答案，在4个选项中，只有1个是正确答案）

1. 两台铲运机平行作业时，机间隔不得小于（　　）。

A. 0.5m　　B. 1m　　C. 1.5m　　D. 2m

2. 插入振捣器在搬动时应（　　）。

A. 切断电源　　B. 使电动机停止转动

C. 用软管拖拉　　D. 随时

3. 挖掘机作业结束后，应停放在（　　）。

A. 高边坡附近　　B. 填方区　　C. 坡道上　　D. 坚实、平坦地带

4. 不得用推土机推（　　）。

A. 树根　　B. 碎石块　　C. 建筑垃圾　　D. 石灰

5. 钢筋弯曲机弯钢筋时，严禁在弯曲钢筋的作业半径内和机身不设（　　）的一侧站人。

A. 防护装置　　B. 漏电保护装置　　C. 固定销　　D. 活动销

6. 振捣器操作人员应掌握一般安全用电知识，作业时应穿绝缘鞋、戴(　　)。

A. 绝缘手套　　B. 帆布手套　　C. 防护目镜　　D. 线手套

7. 铲运机行驶道路应平整结实，路面比机身应宽出（　　）。

A. 1m　　B. 1.5m　　C. 2m　　D. 3m

8. 铲运机在新填筑的土堤上作业时，离堤坡边缘不得小于（ ）。

A. 1m B. 0.5m C. 0.7m D. 0.8m

三、多选题（每小题有5个备选答案，在5个选项中，正确答案有2个或者2个以上）

1. 铲运机作业前应检查（ ）以及各部滑轮等。

A. 钢丝绳 B. 轮胎气压 C. 铲土斗

D. 驾驶室 E. 卸土板回位弹簧

2. 推土机上、下坡或超过障碍物时应（ ）。

A. 采用低速档

B. 上坡不得换档

C. 下坡不得空档滑行

D. 横向行驶的坡度不得超过10°

E. 当需要在陡坡上推土时，应先进行填挖，使机身保持平衡，方可作业

3. 铲运机下坡时（ ）。

A. 应低速行驶 B. 不得空档滑行 C. 不得转弯

D. 不得制动 E. 不得在档位上滑行

4. 打桩机工作时，严禁（ ）等动作同时进行。

A. 吊桩 B. 回转 C. 吊锤

D. 行走 E. 吊送桩器

5. 钢筋强化机械包括（ ）。

A. 钢筋冷拉机 B. 钢筋冷拔机 C. 钢筋轧扭机

D. 钢筋弯曲机 E. 钢筋切断机

6. 混凝土输送管道的敷设应符合（ ）规定。

A. 管道敷设前应检查并确认管壁的磨损量符合使用说明书的要求，管道不得有裂纹、砂眼等缺陷。新管或磨损量较小的管道应敷设在泵出口处。

B. 底部弯管应根据泵送高度、混凝土排量等设置独立的基础，并能承受相应荷载。

C. 敷设垂直向上的管道时，垂直管不得直接与泵的输出口连接，应在泵与垂直管之间敷设长度不小于15m的水平管，并加装逆止阀。

D. 敷设向下倾斜的管道时，应在泵与斜管之间敷设长度不小于5倍落差的水平管。

E. 向下倾斜的管道，当倾斜度大于7°时，应加装排气阀。

四、问答题

1. 推土机的使用安全技术有哪些？

2. 拖式铲运机的使用安全技术有哪些？

3. 桩工机械的使用安全技术有哪些？

4. 混凝土搅拌机的使用安全技术有哪些？

5. 混凝土泵的使用安全技术有哪些？

6. 插入式振捣器的使用安全技术有哪些？

7. 钢筋切断机的使用安全技术有哪些？

8. 对焊机的使用安全技术有哪些?

9. 平面刨（手压刨）的使用安全技术有哪些?

10. 机动翻斗车的使用安全技术有哪些?

11. 蛙式夯实机的使用安全技术有哪些?

12. 离心水泵的使用安全技术有哪些?

五、案例题

1. 某工地，工人张某正在开搅拌机，开了半小时后，他发现地坑内砂石较多，于是将搅拌机料斗提升到顶，自己拿铁锹去地坑挖砂石，此时料斗突然落下，将张某砸成重伤。

请判断下列事故原因分析的对错：

（1）未切断电源。(　　)

A. 正确　　B. 错误

（2）将料斗提升后，未用铁链锁住。（　　）

A. 正确　　B. 错误

（3）作业前，未进行料斗提升试验。（　　）

A. 正确　　B. 错误

（4）离合器、制动器失灵，未检查。（　　）

A. 正确　　B. 错误

2. 某高速公路项目部施工技术员，根据施工现场情况，对施工用机械设备进行安排。因取土区土壤松软潮湿，该施工员做了具体安排。请判断下列安排是否合理：

（1）用具有适合湿地作业的挖掘机进行挖掘作业。（　　）

A. 合理　B. 不合理

（2）用推土机将作业场内的土推到 250m 以外的填方区。（　　）

A. 合理　B. 不合理

（3）用自行式轮胎铲运机，将土壤运往 350m 外。（　　）

A. 合理　B. 不合理

（4）因无载人交通工具，机器操作工人可乘载在铲运机斗内返回住地。（　　）

A. 合理　B. 不合理

单元 5　垂直运输机械安全技术

一、判断题（判断下列各题是否正确）

风力在 4 级以上时，塔机不得进行顶升作业。(　　)

A. 正确　　B. 错误

二、单选题（每小题有 4 个备选答案，在 4 个选项中，只有 1 个是正确答案）

1. 下列对物料提升机使用的叙述，(　　) 是正确的。

A. 只准运送物料，严禁载人上下

B. 一般情况下不准载人上下，遇有紧急情况可经载上下

C. 安全管理人员检查时可经乘坐吊篮上下

D. 维修人员可以乘坐吊篮上下

2. 下列对起重力矩限制器主要作用的叙述（　　）是正确的。

A. 限制塔机回转半径

B. 防止塔机超载

C. 限制塔机起升速度

D. 防止塔机出轨

3. 塔式起重机的拆装作业必须在（　　）进行。

A. 温暖季节　　B. 白天　　C. 晴天　　D. 良好的照明条件的夜间

4. 塔式起重机工作时，风速应低于（　　）级。

A. 4　　B. 5　　C. 6　　D. 7

5. (　　) 能够防止钢丝绳在传动过程中脱离滑轮槽而造成钢丝绳卡死和损伤。

A. 力矩限制器　B. 超高限制器　C. 吊钩保险　D. 钢丝绳防脱槽装置

6. 内爬升塔机的固定间隔不得小于（　　）个楼层。

A. 2　　B. 3　　C. 4　　D. 5

三、多选题（每小题有 5 个备选答案，在 5 个选项中，正确答案有 2 个或者 2 个以上）

1. 哪些设备是建筑施工中最为常见的垂直运输设备（　　）。

A. 塔式起重机　　B. 搅拌机　　C. 施工升降机

D. 打桩机　　E. 龙门架及井架物料提升机

2. 塔式起重机上必备的安全装置有（　　）。

A. 起重量限制器　　B. 力矩限制器　　C. 起升高度限位器

D. 行程限位器　　E. 幅度限位器

3. 物料提升机的稳定性能主要取决于物料提升机的（　　）。

A. 基础　　B. 缆风绳　　C. 附墙架

D. 标准节　　E. 地锚

4. 塔机爬升过程中，禁止进行（　　）动作。

A. 起升　　B. 变幅　　C. 回转

D. 起升和回转　　E. 起升和变幅

5. 操作塔式起重机严禁（　　）。

A. 拔桩　　B. 斜拉、斜吊　　C. 顶升时回转

D. 抬吊同一重物　　E. 提升重物自由下降

四、问答题

1. 塔式起重机的安全装置有哪些?

2. 塔式起重机的拆装作业有哪些安全技术?

3. 简述塔式起重机内爬升作业的安全技术要求。

4. 使用施工升降机安全使用的要求有哪些?

5. 物料提升机的稳定性装置有哪些？什么是附墙架？附墙架的设置有哪些要求？

五、案例题

某建筑公司购置1台由某塔机生产厂生产的QTG25A塔式起重机，在工地安装。李某等6人负责安装作业。安装之前没有检查路基和轨道铺设情况，在安装起重臂时，按照要求应设置6倍率吊索，李某等人设置了2个吊点，使用4根钢丝绳，在吊索未栓牢的情况下，将起重臂拉起。在安装吊杆时，吊点处的钢丝绳在冲击力的作用下，将起重臂两根侧向斜腹杆拉断，起重臂立即下沉，造成钢丝绳断裂，起重臂上3名操作人员随即坠落，1人受伤。经事故调查，该塔机无技术图纸，无生产工艺，无产品检验报告，作业人员未系安全带，无证作业。

请判断下列事故原因分析的正误：

（1）该塔机生产厂违法雇用无安装资质的安装单位。（　　）

A. 正确　　B. 错误

（2）该QTG25A起重机产品属合格产品，但无产品检验报告。（　　）

A. 正确　　B. 错误

（3）安装时吊点设置不合理，少设了1个吊点，使2根侧向斜腹杆承受的安装自重载荷过大，造成斜腹杆被拉断。（　　）

A. 正确　　B. 错误

（4）特种作业人员无证上岗，高空作业无任何安全防护措施。（　　）

A. 正确　　B. 错误

单元 6　起重吊装安全技术

一、判断题（判断下列各题是否正确）

1. 参加起重吊装的人员应经过严格培训，取得培训合格证后，方可上岗。（　　）

A. 正确　　B. 错误

2. 起吊前，应对起重机钢丝绳及连接部位和索具设备进行检查。（　　）

A. 正确　　B. 错误

3. 倒链起重量或起吊构件的重量不明时，只可一人拉动链条，如一人拉不动可两人或多人一齐猛拉。（　　）

A. 正确　　B. 错误

4. 严禁在已吊起的构件下面或起重臂下旋转范围内作业或行走。（　　）

A. 正确　　B. 错误

5. 千斤顶应放在平整坚实的地面上，底座下应垫以枕木或钢板，以加大承压面积，防止千斤顶下陷或歪斜。（　　）

A. 正确　　B. 错误

二、单选题（每小题有 4 个备选答案，在 4 个选项中，只有 1 个是正确答案）

1. 采用多个千斤顶时，各千斤顶应同步升降，每个千斤顶的起重能力不得小于其计算荷载的（　　）倍。

A. 1.0　　B. 1.2　　C. 2.0　　D. 2.5

2. 构件顶起后，应随起随搭枕木垛和加设临时木块，其短木块与构件间的距离应随时保持在（　　）mm 以内，严防千斤顶突然倾倒或回油。

A. 10　　B. 20　　C. 30　　D. 50

3. 起重用钢丝绳应与卷扬机卷筒轴线方向垂直，钢丝绳的最大偏离角不得超过（　　）。

A. 6°　　B. 12°　　C. 30°　　D. 45°

三、问答题

1. 钢丝绳的种类有哪些？

2. 钢丝绳破坏的原因有哪些?

3. 使用钢丝绳的安全技术有哪些?

4. 使用倒链的安全技术有哪些?

5. 使用电动卷扬机的安全技术有哪些?

6. 简述地锚的作用及形式。地锚使用的安全技术有哪些?

7. 使用千斤顶的安全技术有哪些?

8. 使用滑轮及滑轮组的安全技术有哪些?

9. 常用行走式起重机的种类有哪些?

10. 使用履带式起重机的安全技术有哪些?

11. 起重吊装作业中的安全技术有哪些?

12. 使用起重机械的安全技术有哪些?

13. 起重桅杆的种类有哪些?

14. 使用起重桅杆的安全技术有哪些?

四、案例题

天津某公司机械站承担某工厂15m跨屋面梁及大型板吊装工作，当板（板重1.1t）吊起约4m高度时，由于绳索断裂导致板材掉落，将正在现场作业的起重工刘某和吊车司机李某当场砸死。后查所使用钢丝绳早就达到报废标准，施工人员施工前未进行安全教育和安全技术交底。

请判断下列事故原因分析的对错:

（1）违章使用了已经达到报废标准的钢丝绳吊装大型屋面板，是造成这起事故的直接原因。(　　)

A. 正确　　B. 错误

（2）机械站管理混乱，缺乏相应的管理制度，已经达到报废标准的钢丝绳还继续使用。(　　)

A. 正确　　B. 错误

（3）在吊装作业前，没对各项准备工作做认真检查。(　　)

A. 正确　　B. 错误

（4）对管理和操作人员缺乏应有的安全教育和安全技术交底。(　　)

A. 正确　　B. 错误

单元7　特殊工程安全技术

一、判断题（判断下列各题是否正确）

1. 乙炔瓶在储存或使用时严禁水平放置。(　　)

A. 正确　　B. 错误

2. 氧气瓶不应设有防振圈和安全帽。(　　)

A. 正确　　B. 错误

3. 拆除工程施工过程中，当发生重大险情或生产安全事故时，应及时排除险情、组织抢救、不用保护事故现场，向有关部门报告。(　　)

A. 正确　　B. 错误

4. 凡是进行高处作业施工的，应使用脚手架、平台、梯子、防护围栏、挡脚板安全带和安全网等。(　　)

A. 正确　　B. 错误

5. 高处作业所用工具、材料严禁投掷，上下立体交叉作业却有需要时，中间须设隔离设施。(　　)

A. 正确　　B. 错误

6. 高处作业应设置可靠扶梯，作业人员应沿着扶梯上下，沿着立杆与栏杆攀登。(　　)

A. 正确　　B. 错误

7. 施工场地要在结冻前平整完工、道路要畅通，并有防止路面结冰的措施。(　　)

A. 正确　　B. 错误

8. 暴雨等险情来临之前，施工现场临时用电不需要切断。(　　)

A. 正确　　B. 错误

9. 雷雨天，为了抢进度工人在作业面施工。(　　)

A. 正确　　B. 错误

10. 进入冬期施工的工程项目，应当提前组织人员编制冬期施工组织设计。(　　)

A. 正确　　B. 错误

二、单选题（每小题有4个备选答案，在4个选项中，只有1个是正确答案）

1. 建筑拆除工程的施工方法有人工拆除、机械拆除、(　　) 三种。

A. 人力拆除　　B. 工具拆除　　C. 爆炸拆除　　D. 爆破拆除

2. (　　) 应对拆除工程的安全技术管理负直接责任。

A. 建设单位　　B. 施工单位　　C. 监理单位　　D. 分包单位

3. 施工单位应全面了解拆除工程的图纸和资料，进行实地勘察，并应编制施工组织设计和（　　）措施。

A. 安全技术　　B. 质量规章　　C. 质量管理　　D. 质量保证

4. 拆除施工严禁立体（　　）作业。水平作业时，各工位间应有一定的安全距离。

A. 生产　　B. 混合　　C. 交叉　　D. 安全帽

5. 作业人员必须配备相应的（　　）用品，并正确使用。

A. 生产　　B. 安全　　C. 防护　　D. 个人劳动保护用品

6. 遇有（　　）以上强风、浓雾等恶劣气候，不得进行露天攀登与悬空高处作业。

A. 5 级　　B. 6 级　　C. 7 级　　D. 8 级

7. 边长超过（　　）洞口，四周设防护栏杆，洞口下张设安全平网。

A. 130cm　　B. 150cm　　C. 180cm　　D. 200cm

8. 搭设临边防护栏杆，当基坑四周固定时，栏杆柱可采用钢管并打入地面（　　）。

A. 40～60cm　　B. 45～65cm　　C. 50～70cm　　D. 55～75cm

9. 移动式操作平台高度不宜超过（　　）。

A. 5m　　B. 2m　　C. 3m　　D. 6m

10. 工地职工宿舍冬季要重点预防（　　）。

A. 偷盗　　B. 爆炸　　C. 食物中毒　　D. 煤气中毒

11. 当连续5天日平均气温低于（　　），一般来讲即进入冬期施工阶段。

A. 5℃　　B. －5℃　　C. －8℃　　D. 0℃

三、多选题（每小题有5个备选答案，在5个选项中，正确答案有2个或者2个以上）

1. 采用手动工具进行人工拆除的建筑一般为（　　）。

A. 砖木结构　　B. 高度不超过6m（二层）　　C. 高度不超过10m（三层）

D. 面积不大于$1000m^2$　　E. 面积不大于$2000m^2$

2. 人工拆除建筑的（　　）等构件，应与建筑结构整体拆除进度相配合，不得先行拆除。

A. 栏杆　　B. 门窗　　C. 楼梯

D. 屋面板　　E. 楼板

3. 进行交叉作业时（　　）等严禁堆放任何拆下物件。

A. 基坑内　　B. 楼层边口　　C. 脚手架边缘

D. 电梯井口　　E. 通道口

4. 建筑施工中常说的“三宝”是指（　　）。

A. 安全带　　B. 安全锁　　C. 安全鞋
D. 安全网　　E. 安全帽

四、问答题

1. 焊接场地检查包括哪些内容？

2. 施工单位在焊接作业时应进行哪些安全管理？

3. 拆除工程可分为几类？分别适用于什么工程？它们的施工程序是怎样的？

4. 施工单位在拆除作业时应进行哪些方面的安全技术管理？

5. 高处作业时安全作业基本要求有哪些？

6. 在什么情况下设置防护栏杆？

7. 洞口作业时应采取哪些防护措施？

8. 建筑工人俗称的救命“三宝”是什么？如何正确使用这“三宝”？

9. 雨期施工应采取哪些技术措施？

10. 砌体工程应如何进行冬期施工？

11. 混凝土工程应如何进行冬期施工？

五、案例题

1. 某业主将一座商业建筑的拆除任务发包给李某（具有一般建设资质的劳务公司），由于不了解拆除作业的危险性，操作人员施工时先拆混凝土梁，后拆混凝土板，且施工时现场没有安全人员，没有采取安全措施。当梁板拆至一半时全部楼板倒塌，造成多人死亡。事后检查该拆除工程无拆除方案无技术交底工作，公司也没有施工方案管理制度。请分析一下该事故发生的原因。

2. 某工地需要大量焊接铁件，一时找不到人，经过培训无证的电焊工刘某说自己能烧电焊，领导就让刘某在工地临时焊接铁件，半天过后刘某感到眼睛不适，第二天眼睛肿大，经医院检查被电焊灼伤。

请判断下列事故原因分析的正误：

（1）领导雇用无操作证的人烧电焊没审批。(　　)

A. 正确　　B. 错误

（2）刘某不该无证操作。(　　)

A. 正确　　B. 错误

（3）操作无安全交底。(　　)

A. 正确　　B. 错误

（4）没戴安全护目镜。(　　)

A. 正确　　B. 错误

单元8　施工现场临时用电安全技术

一、判断题（判断下列各题是否正确）

1. 需要三相四线制配电的电缆线路必须采用五芯电缆。(　　)

A. 正确　　B. 错误

2. 配电箱和开关箱中的N、PE接线端板必须分别设置，其中N端子板与金属箱体绝缘，PE端子板与金属箱体电气连接。(　　)

A. 正确　　B. 错误

3. 塔式起重机的机体已经接地，其电气设备的外露可导电部分可不再与PE线连接。(　　)

A. 正确　　B. 错误

4. 需要三相四线制配电的电缆线路可以采用四芯电缆外加一根绝缘导线替代。(　　)

A. 正确　　B. 错误

5. 施工现场停、送电的操作顺序是：送电时，总配电箱→分配电箱→开关箱；停电时，开关箱→分配电箱→总配电箱。(　　)

A. 正确　　B. 错误

6. 一般场所开关箱中漏电保护器的额定漏电动作电流应不大于30mA，而额定漏电动作时间不应大于0.1s。(　　)

A. 正确　　B. 错误

二、单选题（每小题有4个备选答案，在4个选项中，只有1个是正确答案）

1. 施工现场用电系统中，PE线的绝缘色应是（　　）。

A. 绿色　　B. 黄色　　C. 淡蓝色　　D. 绿/黄双色

2. 施工现场用电工程应建立（　　）种档案。

A. 2　　B. 4　　C. 6　　D. 8

3. 在建工程周边与10kV外电线路边线之间的最小安全操作距离应是（　　）。

A. 4m　　B. 6m　　C. 8m　　D. 10m

4. 施工现场用电工程的基本供配电系统应按（　　）设置。

A. 一级　　B. 二级　　C. 三级　　D. 四级

5. 配电柜正面的操作通道宽度，单列布置或双列背对背布置时不应小于（　　）。

A. 2.0m　　B. 1.5m　　C. 1.0m　　D. 0.5m

6. 配电柜后面的维护通道宽度，双列背对背布置时不应小于（　　）。

A. 1.5m　　B. 1.0m　　C. 0.8m　　D. 0.5m

7. 施工现场内所有防雷装置的冲击接地电阻值不得大于（　　）。

A. 1Ω　　B. 4Ω　　C. 10Ω　　D. 30Ω

8. 室外固定灯具的安装高度应为（　　）。

A. 2m　　B. 2.5m　　C. >2.5m　　D. ≥3m

三、多选题（每小题有5个备选答案，在5个选项中，正确答案有2个或者2个以上）

1. 建筑施工现场专用临时用电的三项基本原则，是必须采用（　　）。

A. TN-S保护系统　　B. TN-C保护系统　　C. 三级配电系统

D. 二级漏电保护系统　　E. 过载、短路保护系统

2. 施工现场需要编制用电组织设计的基准条件是（　　）。

A. 用电设备5台及以上

B. 用电设备总容量100kW及以上

C. 用电设备总容量50kW及以上

D. 用电设备10台及以上

E. 用电设备5台及以上，且用电设备总容量100kW及以上

3. 关于配电室的位置要求，（　　）说法是正确的。

A. 靠近电源　　B. 远离负荷中心　　C. 周边道路畅通

D. 周围环境灰尘少、潮气少、振动小、无腐蚀介质、无易燃易爆物

E. 避开污染源的上风侧和易积水场所的正上方

4. 架空线路的组成一般包括四部分，即（　　）

A. 电杆　　B. 支架　　C. 横担

D. 绝缘子　　E. 绝缘导线

5. 通常以触电危险程度来考虑，施工现场的环境条件危险场所指（　　）。

A. 相对湿度长期处于75%以上的潮湿场所

B. 露天并且能遭受雨、雪侵袭的场所

C. 气温高于30℃的炎热场所

D. 有导电粉尘场所，有导电泥、混凝土或金属结构地板场所

E. 施工中常处于水湿润的场所等

四、问答题

1. 施工现场临时用电组织设计的内容是什么？

2. 临时用电安全技术档案包括哪些内容？

3. 配电室的布置有哪些要求？

4. 什么是配电装置？配电箱及开关箱的设置有什么要求？

5. 什么是配电线路？施工现场临时用电的配电线路主要有哪几种？

6. 架空线路的选择要求是什么？

7. 电缆线路的选择要求是什么？

8. 什么是接地？接地类型有哪些？

9. 何谓工作接零？何谓保护接零？

10. 施工现场如何防雷？

11. 防止人身触电的安全措施是什么？

五、案例题

某工厂二期扩建工程，加夜班浇筑混凝土。安排电工将混凝土搅拌机棚的三个照明灯接亮，当电工将照明灯接完推闸试灯时，听见有人喊“电人了！”立即将闸拉掉，可是手扶搅拌机位外倒混凝土的杨某已倒地，经医院抢救无效死亡。经查工地使用的是四芯电缆，在线路上的工作零线已断掉，这个开关箱是照明和动力混设。

请判断下列事故原因分析的对错：

（1）事故的直接原因是搅拌机与照明共用一个电源线，当三个照明灯用380V两根相线供电时，因工作零线断掉，使搅拌机外壳带电，当开灯时，杨某触电。（　　）

A. 正确　　B. 错误

（2）施工现场应按规定将照明与动力两条线路分设。（　　）

A. 正确　　B. 错误

（3）搅拌机开关箱中，没有设置漏电保护器，因此当外壳漏电时，使操作者触电死亡。（　　）

A. 正确　　B. 错误

（4）这段线路没按临时用电 TN-S 系统的要求使用五芯线，而是使用了四芯线，因此线路上没设保护零线 PE，当零线断掉时，使设备外壳带电。（　　）

A. 正确　　B. 错误